持続可能な発展のための人間の条件

中島正博 著

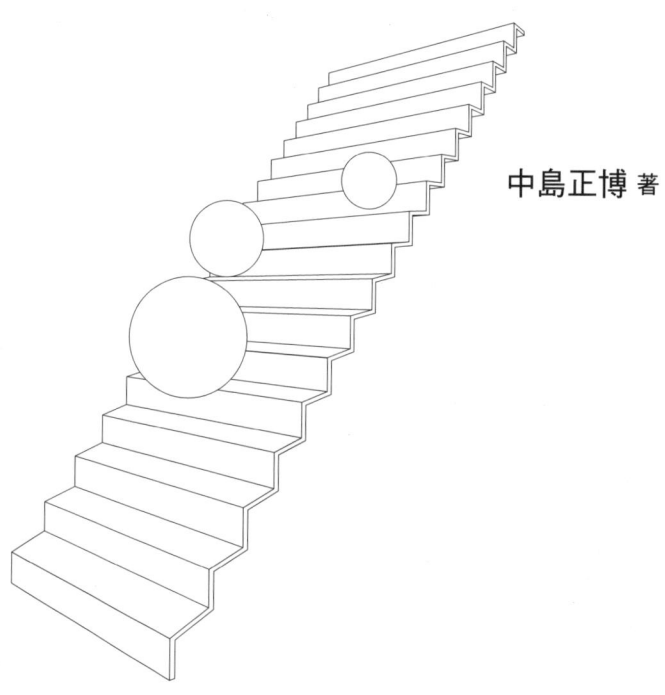

大学教育出版

はじめに

　過去20年近く懐いてきた私の関心は、人間社会の発展と自然や環境との調和である。私は途上国の開発・発展について考えてきた。私が前職にいた時はそれが日常であった。その頃、「開発と環境」の矛盾が議論される中で、私はこの両者の対立は必然的なものではない、との考えを抱くようになった。しかし、現実の社会で両者は対立する様相を示すために、その考えを説得的に述べることは、なかなか難しかった。

　1994年の転職を機に大学で教育研究を始めて後、1996年に『開発と環境―共生の原理を求めて』と題する著書を出版した。その内容の多くは、前職で経験した途上国での開発と環境の事例を含むものであったが、私の新たな挑戦は「開発と環境」と「共生の原理」に関する、私なりの考えを提示することであった。「共生の原理」に関する私の考えは、社会の「世界観」から議論するものであった。

　そしてその後、世界観についてさらに具体的に考え、「人間と自然の共生」についてもさらに考え続けた。そうして「開発と環境」と「人間と自然の共生」について、正面から論じる著書の執筆を決意し、内容の構想を始めたのは2000年の夏であった。試行錯誤を伴いながら、本書の内容に近い骨組みができたのは、2002年の春であった。決意して5年近くを費やしたが、この本の執筆は私の「人生の大仕事」になってしまった。その理由は、大きなテーマに関する思索を続けながら、すべての原稿を新たに書き下ろしたからである。また、全体が一貫した体系的なものを作りたい、と考えたからである。それは一つの芸術作品を創造する心境にも似ていた。

本書の題名について大いに迷ったが、『持続可能な発展のための人間の条件』とした。その理由を説明することによって、本書の柱になっている考えを述べておきたい。「開発と環境」と「人間と自然の共生」について私が考えるのは、人間がより良く生きられる社会の創造に貢献するためである。ブラジル・リオデジャネイロで、1992年に「地球サミット」が開催されたが、その前の1980年代の終わりころから、「持続可能な開発」という言葉が現れた。そして地球サミットの頃から「持続可能な開発」は一つのスローガンのようになった。その言葉は必要性から生まれたものであり、その可能性に裏付けられて現れたわけではない。これから発展したいと願う途上国の存在が、その必要性のみなもとの一つである。私も途上国の発展を考える教育研究をしているし、その「持続可能な開発」を支持したいと思う。途上国の貧困を放置することは人類全体の無責任である。グローバリゼーションが進展している現在、その無責任の罰は先進国にも降りかかっている。

　しかし案の定、そのスローガンの「持続可能な開発」に対して多くの疑問の声が現れた。地球の資源や環境を考えるならば「永久に続く開発」は不可能であるからだ。それは常識的な反応であろう。しかし、どのような「開発」を望むのかは別として、人類はその誕生以来、常に「発展」を目指して今日までの文化や文明を築いてきた。現在の文明が持続可能でなさそうなことは、ほとんどの人は気づいていると思うが、現在も人びとはさまざまな「発展」を目指して努力している。現状に満足しないで、何らかの向上を目指して工夫をすることは、そうさせる遺伝子があるのかと思わせるほど、「発展」は人間にとって「宿命的」であるようだ。その意味でも「持続可能な開発」あるいは「発展」の議論を避けることはできないだろう。

　その「開発」や「発展」の内容は、世界や人びとの多様な価値観を反映してさまざまである。但し、開発や発展を志向するからには、環境や自然はどうなるのか考えなければならない。環境を破壊すると「開発」や「発展」も、人間の生活の「向上」も実現しない。健全な自然や環境は人間が生きるための基盤である。従って「人間と自然の共生」あるいは「共存」について考えなければならない。そうしなければ無責任であり、自分の首を絞めるに等しい。

人類は「持続可能な発展」を目指すが、「人間と自然の共存」をいかに確保するのか。壊れつつある自然を見ながら、これからどのような「人間と自然の関係」を築けばよいのだろうか。これが本書の出発点である。「持続可能な発展」を実現する根本は「人間の生き方」である。自然ではなく人間の側に「人間の条件」が必要である。その条件を明らかにすることが、本書の最も大切な結論になっている。その結論を強調するために、大げさなようではあるが、題名を『持続可能な発展のための人間の条件』としたのである。それはいわゆる「先進国」のみならず、現在の「発展途上国」にも共通する、普遍的なものであると思う。先進国がたどった発展の「偏り」を途上国が繰り返さないためにも、私はそのように考えている。

　大きなテーマを扱ったために、要点が見えにくくなることを心配している。それを避けるために序章を充実した。本書の問題提起と内容構成を詳しく書いた。第1部から第3部までの流れや、各章のポイントなども序章で紹介した。内容が多岐にわたるために、全体の鳥瞰の役割を果たせればよいと思う。本書の内容の理解を助けるために、注釈の充実にも心がけた。労をいとわず注釈も読んでいただきたい。

持続可能な発展のための人間の条件

目　次

はじめに ……………………………………………………………………… i

序章　共生とは―問題提起と本書の構成 ………………………… 1
第1節　自然との関係を問うできごと ……………………………… 2
　　　　　白神山地の入山問題／野生生物と人間の共存
第2節　自然との共生とは ………………………………………… 7
　　　　　共生の可能性／人間と自然の相克／経済活動は自然と対立するのか／
　　　　　自然を遠ざけながら共生を望む矛盾
第3節　人間活動の影響 …………………………………………… 12
　　　　　自然破壊とは／利用と破壊の境界／自然保護の目的
第4節　自然保護とは何か ………………………………………… 15
　　　　　自然とは何か／自然物と人工物の境界／
　　　　　人為を排除しても自然は変化する
第5節　本書の構成と内容 ………………………………………… 19
　　　　　本書で考えるテーマ／本書の構成と内容

第1部　歴史に学ぶ持続的な自然利用 ……………………… 29

第1章　共生の自然観の形成―原点を求めて ……………………… 31
第1節　なぜ縄文時代か ……………………………………………… 31
第2節　縄文時代の自然利用 ………………………………………… 33
　　　　　縄文時代の位置づけ／自然と気候の変化／狩猟採集活動の特徴／
　　　　　資源利用技術の進歩と定住化
第3節　自然利用の社会関係 ………………………………………… 38
　　　　　定住の発達／人口と資源の捕獲圧力／社会関係の発達
第4節　縄文人の自然観 ……………………………………………… 43
　　　　　縄文人の道具と世界観／自然は循環再生する生命／
　　　　　人間と自然の間の贈与原理

第5節　狩猟採集から農耕の社会へ ……………………………… *48*
　　　　　縄文文化衰退への動き／弥生文化誕生への動き
　第6節　人間と自然の共生 ………………………………………… *54*
　　　　　自然と共生した縄文人／自然を遠ざける人間／
　　　　　自然破壊の原因は人類の誕生から／自然と交渉した縄文人

第2章　自然の利用と社会――近代以前と以後 ……………………… *61*
　第1節　古代：遷都と森林荒廃 …………………………………… *62*
　　　　　人間との関係の基本的なパターン／森林の破壊的利用／
　　　　　支配層による囲い込み
　第2節　中世：人間と森林の新たな関係 ………………………… *67*
　　　　　村落の発達と入会の誕生／入会制度の発達／持続的な森林利用
　第3節　近世：森林の危機の克服と社会関係の発展 …………… *71*
　　　　　都市の建設／農村の森林利用／森林の囲い込み／森林破壊の影響／
　　　　　網羅的な規制／育成林業の開始／土地制度の創造
　第4節　近現代：人間と森林の分断 ……………………………… *79*
　　　　　自然の所有権と分断の始まり／荒廃と回復／
　　　　　疎遠になった人間と自然／新たな関係の模索

第3章　人間と自然の関係――共生の諸条件 ………………………… *92*
　第1節　人間と自然 ………………………………………………… *93*
　　　　　人間と自然と環境の相互関係／人間は自然の一部／
　　　　　自然に働きかける人間／自然観
　第2節　社会関係と自然 …………………………………………… *102*
　　　　　〈人―自然関係〉と〈人―人関係〉／社会関係と森林破壊／
　　　　　社会関係と森林保全
　第3節　生態的な関係性 …………………………………………… *111*
　　　　　縄文人の多様な利用／森林に依存する農業／
　　　　　農民の利益と自然の保全／社会関係の調整

第4節　人間と自然の共生の諸条件 ……………………………… 116
　　　自然観／社会秩序の形成／エコロジカルな関係／共存型の社会関係
第5節　近代化と関係性の衰退 …………………………………… 121

第2部　近代の克服と世界観 ……………………………… 123

第4章　分断の世界観―機械論 ………………………………… 126
第1節　近代化と人間関係の希薄化 ……………………………… 126
　　　人間と自然を分断する都市／人びとを分断する経済社会／
　　　個人主義と人間関係／消費文化と人間関係／社会関係の再構築／
　　　存在基盤の空洞化
第2節　機械論の世界観 …………………………………………… 134
　　　デカルト主義の世界観／人工化による自然の排除／
　　　試行錯誤を嫌う決定論／効率優先の評価と人間疎外／
　　　要素還元論と分断の思考／時を無視する機械論
第3節　二元論の起源 ……………………………………………… 142
　　　二元論の弊害／認識作用に始まる二分法／二元論の克服へ向けて
第4節　人間と自然の二元論 ……………………………………… 148
　　　人間と自然／開発と自然保護／人間中心主義か否か

第5章　関係性と変化の世界観―生命論 ……………………… 155
第1節　生命論の世界観 …………………………………………… 155
　　　生命的プロセス／関係性の場／生成と変化／認識の方法と言語／
　　　評価の基準
第2節　生命プロセスと社会発展 ………………………………… 175
　　　プロセスの重視／自己組織化と社会／相互進化と社会

第6章　生命論の展開——生きることは共存すること …………… *184*
第1節　存在の目的 ………………………………………………… *184*
人間存在と生きる意味／生命論の実践
第2節　人間と自然は不可分 ……………………………………… *194*
「自然」は変化する／人間と自然の不可分／自然は私の一部
第3節　「共生」の意味 …………………………………………… *209*
生態系の共生／人間と自然の共生
第4節　多様性と共生 ……………………………………………… *221*
人間と自然に望ましい多様性／多様性と共生／人間社会の共生／
相補性がつなぐ二つの環境保護

第3部　開発と環境のビジョン ………………… *231*

第7章　共生の条件——人間・自然と開発・環境 ……………… *233*
第1節　人間と自然の共生の再興 ………………………………… *233*
神々との交流／交流の衰退／自然に対する生命感覚／
人間存在の豊かさ／生命的交流の方法
第2節　開発と環境保護の一致 …………………………………… *245*
人間が原点／開発と環境／社会と自然／新しい社会関係の創造／
市民参加と統治の変更

第8章　持続可能な発展に向けて——コモンズの再興 ………… *264*
第1節　コモンズの再興 …………………………………………… *264*
生命論からコモンズへ／自発的共同行為
第2節　自然利用のコモンズ創造 ………………………………… *273*
資源利用とコモンズ／コモンズの衰退／新たなコモンズの創出
第3節　地域づくりのコモンズ創造 ……………………………… *285*
地域社会の劣化から再生へ／市民セクターの再興

第4節　コモンズは世界を変えるか ……………………………………… *298*
　　　　コモンズと生命論／コモンズの可能性

終章　持続可能な発展のための人間の条件 ……………………………… *306*
　　　　発展の基礎／持続可能な発展のための人間の条件／
　　　　国際開発と生活の質／今後の課題

あとがき ………………………………………………………………………… *313*
索　引 …………………………………………………………………………… *314*

序章　共生とは―問題提起と本書の構成

　環境問題が深刻化するなかで「人間と自然の共生」を訴える論調がしばしば現れるようになった。そして「共生」は現代社会の合言葉のようになった。本来その「共生」とは、異なる生物種が互いに恩恵を与えながら生きる関係を示す、生態学の用語である[1]。人間と自然の共生、社会における老若の共生、都市と農村の共生、国際社会では多民族の共生、などと現在さまざまに「共生」の言葉が使われている。なかでも環境破壊や自然破壊の反省から、人間も自然も共に生きられる世界を願い、あるいは人間が生き延びる道として、人間と自然の「共生」が唱えられている。本書ではこの「共生」を含めた＜人間と自然の関係＞のあり方を考えることが大きな目的であるが、先ず序章の第1節から第4節において「共生」について問題提起をしたい。

　本書の全体に関わるこのような問題提起を行った後、序章の最後の第5節では本書の第1章から第8章にわたる全体の構成を示す。本書の内容が、歴史的な内容、理論的な内容、そして将来を展望する内容に、広くわたっているので、

---

[1]「共生」の用語が生態系について使用される場合は、一般に本文で示したように相互依存の関係を示す。しかし「共生」によって、人間社会と自然の関係や、人びとの関係を表現するときには、一概に「相互依存」を意味するとは限らず、単に「共に生きる」ことや「共存」であったり、「一方的な依存」であったりして、多義的にあるいは曖昧な意味でこの言葉が使われている。使用される文脈に関係なく、この用語を一括して定義することは難しいので、本書では使用される文脈に応じて、上記4つのいずれかの意味になるだろう。しかし、これらの意味のみでは、人と自然の共生を追求するには不十分である。「共生」の可能性や意味については、本書全体を通して考えることになる。第6章では生命論の世界観を展開するなかで、「共生」の意味をさらに発展させる考え方を示したい。

全体像が分かりにくくなる恐れがあり、前もって全体の構成と私の主張を示しておくと、より読みやすくなると考えたからである。

第1節　自然との関係を問うできごと

現代社会の「開発問題」が＜人間と自然の関係＞を問うことがある。例えば林道、ダム、河口堰などの公共事業に関する計画が明らかにされるたびに、開発の利益と自然保護の両論が戦わされる。そのような問題に直面して私たちは時になすすべを知らない。＜人間と自然の関係＞を再構築するべき、新たな時代に私たちは生きている。そのような時代の到来を私たちに教えている幾つかの例を簡単に紹介したい。

1.　白神山地の入山問題

白神山地は青森県と秋田県にまたがる約45,000haの広大なブナの森林である。1993年に世界遺産に指定されたが、その前後の時期において、ブナ林への入山を規制するか、開放するかについて関係者が対立して、難しい選択に迫られたことがある。ここでは白神山地が提起した、自然保護に関する問題について、青秋林道建設問題にまでさかのぼって紹介してみよう。

青秋林道建設計画は1958年に行われた、林業開発のための林道建設可能ルートの探査に始まる。その後、1978年に「青秋県境奥地開発林道開設促進期成同盟」が結成され、1982年に青秋林道の建設が着工された。1990年に青秋林道建設の中止が、開発主体によって正式に決定されるまで、地元住民や自然保護団体による反対運動が展開された。この建設中止に至った直接の契機は、保安林解除に対する地元住民の異議意見書の提出であった。

よくありがちな「開発か環境保護か」という対立は、異なる価値観の「土俵」で二者択一を迫るために、さまざまな意見の収束は容易ではない。井上[2]によ

---

[2] 井上孝夫『白神山地と青秋林道―地域開発と環境保全の社会学』東信堂1996、p.180を参照した。

れば、地元の自然保護運動が成功したのは、**住民が「開発か自然か」という二者択一を乗り越えたからである**。すなわち地元住民は、人為を排除する「自然保護」を求めたのではなく、地元住民の共通の課題である「生活」を守ること、つまり住民の生活を良くすることを考えた。その選択の結果が、保安林解除に対する異議申し立てであった。収束が困難な「開発か自然か」という**異なる土俵（価値観）の間ではなく、「生活のためには何が必要か」と問う一つの土俵（価値の追求）のなかで合意**が形成されたのである。

　林道建設が中止されて間も無く、白神山地が世界遺産に指定されると、白神山地への「入山問題」が再び浮上した。1990年に林野庁が作成した「白神山地森林生態系保護地域」の指定に際して、秋田県側の「核心地域[3]」では「入山禁止」、そして青森県側については「入山自粛」の措置がすでにとられていたが、世界遺産への登録に際して自然保護を確実にする議論のなかで、改めて問題になったのである。

　入山禁止の理由として挙げられた主張は、人が入れば自然生態系が影響を受けて変化する、自然を破壊から守るためには入山を制限せざるを得ない、ゴミやし尿が増える、などということであった。このような、人間と自然を分離して自然を「保護」することは、考え方としては単純で分かりやすく、直ちに反論することは難しいだろう。これに対して入山に賛成する人びとの主張は、自然に接することによってその貴さが分かり保護をする意識が芽生える、少数のマナーの悪い入山者のために国民共有の財産が一般に閉ざされてはならない、これまで自然と共生してきた地元住民を山から閉め出すことは生活権の侵害である、などという内容であった。

　この入山の是非に関する議論では、自然保護に関する普遍的な問題がいくつか含まれていると思う。第1の問題は入山の是か非か、という二者択一の議論である。**入山と自然保護の両立、あるいは人間と自然の共生、という可能性を排除して、人間と自然の単純二分法の論理に依存している**。それは、他の可能

---

[3] 青森県と秋田県の両方で45,000haのブナの森林の内、「原生」的ブナ林16,000haは「核心域」あるいは「中核部分」と位置づけられている。

性や合意形成の対話を排除して、どちらかの選択に人びとを強制的に誘導する
論理である。
　第2の問題は地域社会の事情と関係なく、画一的な環境保護のあり方や方法
がある、と考える態度である。そもそも、地域の自然が最近まで維持されてき
たのは、地域の自然が住民の「手つかず」の状態に置かれてきたからか。否、
地域の人びとはその自然を（資源として）持続的に利用しながら守ってきた。
地域の人びとは、地域特有の歴史的・社会的な文脈のなかで、住民と自然の固
有の関係を築いてきた。その関係は地域の文化のなかに埋め込まれている。よ
く知られているその例はいわゆる里山[4]である。したがって地域社会の特徴を
考慮しない自然保護の方法は、地域の文化と矛盾することになり、人びとの生
活とのくいちがいをきたし、自然保護さえもうまくゆかない。それはたとえ
ば、先の入山禁止の議論における「生活権の侵害」である。そのような考えで
は、人びとが住んでいる限り自然は守られないことになる。
　白神山地の例で提起した問題を整理してみるといくつかある。
- まず開発と自然保護の二者択一論の妥当性、
- 自然保護のために自然から人間を引き離すことの是非、
- 自然保護と地域文化の不可分性の無視などである。

　これらに共通する疑問として、保護すべき自然を「手つかず」の状態にする
ことが、自然保護の理想として私たちに求められているのか、ということがあ
る。人間と自然の関係にこのような疑問が生じるのは、自然保護や環境保護の
思想が地域の外から入ってきて、地域住民に対して環境保護が要求されるよう
になった結果かもしれない。＜人間と自然の関係＞がいま改めて問われてい
る。

2.　野生生物と人間の共存
　自然の変化や異変を知らせるできごとは私たちの身の回りにもある。その
変化を通して、私たちと野生生物との共存が問われている。私たちが気づくの

---

[4] 「里山」については、序章第4節3で説明してあるので参照されたい。

は、例えば昔どこでも目にしたメダカなどの水生生物が減ったことである。その理由は農薬の使用とともに、河川改修などで私たちの環境が人工化されて、生物にふさわしい棲みかが減少したこともあろう。また秋の七草で知られる草原性のキキョウも、最近は発見するのが難しくなった。それはキキョウの成育に適した里山の生態系が変化したからである。その変化は、人びとが里山を利用しないために、その維持管理もせず、里山が荒廃したからである。そのような里山生態系の変化によって、絶滅危惧種が増えているという事実がある。

　大型動物との共存も多くの問題に直面している。最近よく報道されるのは、イノシシによる獣害である。丹精込めて育てた田畑の作物を、一夜で荒らされた農家にとって、イノシシとの共存などは、都市住民のざれ言に過ぎないかもしれない。イノシシのみならず、サル、タヌキ、野鳥などの鳥獣による農作物被害は、広島県のみで年間7億円以上にのぼる[5]。獣害による農作物被害が深刻なので、自治体が設定する鳥獣保護区域を縮小、あるいは解除する動きも見られる[6]。このような鳥獣による被害の拡大の背景には、離島や山里の過疎化があり、住民の高齢化による日本の農林業の衰退がある。**つまり住人が減った山村に鳥獣が進出してくる、という人間と自然の生き物のせめぎ合いである**。このような鳥獣害を目の当たりにすると、「自然保護では飯は食えない」とか「人間は飢えずに野生動植物と共存できるのか」という自然保護に対する疑問が現実味おびてくる。

　動物との共存は日本よりも発展途上国の方が深刻かも知れない。たとえばワシントン条約によって保護されるべき動物がある。象牙や牙を目当てに密猟されるアフリカゾウやサイなどである。市場がグローバル化した現在、希少な動物が世界的な取引の対象になり、多くの動物が経済利益の犠牲にされている。農業における獣害の問題もある。インドやスリランカでは人びとはゾウを大切に扱い、長い間文字通り共存・共生してきた。しかし近年の農地拡大に伴い、

---

[5] 中国新聞1997年6月24日の記事。被害額は年々増大している。
[6] 中国新聞2001年11月14日の記事。イノシシによる被害が深刻なため、広島県と岡山県は狩猟解禁を前に、広島は7ヶ所、岡山は2ヶ所で保護区を解除した。

そのゾウが農村地域で作物を荒らして、これまでの人間との共存関係が危うくなっている。

　世界の海の魚も人間の影響を受けて激減している。私たちの大切なタンパク源である漁業資源の減少は深刻である。たとえばクジラの商業捕鯨は禁止されたままである。毎年開かれる国際捕鯨委員会において、日本などの商業捕鯨再開を目指す国と米国などの反捕鯨国の間で、真っ向から対立する主張の応酬が繰り返されている。クジラ絶滅の危機という単純な問題のみではなく、自然保護に関する価値観の違いが、対立のより大きな要素になっている。

　激減が報告される漁業資源は多い。身近なアサリは1980年代後半から激減して、最近の生産量はピーク時と比較して、全国では五分の一、瀬戸内海では十分の一の水準である[7]。瀬戸内海のサワラも激減したために漁業制限が実施されている[8]。太平洋や大西洋など世界の海で捕れる、マグロ・タラ・ヒラメなど主要な魚の漁が、過去50年の間にほぼ90％も減った、との調査結果が英国科学誌ネイチャー[9]に掲載された。それらは乱獲の結果であり、漁業国日本にも責任はあるだろう。

　人間と野生生物との共存をめぐるこれらの問題には、共通の背景があるのではないだろうか。それは先ず、人間が自然に要求する資源の量が拡大したことである。それは人口増大だけの結果ではない[10]。なぜ人間の需要が大きくなっ

---

[7] 中国新聞2002年5月9日の記事。
[8] 中国新聞2002年4月13日の記事。
[9] B. P. Finney, et. al, Fisheries productivity in the northeastern Pacific Ocean over the past 2,200 years, *NATURE*, Vol.416, 18 April 2002.
[10] その証拠に、地域の人口増と自然環境の悪化は必ずしも比例関係にない。人口が減って自然環境が悪化する地域も、人口が増えて逆に良くなる地域もある。例えば、日本の里山や山村は人口が減って悪くなった例である。また逆に、人口が増えれば都市施設が整備されて、自然環境が良くなることもある。例えば、人口規模が大きくなったために、都市下水道が整備されて、垂れ流しだった家庭排水が処理されるようになり、川の水質が改善する例は一般的である。このように、環境悪化は人口増加の結果である、というステレオタイプに囚われると、事実を正しく見ることができない。

たのだろうか。それは人間の欲望が拡大して、特に先進工業国で資源消費量が増えたからである。

　第2に自然を含む環境の人工化である。人びとが多く住む地域では、人間は危険と思われる自然を排除し人工化（例えばコンクリートで堅固に）して安全にする。排除する自然は川・海岸・山の斜面などの自然災害地域であり、田畑の害虫・害獣であり、都市機能を阻害する自然環境などである。

　第3に人間と自然の「持続的な共生関係[11]」の風化である。つまり人間は、長い歴史の中で、自然との関係をそれぞれの地域で築いて、それを地域固有の文化として受け継いできた。近代化の流れの中で、あるいは経済至上主義の流れの中で、人間と自然の伝統的で持続的な関係のあり方が風化しつつある。価値観がグローバル化する趨勢のなかで、地域固有の文化がさらに弱体化することになれば、そのような人間と自然の持続的な関係が一層風化するだろう。

第2節　自然との共生とは

1.　共生の可能性

　私たちはさまざまな環境問題に直面して「人間と自然の共生」を唱えている。しかし「共生」という美しいことばが並んでいるのみで、その内容はまったく明らかではない。だから「人間と自然の共生」の意味を改めて問うと、さまざまな答えが返ってくる。例えば、「そもそも『人間は自然の一部』のはずだから、両者は共生しているのではないか」。これは理屈としては正しいように見える。人間を含む生態系は共存しなければ生きられない。その生態系が全体として存続している以上、部分的には問題をはらみつつも、共存しているはずである。しかし、その共存が現在、危機にさらされているのである。

　他方、共生の可能性について否定的な意見もある。たとえば「科学技術の力

---

[11] ここで「持続的な共生関係」と言う場合は、例えば伝統的な里山のように、人間が自然を持続的に利用することにより、多様な自然が保たれていた事実を示す。

で自らを自然から切り離した[12]人間は、本当に『自然の一部』だろうか、人間は自然を支配しつつあるのではないだろうか」との疑問である。さらには「科学を手に入れて進歩した人間は、もはや自然と共生することはできない」とする悲観的な意見まである。

具体的な共生の内容まで考えると、次のような疑問も湧いてくる。「生物界の『共生』と人間と自然の『共生』は同じだろうか。どのように接すれば人間は自然と共生できるのか。人間と自然はお互いに助け合い、生かし生かされ、という相互依存関係を結べるのだろうか」。その答えは、私たち人間社会が自然とどのような関係を築くかにかかっている。

人間と自然の双方向で相互依存の関係が成り立つと考える人は少ない。例えば、1) 自然に悪影響を与えない範囲で、人間が有効な利用をすることが「共生」である、2) 人間が一方的に自然を利用し搾取するか、あるいは 3) 両者は無関係にせいぜい「共存」することしかできない、というような意見が多い。これは人間と自然の関係に悲観的な見方である。「**人間による一方的な自然の搾取である**」、という見方はかなり一般的なようだ。

2. 人間と自然の相克

人間と自然界の生物の間には、共生や共存のような好ましい関係のみではなく、現実には排除あるいは厳しい**生存競争**という好ましくない側面がある。例えば、人間は伝染病にかからないよう細菌と闘い、農林業の生産活動の場でも人間と動植物は競争している。いくら抜いても畑に侵入する雑草、農作物を狙う虫、鳥、サル、イノシシなどもその例である。そのような「競争」から「共生」の関係へと、人間と自然の関係が全面的に変わることはあり得ない。人間の生活や生産の活動において、他の生物との相克はなくならない[13]。

---

[12] 技術の力で自然環境を人工環境に変えることや、例えばバイオテクノロジーで自然界に存在しない生物を作り出すこと。
[13] 野本寛一『共生のフォークロア』青土社 1994 は、人間と自然の間の共生と葛藤に関する、広範にわたる民間伝承を記録している。

火山の噴火や地震、台風や洪水などは自然現象である。人間はそのような自然の脅威とも共生・共存する必要があるのだろうか。いや、どのような自然主義者であろうとも、それは望まない。人間の生みだした多くの技術は、自然の脅威を緩和する手段でもあったはずだ。しかし、自然の脅威を完全に回避することはできないので、そのような自然ともある程度は共存することが必要だろう。たとえば、洪水をダムや堤防で完全に制御することはできないので、遊水池などで洪水と共存する知恵を私たちの祖先はもっていた。

　将来にわたって変わりそうもない、このような人間と自然の相克や競争の側面を忘れてはならない。生きとし生けるものの生存競争は、生態系においてもなくなることはない。**人間も含めてすべての自然や世界が、優しく聞こえの良い「共生」で満たされることはありえない。食い食われる生存競争は生態系の現実である。**その人間と自然の相克や競争を前提にして、＜人間と自然の関係＞をどのように改善できるだろうか。人類の将来にとって希望を見出す可能性を探求しなければならない。

3. 経済活動は自然と対立するのか

　自然を利用し搾取する人間は必然的に自然と対立する、という考えが社会に広くみられる。私が環境アセスメントの委員会に出席していたとき、ある委員から「我々は人間と自然環境のどちらの側に立つべきか」との問いかけがなされた。人間社会の一員でありながら、環境保護を目的とする話し合いの場において、我々は人間と自然・環境の間の矛盾にどう対処すればよいのか、という真面目な問いかけであった。しかし、環境問題はそのような「人間と自然環境」の対立だろうか。「人間　対　自然」というような一般的で抽象的な捉え方をすると、現実から離れて真実が見えなくなる気がする。

　したがって抽象的ではなく、少し具体的に考えてみよう。たとえば住宅団地を開発して、宅地を販売する利益のために、山が削り取られて森林が伐採されることがある。この場合の人間と自然の関係は、「人間と自然」の軋轢のようにみえる。ここで一概に「人間」といっても、人間一般がその開発に関わっているわけではないので、人間と自然環境の関係として一般化することはできな

い。その開発を進めているのは、特定のディベロッパーと宅地の購入を希望する潜在的な消費者である。したがって団地開発をする企業と犠牲になる自然は、「人間と自然」の軋轢というよりも、〈特定の企業と消費者〉と〈特定の自然〉の軋轢である。もし一般的な「人間と自然」の軋轢であれば解決は難しいが、特定の企業と自然の軋轢なので問題は具体的であり、開発の方法を工夫すれば、その軋轢を小さくすることは可能である。

このように環境問題は必ずしも「人間と自然環境」の必然的・宿命的な対立ではなく、特定の人びとの特定の価値観による行為と、それによって犠牲になる自然の問題であろう。つまり人間一般の存在の否定になりかねない、「人間か自然か」という二者択一ではなく、個々の人間の価値観や生き方[14]の問題ではないだろうか。

ただし二酸化炭素の排出のように、最近は、不特定多数の人びとによる行為が、広く地球規模の環境問題になっていることも確かである。それは人間の存在に係わる、一般化される「人間と自然」の軋轢なのだろうか、それとも人間の価値観や生き方の問題だろうか。

4. 自然を遠ざけながら共生を望む矛盾

現代社会の先進国の多くの人びとは自然[15]の乏しい都市に住んでいる。その私たちが「人間と自然の共生」を追求することは、一つの矛盾かもしれない。都市に住んでいると自然を身近に感じないので、「人間と自然の関係」について、意識的・感覚的にあまりピンとこない。確かに都市の私たちは、森や山に棲む動植物と、身近に接することはあまりない。そして農林業に従事する人たちのように、人間と自然とのせめぎ合い（例えば獣害）を直接に経験することも少ない。

---

[14] 環境問題と人間の「生き方」の関連については、本書の第6章第1節で詳しく議論する。
[15] この場合の「自然」とは山野河海や野生の動植物を示す。「自然」という言葉の定義については、この後、序章第4節および第6章第2節でさらに考える。

しかし森や野生動物だけが自然だろうか。都市の道の並木や川の水や空気も光も自然ではないか。また私たちの生活は直接・間接に自然に依存している。つまり昼間の光、呼吸する酸素、食物として体に取り入れる動植物なども、それを産み出す自然の力のたまものだ。私たちの周囲に自然が無いわけではなく、その自然に私たちが気づかないだけだろう。都市生活者もまぎれもなく自然に依存しているのだが、その自然と私たちの依存関係が見えなくなっている。

だから問題は自然が我々の身近にないことではない。私たちが「人間と自然の関係」に疎いのは、人間が自然を避けて遠ざけたから、その関係がみえなくなったのだ。特に最近は、自然の影響を意識的に避ける、気密性の高い生活空間[16]を私たちは築いている。人為の多くは「自然状態」の克服である。衣服を身にまとうことからはじまって、殺菌処理で病原菌から体を守り、家屋の中で風雨から生活を守り、網戸で蚊の侵入を防ぎ、冷暖房で暑さ寒さを避ける、などの数えきれない方法によって、不便な自然状態を克服している。その人為や人工施設を最大限に強化し拡大してきたのが都市である。その結果、自然に依存している意識や感覚を失うのも、当然かもしれない。人間から自然を遠ざけておきながら、人間と自然の共生・共存を回復しようというのは、確かに矛盾をはらんでいるようだ。

本書でこれから人間と自然の共生について考えるに際して、ヒトという種の動物がもつこのような、自然状態を避けようとする傾向性を、前提条件として自覚しておくべきだろう。そのようにヒトが自然を排除して、それが過度になりつつある現在、それに耐えられなくなったためか、人間と自然の共生が求められている。それは自然と共存しなければ生きられない、人間の本然的な要求かもしれない。自然を排除したあげく、自然との共存を求めるのは、確かに根本的な矛盾であるが、人間はそのような矛盾を抱えた存在なのかもしれない。

---

[16] これと対照的に伝統的家屋は自然の要素を生かす工夫がなされている。

第3節　人間活動の影響

1. 自然破壊とは

　人間活動が自然環境に与える影響、たとえば開発による山野河海の改変あるいは自然破壊について、私たちはどのように考えればよいのだろうか。つまり何が「自然破壊」なのだろうか、自然への影響をどのようにして自然破壊と判断するのか、自然の改変を伴う人為はすべて自然破壊だろうか。もしそのような人為が自然破壊であれば、自然への働きかけはすべて理屈上「自然破壊＝悪」になるのだろうか。

　「自然破壊」の定義や基準について、もともと明確な共通認識はないだろう。オゾン層破壊や地球温暖化など、人類の生存基盤を揺るがす現象が自然破壊であることは確かだ。しかし個々の人間活動やその結果を「自然破壊」であるとか、あるいはそうではないと、一律に判断することは可能だろうか[17]。**「自然破壊」という言葉に囚われて、何らかの自然状態が改変されたら、それを自然破壊と呼ぶことは妥当だろうか。**たとえば木を一本切ることでも自然状態の改変である。常識的にはそれを自然破壊とは呼ばないが、場合によっては、それが自然保護と開発の間の論争になりうる。何のための自然保護か、そして何のための開発か、ということも是非を判断する基準に関係するのかもしれない。

　クジラの商業捕鯨は禁止されて久しいが、サメ、マグロなどの捕獲・利用までもが国際的に制限されつつある。種の絶滅を防ぐための自然保護と、ある価値観を画一的に強制する自然保護主義（イデオロギー）は、区別すべきだろう。人間による自然への働きかけや利用はローカルな活動であり、それは各地域にユニークな文化（生活様式）である[18]。したがって、ある自然利用を「自然破

---

[17] もともと「自然破壊」は新しい言葉であり、個人の活動の結果を示すことはなく、大規模な開発事業による自然への悪影響について使用される。

[18] ただしローカルな文化を絶対視する「文化絶対主義」は正しくないと思うが、地域の文化を無視して環境保護イデオロギーを押し付ける、「環境全体主義」も間違っていると思う。

壊」であると見なして、世界で一律の利用禁止を強制することには、大きな無理があると私は思う。自然保護を主張するあまり「自然」を絶対化して、「自然破壊」や「自然保護」という言葉に囚われて、何のための自然保護か、自然保護の内実は何かという、本質を見失ってはいけない。

2. 利用と破壊の境界

　人間は生きるためには食べなければならない。農地を耕し作物を収穫するなど、人間が自然へ働きかけること（自然利用[19]）は避けられない。経済活動のために自然（あるいは天然）資源を利用するのは自然の「破壊」だろうか。それとも、人間が生きるうえで資源の利用は不可欠だから、**環境保護のために「開発と保全」のバランスが必要なのだろうか**。もし、問題がそのバランスであれば、どこまでの「自然利用」が許されて、どこからが許されない「自然破壊」になるのか。あるいは人間が生きるための「自然破壊」と、人間が楽をするための「自然破壊」は同じ「自然破壊」なのか、**つまり人間の欲望の拡大はどこまで許されるのか、というような疑問も湧いてくる。このような疑問は人間の存在に係わる根本的なものである**。これらの疑問は主に本書の第6章や第7章の議論に繋がる。自然の改変を伴う人為をすべて「自然破壊」と断ずることは、言うまでもなく人間の存在を否定することになる。

　「自然破壊」や「環境破壊」について、私たちの考え方は定まってはいない。「人間は自然の一部」との考えは、今では、多くの人の認識である。人間以外のすべての生物も自然に働きかけている。自然の一部であるにもかかわらず、人間の行為だけが「自然破壊」なのだろうか。人間と他の生物の間には、自然の改変の程度に大きな差はあるが、それは自然破壊とそうでないものを分ける、

　それぞれの主張を絶対化することなく、柔軟な姿勢すなわち「開かれた精神」による対話が合意への道であると思う。近年のIWC（国際捕鯨委員会）の締約国会議では、合意へ向けた創造的な対話がなされているとは思われない。

[19] 自然の利用は、人間の生活・生産活動ための資源として、森林・土地・水などの自然を再生可能な形で利用する場合と、石油などの鉱物資源のように再生不可能な利用とからなる。

本質的なものだろうか。

　もし自然現象で特定の生物が大発生して生態系が乱れたら、それはその生物による「自然破壊」なのか、あるいはそうではないのか。あるいは雷による山火事や火山の噴火は「自然破壊」だろうか。人間が動植物を食べるのは、自然界の単なる弱肉強食の現れなのだろうか。さらには「人間は自然の一部」であるから、「自然破壊」と呼ばれる人間の行為も、地震や噴火と同じような自然現象、つまり「自然」の営みではないのか、との疑問にはどのように答えればよいだろうか。

　これらは「自然破壊」の言葉の単なる定義の問題だろうか。多くの人びとの理解を得られる定義をするためには、その基礎が必要だろう。納得のできる定義をする基礎、つまり序章でこれまでに述べた疑問の答えを私たちは持っているだろうか。

3. 自然保護の目的

　「自然環境保護」についても同様に疑問が多い。「自然保護」とは資源を消費する欲望を人間が我慢することなのだろうか。これは自然保護に対する人びとの素朴な印象かもしれない。希少生物の保護に限らず、すべての生き物を大切にすること、たとえば植物を育てるガーデニングも、私たちが身近にできる一つの自然保護であろうか。

　そもそも「自然保護」の目的は何だろうか。自然保護の目的は人間に都合の良いように自然を維持することか、あるいは自然保護とは「理想的」な自然環境（＝できる限り人為のない「元のまま」の自然？）を維持することか。前者は人間の生存と「人間中心」の価値観を前提にするが、後者は人間を「自然破壊」の元凶と考えており、その人間を自然から排除・分離する方向であって、人間中心の価値観には基づかない。いわば「自然中心」である。後者の方を理想的な環境保護とする考えがある。その際、「人間の排除」は正しい考えであろうか。

　人間が改変した環境を「元のまま」の自然に戻すことは可能だろうか。そも

そも自然保護は、自然保護という動機に基づく人為的な営みであり、自然[20]な働きではない。もし人為を排することが自然保護であるとすれば、自然保護は人為であるから、人為を排する自然保護とは矛盾する。そうすると、人為的に「人為を排除する自然」を求めるのは自己矛盾かもしれない。したがって自然保護は「自然の力」に任せるべきだ、というような考えももっともらしく聞こえる。人間のなすべき「自然保護」の目的は一体何だろうか。

第4節　自然保護とは何か

1. 自然とは何か

先ず「自然」とは何だろうか。自然との共生や自然保護を考える際には避けられない問いである。さらにその自然をどの状態にすることが「自然保護」だろうか。これもやはり自然とは何かの答えに係っている。**自然とは動植物などの生物的自然であり、山・川・海・空気などの非生物的自然も含まれる**[21]。それでは自然保護の対象はすべての生物的自然と非生物的自然だろうか。つまり多様な生物の棲む原生林も、庭の鉢植えも同じように自然保護の対象だろうか、あるいは違うのだろうか。常識的には原生林の方が、自然保護の対象として大切であると考えられている。それは何故だろうか。

私たちは人為の加わった存在、例えばコンクリートのビルディングを「人工物」と呼び、人為の加わらない存在を「自然物」と呼ぶ。その基準に従えば原生林は自然物である。鉢植えは確かに生物には違いないが、人為がなければ存在しないから、人工物と言えなくもない。**私たちは自然保護について考えるとき、原生林のような人為の加わらない自然を大事にしたいと思い、これからも人為の加わらない状態に保つことが自然保護であると信じている**。それは正しいのだろうか。人為が加わっているか、あるいは加わっていないか、によって

---

[20] この「自然」の用法は nature という名詞ではなく、人為のないことを示す副詞である。
[21] 「自然」は多義的な言葉であるが、これは「自然」の定義の一つである。自然の包括的な定義については第6章第2節で議論する。

自然と非自然（人工）を区別して、人為が加わったり人間が作ったりしたものを人工物と呼び、人為が及ばず（自然が作って）自然に存在するものを自然物と呼ぶのだろうか。そして人為の加わらない状態に保つこと、あるいは人為を排除することが自然保護であろうか。そして人工物と自然物は互いに重なり合わない、まったく別の存在だろうか。

　このように考えると難しい問いに突き当たってしまう。たとえば、人為的に造った植林地は人工物だろうか。また人為的に造成するけれども、多様な生物がすむ水田も人工物だろうか。人為的に造成した林でも水田でも、動植物が棲みつけば自然と呼べるのではないか。多くの「人工物」と土地・川・空気・光などの非生物的「自然物」から構成される都市は人工物と自然物のどちらか。遺伝子組み換え生物やクローン動物は一体、自然物と人工物のどちらだろうか。人為の産物はすべて人工物として片づけてよいのだろうか。あるいは、それらは人為と自然の合作であり、どちらかに区分することはできないのだろうか[22]。

2. 自然物と人工物の境界

　原生林のように人為の及びにくい自然があるが、それが私たちの守るべき自然だろうか。しかしこの地球上に人為の影響をまったく受けない、「本当」の「理想的」な「元のまま」の「原生」の自然があるだろうか。アマゾンの奥地でも「新大陸発見」以前から先住民によって利用されてきた[23]。人跡未踏の土地というものは、地球上にもはや存在しないと考えてよい。そうすると地球上に「本当の自然」は存在しない。

　さらに考えを進めてみよう。鳥や蜂が作った巣はもちろん自然物であろう。今までの議論に従うと、人間が作った家は人工物であり、鳥や蜂が作った巣は

---

[22] この問いについては、二元論に関する批判として、第4章第3節、第6章第2節において議論をさらに深める。
[23] 田中淳夫『里山再生』洋泉社 2003、p.28 は以下のように述べている。「南米の半分を覆い尽くすこの森林地帯も、その三分の一から三分の二は人が意図的に作った森林だという報告がある。それは、アマゾンのジャングルも里山である、というのと同じ意味だ。…ブラジルのゲルジ博物館が長年の研究の結果出した結論なのである」。

自然物である。人間と人間以外の生物を区別することを止めて、「人間は自然の一員である」との認識を取り入れてみよう。そうすると人間も鳥や蜂のように同じ自然の一員であり、人間が作る家も自然物と見なせるのではないか。

　このように、人間が作る人工林、水田、都市、家、そして生物が作るものの存在を考えると、何が自然物で何が人工物なのか区別が曖昧になってくる。それは最初の前提が間違っていたからだろう。つまり自然物か人工物かという、二分法のカテゴリーで世界を認識しようとしたことである。ほんとうは二分できないのであって、人工物と自然物が互いに重なり合う存在もあるのではないか。私たちの周りをよくよく見れば、人間と自然の合作による「自然」が、世界の大部分ではないだろうか。このような二元論に関する問題は本書の第4章で議論を深める。

　このように世界を人工と自然のどちらかに区別することは困難であるから、実際には河川や海岸について「自然度」[24]が高いあるいは低いと評価し、また人為の加わった自然を「半人為 (semi-artificial)」とか「半自然 (semi-natural vegetation)」[25]と表現することがある。そうすると、たとえばコンクリートのような人工物であっても、それは自然界の中の石灰岩、石、砂、水などの物質を工夫してつくるから、物質としては自然物と自然物を組み合わせた自然度の低い「自然物」であると言えまいか。しかし「半人為」や「半自然」という言葉は、かなりいい加減で便宜的な表現であろう。「自然」とは生物の場合、命のことでもある。人為や命が「半自然」つまり「半分」であるとは、言葉の定義から考えて矛盾がある。このように言葉は本来便宜的なものであり、その言葉に拘るところに、無理や矛盾が生じるのだろう。

3.　人為を排除しても自然は変化する

　このように「自然」と「人工」を峻別することは難しい。だから原生林や人

---

[24] 「自然度」とは、人工の加わっていない自然のままの程度のことである。例えば、コンクリート護岸は自然度が低く、工事の施されていない自然海岸は自然度が高い。

[25] 沼田真「自然保護とは何か」沼田真編『自然保護ハンドブック』朝倉書店1998、p.5による。

工林のように、人為がほとんど無いか、あるいは多少あるかは、程度の問題かも知れない。しかしいずれにしても、自然保護はやはり人為を排除することだろうか。しかし、人為を排除して自然保護ができるだろうか。原生林や前人未到の自然であれば、人為を排してそれを保つことは可能である。しかし先述のように、ほとんどの自然は人間の何らかの影響を受けて、その結果としてその自然の状態が維持されている。したがってその人為の影響を除くと、その自然は別の状態に変化する。それが「自然の法則」であり、生態学では「遷移」と呼ばれる現象である。

　その身近な具体例は里山である。人びとは昔のように、肥料や薪炭の採取のために、人里に近い山つまり里山を利用しなくなった。人が里山から遠ざかった結果、里山の植生遷移が起きており、その表れが「松枯れ」であり、希少生物の後退である。人間が里山の維持管理をしなくなったために、荒れた里山で絶滅危惧種が増えている。また放牧に利用される草地は、季節的な火入れなどの人為によって、木が生えない状態に保たれている。しかし、そのような草地から人為を除くと何が起きるだろうか。樹木が侵入し植生遷移によって草原は森林化へ向けて変化するのである。

　再び、私たちが保護するべき「自然」とは何だろうか。原生林のような原生のあるいは「手つかず」の自然が「本当」の自然である、というような価値観を含んだ認識が社会に広く存在する。その原生自然が貴重な守るべき対象なのだろうか。そしてたとえば、人為の関与した植林地や水田は人工物であって、貴重ではないし特に守るべき自然物ではない、と考えるのか。人為を排除することが自然を保護することだろうか。人為を排除しても自然は変化するが、その変化に任せることが自然保護だろうか。

　このような疑問は最初に示した白神山地の問題と関連している。つまり入山を禁止して人間の影響を排除するのか、あるいは入山を許容して人間と自然の係わりを維持するのか、という論争である。また野生生物と人間の共存という、＜人間と自然の関係＞のあり方の問題提起も同様である。序章で挙げたこれらの疑問や問いは小さなものではない。それはこれまでの「開発」や「自然保護」を問いなおす疑問であり、＜人間と自然の関係＞の根本に係わることで

あると思う。これらの問いなおしは私たちの世界の見方、すなわち世界観の変革を要求し、私たちの生き方の問いなおしを要求する。そして自然環境との共存を契機にして、現代文明のかじ取りにも繋がるのである。そのような世界観については、この後に続く本書の第4章から論じることにしたい。

第5節　本書の構成と内容

1.　本書で考えるテーマ

序章でこれまでに述べてきたことをまず整理してみよう。第1節は「白神山地の入山問題」を通して保護対象のブナ林と私たちがどのように付き合うか、という＜人間と自然との関係＞の問題提起をした。次の「野生生物と人間の共存」では、絶滅危惧種、獣害による被害、動物との共存、捕鯨をめぐる対立、漁業の乱獲など、やはり問題は＜人間と自然の関係＞であった。

第2節は共生の意味やその可能性について疑問を提起した。人間と自然は共生のみではなく相克の関係もあることに注意を喚起した。開発や経済活動に注目すると、「人間活動は自然と対立するのか」という問いが立ち現れた。そして人間は現実に「自然を遠ざけながら共生を望む」という矛盾を抱えていることにも気づいた。

第3節では開発や人間活動に伴う「自然破壊」の意味を問うた。その結果、人間による自然の利用と破壊に関連する疑問が次々に現れた。

第4節では、人間から自然を保護するに際して、そもそも「自然とは何か」という疑問が生まれ、守るべき自然と人為を対置するとき、「自然物と人工物の境界」について疑問が生まれた。そして、人為を除いたら守るべき自然は変化する、という事実によって、自然の特定の状態を維持する「自然保護」の意味があやしくなってしまった。

これらの多くの問いに共通していることは、人間と自然はどのような関係が望ましいのか、という＜**人間と自然の関係**＞のあり方に関する大きなテーマである。その答えは「**共生**」であると言われるが、その具体像や内実はよく分からない。＜人間と自然の関係＞が現実の社会で問題になるのは、＜**開発と環境**

＞の矛盾であることが多い。これも現代において、環境問題や社会発展の方向に関わる、大きく困難なテーマである。その答えは＜持続可能な発展（開発）＞であると言われるが、やはりその内実もよく分からない。これらのテーマは人の生き方、人と人の関係、社会のあり方、世界観、などの「**人間のあり方**」に深く係わっている。

　本書で考えたいテーマはこれらの＜キーワード＞によって示されている。**私が究極的に追求したい課題は、「人間社会の持続可能な発展（開発）のあり方」である**。そのために乗り越えなければならない課題はさまざまな分野にわたるが、特に過去10年以上議論されてきたのは環境問題である。その中でも難しい課題は＜人間と自然の関係＞であると思う。従って本書は、その＜人間と自然の関係＞のあり方を考えることが大きな割合を占めている。そのような＜人間と自然の関係＞を考える目的は、あくまでも「人間社会の持続可能な発展（開発）のあり方」を追求することである。言い換えれば人間社会のために、**自然環境との共存・共生を考える立場**である。

　本書は、私の非力を省みず、このような大きなテーマを追求するものである。私には、このようなテーマに対して包括的に答える能力はないが、私なりに考える急所があり、それを主張したい、という思いに駆られて本書を著した。その急所とは、人間社会の「関係性」あるいは「関係性を踏まえた私たちの生き方」である。近代から現代まで希薄化し続けてきた「関係性[26]」を、これから社会の中に回復し築くことが求められている。失われた諸々の「関係」を回復し、あるいは新たに築くことがどうして必要か。それはどんな関係か。どのように＜人間と自然の関係＞、＜開発と環境＞、＜持続可能な発展＞などのテーマと関係があるのか。本書で考えたい。

2. 本書の構成と内容

　本書は歴史に関する第1部、理論に関する第2部、今後の人間社会を展望す

---

[26] 諸々の関係性あるいは絆のことで、例えば人と人の関係、家族や近隣の社会関係、人間と自然の関係、学問の異なる専門分野の間の関係…など様ざまの関係のあり方。それらの具体的な表れとして、社会で人びとを関係づける慣習、規則、制度などが代表的である。

る第3部からなる。＜人間と自然の関係＞は古今東西の哲学のテーマであり、多くの側面を持っており、それを包括的に論じることは困難である。私なりの視点で「歴史」と「理論」を踏まえたうえで、将来を「展望」することが説得力をもつと考えたので、大袈裟ではあるが敢えてこのような三部構成にした。一人の著者のみでこのような構成にすることは、「大風呂敷」のそしりを免れないが、人間社会の「関係性」という限定された観点を中心にしたアプローチなので、何とか目標に到達できるのではないかと思う。

第1部　歴史に学ぶ持続的な自然利用

　私は歴史家ではない。従って、第1章と第2章の歴史的な事実の記述は、多くの考古学者や歴史研究者による既存の文献に依っている。すなわち、＜人間と自然の関係＞を探る観点に絞って、それを関連分野の文献の中から読み取り、私の視点で縄文時代から近現代までを解釈する努力の結果が第1部である。

　私たちは山野河海や動植物の自然に囲まれており、＜人間と自然の関係＞は余りにも深く多岐にわたる。従って、第1章と第2章では、＜人間と自然の関係＞の中でも、限定された「人間による自然（森林・山野）の利用」、という側面に私は着目している。

　自然利用の歴史とはいっても、第1章と第2章は歴史的な事実を単に列挙したものではない。＜人間と自然の関係＞に係わる、現代社会の問題の解決を目指して、その答えのヒントを見出す努力の結果である。つまり温故知新である。歴史から学ぶにあたって、私の念頭にある、その現代社会の問題について、以下に3点ほど述べておきたい。

　第1に、現代の環境問題に現れているように、私たちにとって自然の資源を持続的に利用することは現代文明の死活問題である。**日本では過去、自然の資源を枯渇させることなく、いかに持続的に利用したのだろうか**。その答えを歴史的事実の中から探したい。

　第2に、現代社会には、富への欲求が無制限に拡大しているという問題がある。資源が限られている地球上で、そのような拡大は不可能であると分かって

いるのに、人びとは長期的な環境破壊の兆候や予測に目を閉じて、現在の短期的な利益を追求している。私たちは自分と子孫、つまり人類が生き延びるために、拡大する欲求の「自己規制」ができないのだろうか。**はるか昔の縄文時代から、人びとは何らかの自己規制によって、自然を持続的に利用してきた。**それを第1章と第2章で探りたい。

　第3に、現代社会の私たちは自然や生命と向き合っていない。私たちが食べるものはすべて動物や植物の命(いのち)である。しかしスーパーマーケットのトレイに入った肉片や野菜からは、私たちのために犠牲になった生き物（自然）の命は見えない。そのような「死んだ自然」と私たちの関係から、私たち人間と「生きた自然」が共生する自然観が、私たちの心に育つだろうか。**狩猟採集社会の日常は人びとが「生きた自然」や「生命」と向き合う生活**であった。そのような生活のなかで、自然と共存する自然観が形成されたと思う。私たちは思い通りにならない自然を遠ざけてきたが、その私たちが学ぶべき**共生の原点が、縄文人の自然観**にあるかもしれない。

　＜人間と自然の関係＞を読み取るには、それぞれの時代の背景とともに、このテーマと関連する事実を理解しなければならない。後述するように、＜人間と自然の関係＞は人びとの「社会関係[27]」の表われである、と私は考えており、その点でも各時代の社会の記述が必要である。＜人間と自然の関係＞の結論のみを述べても、その背景を同時に説明しなければ、結論さえも理解されないだろう。退屈になりがちな歴史編にも、読者が興味を持って下さることを願いたい。

　第3章は、歴史から学んだ＜人間と自然の関係＞を整理したものである。その際、第1章と第2章で紹介した事実を整理し、さらに日本に限らず世界の例も援用している。人間と自然の関係をここで整理する最も重要な観点は、人びとの「社会関係」である。つまり人びとの「社会関係」が＜人間と自然の関

---

[27] 例えば自然を利用する際には、家族・集団・村・村々の慣習や規則が必要である。そのような社会の人びとを様々に関係付ける、慣習、規則、習慣などの社会秩序と、その秩序の実効性を保障する社会の信頼関係など、広く「社会関係」一般をここでは意味している。

係＞に表われる、という事実に着目している。言い換えれば、「人間と自然の関係」と「社会関係」は密接な関係にあり、前者は後者の反映であると言える。その「社会関係」とは、主に家族、近隣社会、地域社会の人びとの慣習や規則、さらに社会や経済のあり方である。自然を利用する際に、関係する範囲にある社会の人びとの諸関係である。

　「人間と自然の関係」がすべて「社会関係」で決定される、とまでは主張しないが、そのような側面が事実として存在し、それは大切な観点であると私は考えている。その事実は第１章から説明してあるし、本書の全体を通して私が主張する諸々の「関係性」の一つである。第３章では、社会関係と自然利用、自然破壊、自然保全などの関係を、第１章と第２章や他の事例を援用し、歴史の教訓として一般化を試みた。歴史から学んだそれらの関係性は、後続の章（主に第３部の展望編）において言及される。

第２部　近代の克服と世界観

　第２部の理論編は第４章、第５章、第６章である。第１部の歴史編から分かることは＜人間と自然の関係＞において、人びとの「社会関係」が大きな役割を果たしていたことである。その役割が、明治時代からの近代化以降[28]、特に第二次大戦後から現代に至るまで弱体化してきた。第２章の近現代における「人間社会と森林の分断」、第３章の「近代化と関係性の衰退」として、それに言及する。それを受けてこの第２部第４章では、現代社会における諸々の「社会関係」の希薄化について論じる。これらの「関係性」の希薄化を本書では「分断」という言葉でも表現しているが、**その関係性の希薄化や分断をもたらした根本原因が、西洋を中心にして近代化を推し進めてきた、思想的な柱としてのデカルト主義にあることを指摘する。**

　デカルト主義批判や「近代」を批判する「ポストモダン（近代以後）」の議論は新しいものではない。それにも拘らず本書でそれを扱うのは、＜人間と自然

---

[28] 近代化は経済成長などのプラス面と同時に、人間疎外、拝金主義、環境問題など様々なマイナス面ももたらした。それらを克服することは現代社会の大きな課題である。

の関係＞を改善するうえで、私たち自身のデカルト主義や二元論を自覚することが最も重要である、と考えるからである。そのデカルト主義を本書では「機械論」と位置づけて、その機械論の世界観が現代社会であまりにも肥大化し過ぎていることを指摘する。その機械論の世界観の短所が表われた現象が、本書のテーマである＜人間と自然の関係＞の悪化や、「社会関係」の弱体化であり「分断」である。

その短所を補う世界観として、第5章で「生命論」の世界観を紹介する。つまり**機械ではなく生き物や生命的存在の特徴を大切にする世界観**である。その生命論の世界観の特徴が「関係性」の重視であり、現代の「分断」を解決するために必要であると私は考えている。この第5章では、本書のテーマに内容を限定しないで、生命論の世界観を多少広い観点から紹介する。本書の生命論がよりよく理解されると思うからである。そして第6章において、本書のテーマである＜人間と自然の関係＞に即して、生命論の世界観を応用・展開する。すなわち人間の生き方、人間と自然の関係、生態系や社会の共生について、生命論はどのように貢献できるだろうか。試論も含めて私の考えを述べた。

この第2部の理論編では機械論と生命論を対照的に位置づけている。狭義にはデカルト主義が機械論である。しかし広く考えると、初めから明確な二分法のカテゴリーとして機械論と生命論がありき、と考えるのではなく、**世界を機械仕掛けのような存在と捉える見方**[29]と、**世界を生命的存在として捉える見方**[30]の、両者の対照的な傾向性の違いを本書では機械論および生命論と呼んでいる[31]。機械的な側面も生命的な側面もともに混在して、私たちの世界は存在するので、機械論を否定することはできないし、その必要もない。

問題は、現代社会で機械論の世界観が肥大化して、生命論の世界観が萎縮し

---

[29] 例えば設計・制御、数量、確実性、決定論などの概念は機械論の世界観に属する。
[30] 例えばプロセス、意味、生きがい、不確実性などの概念は生命論の世界観に属する。
[31] 従って、本文では「機械論的世界観」とか「生命論的世界観」として議論することが多い。本書では「関係性」を議論することが目的であり、機械論と生命論に関する哲学的な考察が目的ではない。その理由で機械論と生命論の厳密な定義には立ち入っていない。

抑圧されていることである。その説明は第4章に譲るが、例えば、開発か環境保護かという二元論思考や科学技術万能主義は狭義の機械論であり、人間（生命）にとっての価値を軽んじて数量的な基準を過大評価する効率至上主義、人と人の関係性を軽視する自己中心主義なども、機械論的な世界観に偏重した考えの表われである。社会関係の希薄化による現代の社会病理[32]なども同様である。

第3部　開発と環境のビジョン

第3部の開発と環境のビジョンは第7章と第8章である。その内容は、本書のテーマである＜人間と自然の関係＞、＜開発と環境の調和＞、＜持続可能な発展＞の諸課題に対する私の提案である。これから将来に向けて私たちの成すべき事として、現在私が考えていることを述べる。第7章では、人間と自然の望ましい関係、すなわち両者の共存や共生を実現するために、人間と自然の交流を豊かにすることを主張する。人間と自然の「分断」の現状から、両者の「交流」の方向へ私たちの生き方を転換するべく、主に精神的な面における条件整備の必要性を主張する。さらに人間と自然が共存し共生する、社会の発展（開発）を実現するための基本的な条件を述べる。

「人間と自然の共生」および「開発と環境の一致」の実現は、人間社会の多様な価値観を前提にして模索すべきである。生き物としての「人間」を原点にすれば、人間と自然の共通の土台に立つことができる。そして人間の「生活[33]」を価値の基準にすれば、＜開発と環境＞に共通する基本的な価値観として、現代社会で人びとが共有できると思う。その際、その「生活」の内容として「生活の質」を考えることが同時に必要であろう。

第8章は「近代」とともに廃れてきた「コモンズ」あるいは「共同」を再興しよう、という提案である。このコモンズとは自発的な共同行為のことである。それは第7章と同様に、本書のテーマである＜人間と自然の関係＞、＜開発と

---

[32] 例えば「他者不在」や「引きこもり」などと呼ばれる社会現象である。
[33] 曖昧な表現ではあるが「日常の普通の人間的な生活」とここでは定義しておこう。

環境＞、＜持続可能な発展＞などの課題に対する、私の一つの答えであり提案である。**自然利用のコモンズや町づくりのコモンズが、これらのテーマに創造的に対処できる可能性を私は期待している。**

＜人間と自然の関係＞の改善や再構築に留まらず、コモンズは、福祉、教育、環境、防犯など多くの現代的課題を抱えた地域社会を改善して、発展させる不可欠の力になるだろう。それは私たちの先進国も発展途上国も含めた、世界の＜持続的な発展＞に必要な社会の力である。

コモンズは本書の全体を貫く「関係性」を地域社会の人びとの間に築くことでもある。歴史編で重要性を明らかにした社会関係の再興、そして理論編で示した生命論の世界観の再興は、今後の社会において実際にコモンズを豊かに創造できるかどうかにかかっている。人びとの関係性を豊かにするコモンズの創造によって、機械論に圧迫されて萎縮している生命論の世界観が、今後の社会で再び正常なレベルに戻ることを期待したい。

第1部から第3部の全体を通して見ると、本書では＜人間と自然の関係＞や＜持続可能な発展＞のあり方を考えるために、社会関係（第1部）、世界観（第2部）、人間の生き方（第3部）という相互に関連する観点から論じている。すなわち、人間と自然の持続的な関係が社会関係によって実現したことを、縄文文化や歴史的な事実で確認する。そして近現代における持続的な関係の劣化を、デカルト主義に求める。それを理由に、近代化の基礎であるデカルト主義や機械論の世界観の短所を批判して、再び「関係性」を大切にしてそれを復興するために、生命論の世界観の特徴を説明し議論する。そして、これからの社会への提案として、生命論の世界観を基礎にして、人間の生き方と社会関係の変革を求める。その変革とは、人類にとって新しいことではなく、むしろ古くから存在している共同（コモンズ）の世界を大切にすることである。究極的な課題である＜持続可能な発展＞を実現するために、それは一つの大切な条件であると考えている。本書の最後を「終章　持続可能な発展のための人間の条件」で締めくくる。

序章　人間と自然の共生とは―問題提起と本書の構成　27

　本書の全体の構成の一覧を示す。序章から終章までの要点は、以下の表の通りである。これは本書全体の最も簡略化した鳥瞰である。

	章	要点
	序　章	共生とは―問題提起と本書の構成
第1部		歴史に学ぶ持続的な自然利用
	第1章	共生の自然観の形成―原点を求めて 社会関係によって縄文時代に自然が持続的に利用された。その基礎として自然と共生する自然観が形成された。
	第2章	自然の利用と社会―近代以前と以後 自然を持続的に利用管理するために、さまざまな社会関係がさらに発達した。しかし近代化によって人間と自然の関係が分断された。
	第3章	人間と自然の関係―共生の諸条件 社会関係と自然利用、自然破壊、自然保全の関係を検討・整理して、両者の共生・共存の諸条件を示した。
第2部		近代の克服と世界観
	第4章	分断の世界観―機械論 人間相互や人間/自然の関係の希薄化は、近代化の基礎の機械論に起因することを示し、人間/自然の二元論の弊害を論じた。
	第5章	関係性と変化の世界観―生命論 関係性を豊かにする生命論の世界観を紹介し、現在の私たちの偏った世界認識を改善する幾つかの考え方を示した。
	第6章	生命論の展開―生きることは共存すること 自己実現を追求する人間の生き方として共存を論じた。人間/自然の不可分、共生の意味、多様性の尊重について論じた。
第3部		開発と環境のビジョン
	第7章	共生の条件―人間・自然と開発・環境 現代社会において、人間と自然の共生/共存を再興する方法、開発と環境を一致させるための考え方や方法を論じた。
	第8章	持続可能な発展に向けて―コモンズの再興 持続可能な発展が可能な社会を築くために、人びとの関係性を豊かにする自発的共同行為（＝コモンズ）の再興を提案した。
	終　章	持続可能な発展のための人間の条件 持続可能な発展を目指して本書で論じたことは、結局「人間の生き方」の問題である。それは、人間が人間らしく生きるための条件でもある。

第1部
歴史に学ぶ持続的な自然利用

第1部では＜人間と自然の関係＞について歴史から学びたい。人類誕生以来の＜人間と自然の関係＞の歴史の中でも、第1章は縄文時代の自然利用を通して、第2章は日本の古代から近現代までの森林利用を通して、人間社会に普遍的な課題を考えたい。つまり、現代社会の問題の解決を目指して、その答えのヒントを見出す努力をしたい。歴史から学ぶにあたって、私の念頭にあるその現代社会の問題について、以下に3点ほど述べておきたい。

　第1に、現代の環境問題に現れているように、私たちにとって自然の資源を持続的に利用することは現代文明の死活問題である。**日本では過去、自然の資源を枯渇させることなく、いかに持続的に利用したのだろうか**。その答えを歴史的事実の中から探したい。

　第2に、現代社会には、富への欲求が無制限に拡大しているという問題がある。資源が限られている地球上で、そのような拡大は不可能であると分かっていながら、人びとは長期的な環境破壊の兆候や予測に目を閉じて、現在の短期的な利益を追求している。私たちは自分と子孫、つまり人類が生き延びるために、拡大する欲求の「自己規制」ができないのだろうか。**はるか昔の縄文時代から、人びとは何らかの自己規制によって、自然を持続的に利用してきた**。それを第1章と第2章で探りたい。

　第3に、現代社会の私たちは自然や生命と向き合っていない。私たちが食べるものはすべて動物や植物の「いのち」である。しかしスーパーマーケットのトレイに入った肉片や野菜からは、私たちのために犠牲になった生き物（自然）の命は見えない。そのような「死んだ自然」と私たちの関係から、私たち人間と「生きた自然」が共生する自然観が、私たちの心に育つだろうか。狩猟採集社会の日常は人びとが「生きた自然」や「生命」と向き合う生活であった。そのような生活のなかで、自然と共存する自然観が形成されたと思う。私たちは思い通りにならない自然を遠ざけてきたが、その私たちが学ぶべき共生の原点が、**縄文人の自然観**にあるかもしれない。それを第1章で探りたい。

第1章　共生の自然観の形成―原点を求めて

　人類が現在直面している「環境問題」を契機にして、私たちは改めて＜人間と自然の関係＞の在り方を考える必要に迫られている。1970年代以降に、特に盛んになった環境哲学や環境倫理学に関する議論は、そのことを示している。＜人間と自然の関係＞の根本は人間の自然観であろう。第1章では、縄文時代の人びとの生き方から、縄文人と自然の関係、縄文人の自然観などを探りたい。

　そのためにまず、縄文時代の自然生態系、その自然を利用し生活する生業、自然を利用する技術などの特徴について知っておきたい。そして自然の利用に伴う定住化や社会制度も不可欠な背景である。これらを基礎にして縄文人の自然観を探る。縄文人は自然をどのような存在として捉えていたのだろうか。ここで得られた知見を基にして、縄文人から私たちは何を学べるだろうか。「人間と自然の共生」という私たちに突きつけられた課題に対して、縄文人は何を答えてくれるだろうか。この問いについて考えてみたい。

第1節　なぜ縄文時代か

　「自然環境破壊」は、人類の歴史において、古代の農耕文明から始まったと言われる[1]。それは真実だろうか。さらに、多くの古代文明が衰退した原因とし

---

[1] 梅原猛「森の文明と草原の文明」伊藤俊太郎・安田喜憲編『草原の思想　森の哲学』講談社 1993、p.27によると、狩猟採集文明では人間を自然の一員と考えるが、農業牧畜文明は人間が自然との関係を乱していくと述べている。それは自然を改変することによって農業や牧畜が成り立つからである。

て、農耕のための森林伐採や農地の不毛化などの自然破壊[2]が指摘されている[3]。そのような農耕を基礎にした古代文明以前に、人間による自然破壊は起きなかったのだろうか。たとえば、日本列島で農耕が始まる前の縄文時代に、自然破壊はなかったのだろうか。

　その疑問に答えるように、縄文時代における人間と自然の関係を、「共生」のモデルとして評価する主張[4]がある。アニミズム的な自然観を基礎に、人びとは自然環境を破壊することなく、農業のために森を破壊することなく、狩猟採集の生業を一万年間続けた、ということがその根拠である。しかし縄文人と自然の関係や彼らの自然観はまだよく知られていない。またその「共生」の内実とはいかなるものだったのか。

　もし縄文人と自然の「共生」が事実であったとすれば、現代の＜人間と自然の関係＞を考える上で、縄文文化に学ぶべきものを発見できるかもしれない。狩猟採集という人類の出発における生業の中に、私たちと自然との関係の原点が見つからないだろうか。このような問題意識を基にして、縄文時代の「人間と自然の関係」について本章で考えてみよう。

　先に、この第1部の歴史編の目的として、現代社会の問題解決の方途を探ることを3点述べた。すなわち、第1になぜ自然資源を枯渇させることなく持続的に利用できたのか、第2にどのようにして自然利用の拡大を自己規制できたのか、第3に狩猟採集社会に生きる縄文人の自然観である。本章では最後の自然観が最も大切であり、それが第1と第2の課題に答えるカギになると思う。

　縄文人による自然への働きかけを調べて記述する試みは、主に考古学や人類学の研究者によってなされてきた。それらの研究の成果を材料にして、縄文時

---

[2] 人間による過剰利用によって自然の生産力が損なわれて、生物資源の再生産ができなくなること。例えば砂漠化はその典型である。

[3] メソポタミア文明や地中海文明の衰退の原因として、安田喜憲『森と文明の物語』筑摩書房1995、pp.60-64は森林や農地の荒廃を指摘している。

[4] 梅原猛『[森の思想]が人類を救う』小学館1991は、狩猟採集時代の自然崇拝や循環の思想が、環境問題の解決に必要であると主張している。

代の人間と自然の関係を私なりに読み解く試みをしたい。縄文人と自然の関係の諸局面に光を当てて、私の問題意識の答えを探りながら、縄文人の自然観を浮き彫りにしたい。

第2節　縄文時代の自然利用

縄文時代に人びとはどのように自然を利用していたのだろうか。縄文時代の自然生態系、その自然を利用し生活するための生業とその技術などの特徴について見よう。

1. 縄文時代の位置づけ

約8万年前から最後の氷河期が終わる頃までが後期旧石器時代と呼ばれ、この時期に新人つまりホモサピエンスが誕生した。後期旧石器時代の終末期は降水量の少ない寒冷期であったが、氷河期が終わった1万3000年から1万2000年前の後、気候の温暖化と降水量の増大によって、日本列島の植生は「森の時代」へと変化し始めた。そして人間の歴史は後期新石器時代へ移行した。

氷河期の終了に伴い日本列島の生態系は変化した。温暖化による「縄文海進」と呼ばれる海面上昇が起こり、海岸線は陸地に入り込み、日本海には対馬暖流が流入し冬季の降雪量が増加した。その結果、日本列島の西部は照葉樹林帯[5]、東部は落葉広葉樹林帯となった。**この森林の拡大と人間によるその利用こそが、多様な動植物を対象にする狩猟採集、磨製石器等の道具類、そして定住などの文化を生み出した主要因であった。すなわち自然環境の変化に対する人間の適応の結果が縄文文化なのである。**

縄文時代は、地理上は日本列島に限り、時間上は1万3000年から2500年前までの時代の名称である。旧石器時代に続くこの縄文時代は農耕社会の始ま

---

[5] 照葉樹林は亜熱帯から暖温帯にかけて見られる常緑広葉樹を主とする樹林。一般に葉は深緑色、革質・無毛で光沢があるので、このように名づける（広辞苑、1998）。

る弥生時代の前である。世界史の上でこの時期は新石器時代に区分され農耕が始まった時期である。しかし縄文時代の主な生業は狩猟採集である[6]。縄文時代に植物の栽培や動物の飼育は行なわれたものの農耕社会ではなかった[7]。そのような縄文文化は、狩猟採集社会の旧石器時代あるいは農耕社会の新石器時代、そのいずれにも分類しにくいが、両方の要素を備えた日本列島固有の文化である。

2. 自然と気候の変化

縄文時代の日本列島の主な森林植生は落葉広葉樹林と照葉樹林であった。列島の北から南西の方向に緯度と標高によって、亜寒帯針葉樹林、冷温帯落葉広葉樹林、暖温帯落葉広葉樹林、照葉樹林などの植生型に区分できる[8]。これらの植生は縄文時代を通して一定ではなく、気候の温暖化や冷涼化、そして雨量の変化などによって森林分布も変化した。縄文時代早期や前期に、東日本は落葉広葉樹林地帯に属し、西日本は照葉樹林地帯に属する地域が多い。落葉広葉樹とは主にブナやナラ、コナラやクヌギ、クリなどであり、照葉樹とはカシ、シイ、ツバキ、ミカン、茶などである。

ブナ帯を初めとする落葉広葉樹林は自然の恵みが豊富である。狩猟の対象となる鳥獣や採集の対象となるキノコ、山菜、木の実などに恵まれている。またサケやマスなどの水産物までもブナ帯のものである[9]。それに比べて照葉樹林の恵みは少ない。

---

[6] 旧石器時代の人類は狩猟採集を営んでいたが、それと縄文時代の狩猟採集は明らかに異なる特徴をもっている。すなわち旧石器時代には大型獣が好んで狩猟されたが、縄文時代に入ってからは、森や川や海などの多種多様な動植物が人間の食料として利用された。

[7] 人間社会が、狩猟採集活動を基に構成されるか、農耕活動を基に構成されるかという違いは、階級の存在など社会関係のあり方に大きな違いをもたらす。

[8] 安田喜憲「縄文時代の時代区分と自然環境の変動」伊東俊太郎編『日本人の自然観』河出書房新社1995、p.33は、縄文時代早期・前期・中期における日本列島の植生分布を示している。

[9] 北村昌美『森林と日本人』小学館1995、 p.303は、照葉樹林帯と比較してブナ帯の自然の恵みが豊富であることを強調している。

約1万年もの長い期間続く縄文時代に、日本列島の気候や生態環境は大きな変化を経ている。1万年前に始まった温暖化は6000年前にピークに達した。続いて寒冷化が縄文時代の中期、5000年から4000年前に始まった[10]。温暖化による海水面の上昇は続く寒冷化で海水面の下降に転ずる。

縄文人が依存していた自然生態系は、冷涼化によって生活に不利に変化した。海水面の低下によって海岸線が退き、水産資源は居住地付近から遠くへ離れた。その結果、縄文中期には沿岸地域の居住地が放棄され、中部地域などの内陸に遺跡が集中した。内陸地域では海の資源をあきらめる反面、クリやドングリを栽培する技術を発達させて、シカやイノシシなどの動物を狩猟する生業が中心となった。

海水面の下降は4000年から1600年前まで続いた。温暖化による森林の拡大により縄文時代が始まり、寒冷化による生活環境の悪化で縄文時代が終わったと言えるであろう。海水面の下降によって海岸線が後退し海底の土地が陸地化した。そして河川の堆積作用で沖積平野が形成され、2200年前に始まる弥生時代の稲作耕地拡大の条件が整えられた[11]。

3. 狩猟採集活動の特徴

縄文時代の生業は狩猟採集である。海や河での漁労、貝類の採集、山野でのクリ堅果類の採集、狩猟などを組み合わせて、一年を通じて食料資源の獲得の活動を行っていた。狩猟の対象は主にシカとイノシシであるが、日本列島に生息するほとんどすべての哺乳動物を食用にした。水産物なども網羅的に多種多様な資源を利用した。その他、鳥類や昆虫の利用も行われていた。植物資源の

---

[10] 縄文時代の気候変化の中でも、5000年前に始まる冷涼化は、世界的な気候変動の現れである。エジプト文明、メソポタミア文明、インダス文明の興隆は、気候の冷涼化に伴う乾燥化の結果であると、安田喜憲『森のこころと文明』NHK出版1996、pp.68-71は説明している。つまり北緯35度以南の気候の乾燥化が、大河川沿岸地域に人口を集中させて、文明を誕生させる契機となった。

[11] 山田昌久「農耕の出現と環境」小野他著『環境と人類』朝倉書店2000、p.127は、大阪府の河内平野の形成過程について、縄文時代前期から古墳時代まで詳しく報告している。

利用も多種多様でありその数は数百種類に上ったと考えられている[12]。なかでもクリ、クルミ、ドングリなどの堅果類は主食品を構成していた。これらの堅果類は冬季の食料欠乏期のために備蓄された。

　食料獲得の最大の特徴は、すべての種類の動植物資源をできる限り利用する態度である。それは食料獲得の安定性を保障すると同時に、自然生態系のバランスを維持する効果ももたらした。この態度は捕獲のしやすさや味覚上の好みではない。それは縄文人の単なる雑食性の表われではなく、明確な方針であったようだ[13]。

　植物資源の栽培と動物資源の飼育もこの時代に行われていた。ただし、それは農耕牧畜文化としての栽培や飼育ではなく、狩猟採集文化を構成する多様性の一形態として位置づけられる[14]。青森県三内丸山遺跡などいくつかの遺跡からは、栽培されたクリ林の存在を示唆する遺物が出土している。飼育された最初の動物はイヌである。それは縄文早期に始まるとみられ、イヌの遺体が丁寧に埋葬された遺跡も存在する。イノシシも飼育されたことが貝塚からの出土遺物によって判明している。

　これらの食料獲得戦略や備蓄、植物栽培や動物飼育などの活動は、人間が主体的に生み出した営みである。縄文時代の狩猟採集の生業は、単に自然の恵みを受動的に享受するのみの自然経済のレベルではなく、積極的に自然に働きかけて自然を人工化したことを示している。

　これは自然を人為的に改変することを意味している。本章第1節に紹介したような、縄文人は自然に影響を及ぼさず、自然に同化した存在であり、それが

---

[12] 小林達雄「縄文時代における資源の認知と利用」大塚編『地球に生きる3 資源への文化適応』雄山閣1994、pp.20-21は、縄文時代の可食植物について研究例を紹介している。

[13] 同、p.24によれば、居住地周辺の生活領域で獲得できる、ほとんどすべての獣類や魚介類を、縄文人は利用していたようである。

[14] なぜなら少数の限定された米や麦が栽培される農耕文化と、多種多様な動植物資源を利用する縄文文化は基本的に異なる思想に基づくからである。狩猟採集経済が栽培の要素を持つのは当たり前のことであり、それは農耕経済に狩猟採集の要素を持つのと同じである。同、p.31による。

が必要である。動物の飼育は生きたままの備蓄と見なすこともできる。だから家畜（livestock）と呼ばれる。

　食料資源を加工する技術の進歩も定住性を高める。堅果類の粉砕や製粉に使用される石皿や磨石は縄文早期以降多数発見されている。また煮炊きに使用する土器は縄文時代最大の発明である。生の状態ではシブやアクが強すぎて人が利用できない堅果類も、煮炊きする料理により利用できる資源になった。縄文人たちの生活に必要な道具や生産道具は、縄文早期の中頃までにほぼ出そろったようである。

　狩猟採集の縄文文化は自然資源の単なる享受と利用ではなく、自然環境に対して人工的に働きかけることにより、自然の資源化が図られたのである。

第3節　自然利用の社会関係

　生業のための資源利用手段の発達と共に、人間は社会的な機能も発達させた。狩猟採集経済にも係わらず定住化が進み、人口の増減に応じて動植物の捕獲圧力[18]が調節され、集落人口の増大に伴い社会関係[19]が発達した。縄文文化の発展に伴うこのような自然利用の社会的な側面を考えたい。本節で明らかにすることが、第1部の歴史編で探ろうとしている、自然資源の持続的な利用の方法と、自然資源の利用に対する自己規制の方法の答えになるだろう。

1.　定住の発達

　狩猟採集経済はもともと獲物を追って移動する生業であるが、縄文時代早期から日本列島の人びとは定住のための試行錯誤を続けた。居住の継続性は季節

---

[18] 捕獲圧力とは、動植物の一定の（限られた）個体数に対して、それを狩猟採集活動で減らす方向に働く圧力のこと。

[19] この場合の社会関係とは、自然資源を利用する際に、狩猟採集する数量を相互に調整するべき範囲の地域に居住する人びととの関係のこと。具体的には、家族、近隣、村、村々などの人びとの間の、例えば慣習、規則、タブーなどとして機能する。

縄文人の「共生」であった、と現在考えられているとしたら、そのような考えは修正すべきであろう。これは、先に本章第1節で問うた、共生の内実を明らかにするために必要な、縄文文化の一側面の理解である。

4. 資源利用技術の進歩と定住化

　縄文人は自然資源を有用化し活用する手段を発達させた。土工具、木工具などは森林を切り開いて、村を作り住居を作る道具である。自然資源を加工する磨製石器、木器、土器の発達は、獲得し利用できる自然資源の種類を拡大する。これら道具の発達は人が自然環境に働きかけ、その環境から資源を取り出す能力を拡大するものである。

　このような資源利用技術の進歩は定住化の努力と深く結びついている。すなわち資源獲得のために狩猟採集の対象を求めて移動を繰り返すのではなく、定住したその周辺で利用できる資源の種類を広げ、さらに資源の利用方法を改善する努力がなされたのである。さらに定住を可能にする道具の製作そのものが同時に定住を促進した。なぜなら資源の獲得や加工に使用する磨製石器、木器、土器などの製作は複雑な工程を要するので、定住する方が有利だからである[15]。

　計画的な食料備蓄も縄文文化を特徴づける資源利用技術である。食料備蓄は食料確保の安定性を高めて社会の定住性を高める。貝塚の分析によって、貝採りの量は毎日の消費量を上回り、将来の食料備蓄が含まれる場合もあったことが分かっている[16]。また秋に収穫される堅果類[17]も備蓄に適した食料であった。食料を備蓄するには、対象とする食料の大量の確保と保存技術や備蓄場所

---

[15] 山田昌久「後氷期の環境の多様化と定住社会の工夫」小野他著『環境と人類』朝倉書店 2000、p.104 による。

[16] 宮路淳子「先史採集社会のテリトリー ―縄文時代の大阪湾沿岸地域を例に」秋道智彌編『自然はだれのものか』昭和堂 1999、pp.24-43 は、先史狩猟社会の遺跡から縄文人の食生活を復元し、人びとの居住形態、食料獲得戦略、経済活動などを明らかにしようとした。

[17] クリ、ドングリ、クルミなどのこと。

的かつ一時的なベースキャンプから、年間を通して継続する集落、数年間あるいは世代ごとに居住する集落、そして幾世代も続く村のような段階がある。食料獲得のための資源利用技術や生活技術、集落建設のための森林開拓技術などを発達させながら、定住や集落形成を安定させていった。

縄文時代の人口分布は遺跡の密度から推定できる。縄文時代中期の遺跡の密度は中部と関東が最も高く、およそ1平方キロメートルに一つの遺跡が存在し、それ以北の北日本・東日本では10平方キロメートル、それ以西の西日本ではおよそ100平方キロメートルに一つの遺跡である[20]。東日本の高い人口密度の分布は、狩猟採集経済に有利な落葉広葉樹林帯の分布と一致している。**これらの人口密度は狩猟採集経済としてすでに限界近くに達していた**。なかでも遺跡が非常に多いのは長野県[21]であり、縄文中期4500年前の気候の冷涼化による人口集中化現象の結果と考えられている。

農業経済学者ボスラップによれば、生産形態による土地の食料生産力から推定すると、狩猟採集民と初歩的な農耕民の人口密度は1平方キロメートル当たり0〜4人である[22]。これと比較すると、関東地方の1平方キロメートルに1遺跡の存在は異常に高い人口密度である。当時の遺跡の集落は人口30人から50人程度と推定されているからである。

2. 人口と資源の捕獲圧力

定住化が進むに従って、集落の人口規模は大きくなっていった。それにより

---

[20] 小池裕子「食料資源環境と人類」および「人口増加と捕獲圧の増大—関東地方の縄文後晩期の狩猟採集民と環境との関係—」小野他著『環境と人類』朝倉書店 2000、p.34 は、日本第四紀学会による縄文時代中期の日本列島の遺跡密度分布を紹介している。

[21] 同、p.35 が紹介した縄文中期の遺跡数の推移によれば、長野県の遺跡の数は約4500年前の最大時期に2000ヶ所以上である。それに対して関東の他の県では同時期に多くて数百ヶ所である。

[22] 山内昶『経済人類学への招待』筑摩書房 1994、p.124 による。エスター・ボースラップ『人口と技術移転』尾崎忠二郎・鈴木敏央訳大明堂 1991、p.25 は、現代の狩猟採集民の人口密度は1〜3人／平方キロメートルとしている。但し、これは砂漠や森林などの異なる生態系の間で大きな差があるだろう。

狩猟採集の対象となった動植物などの自然資源に何らかの影響はあっただろうか。人口規模が拡大するに従って、自然資源に対する捕獲圧力は強まるはずである。それぞれの集落は自然資源獲得の領域を拡大する過程で競合しなかっただろうか。その競合を解決するための自己規制は行われただろうか。はたして自然の生態系は持続的に利用・保全されただろうか。本書の第1部そして本章のテーマとの関連で関心の深い課題である。宮路[23]や小池[24]の研究成果を基にこのような問いの答えを探してみよう。

人口増加の影響は自然資源の捕獲圧に現れる。すなわち人口が増加して環境収容力[25]のレベルに達すると、捕獲される動植物の成熟固体が減少する。例えば遺跡の貝塚において、捕獲された貝類の未成熟固体が増えれば、その集落による乱獲が推測される。**また動物の捕獲圧が限界に近づくと、メスの捕獲が制限されるなど狩猟に対する規制が行なわれる**。縄文早期から晩期、さらに弥生時代までの遺跡を対象にして行なわれた小池の調査によれば、シカの捕獲圧の増減は縄文早期から晩期までの各時期で起きている。**つまりシカの過剰捕獲による減少と、捕獲制限による個体群の回復が繰り返されていた**[26]。**縄文早期から晩期の何れの時期でも、集落人口と自然資源の緊張関係は存在していたのである**[27]。シカの捕獲限界をやや超えて捕獲圧が限界状態に近づいた遺跡は、いずれも関東地方の縄文晩期である。当時の関東地方の人口圧力を示すものであろう。

---

[23] 宮路淳子「先史採集社会のテリトリー —縄文時代の大阪湾沿岸地域を例に」『自然はだれのものか』昭和堂 1999、pp.24-43 による。

[24] 小池は、先史時代の食料資源と人口の間のバランス関係をさぐるために生業動態分析を行なった。小池裕子「食料資源環境と人類」「人口増加と捕獲圧の増大—関東地方の縄文後晩期の狩猟採集民と環境との関係—」小野他著『環境と人類』朝倉書店 2000、pp.39-46 および pp.110-114 による。

[25] ある生態系の環境の中で食料資源を獲得して生活できる人口の規模。

[26] 現代の言葉に言い換えれば、「自然破壊」と「自然保護」が繰り返されていたことになる。

[27] なお集落人口の増減や捕獲圧は、他集落との関係や地域資源の変動にも左右される。つまり捕獲圧は集落人口と自然資源のみの単純な関係ではないことに留意すべきである。

3. 社会関係の発達

　縄文時代の＜人と自然の関係＞を考えるには、人と人の関係つまり社会関係のあり方が重要になる。それは人が自然を利用する様式、つまり人と自然の関係のあり方は、人と人の関係の中でほとんど規定されると考えるからである[28]。人びとが集団を作ればそれは単なる烏合の衆ではなく、役割ができてリーダー的な存在が現れ、ルールが形成されて社会生活が営まれる。集団が食料獲得のために自然に働きかける時、あるいは集団が他の集団との間に関係を結ぶ時、人間社会には秩序や組織化が要求される。そのような社会を縄文人はどのように発展させただろうか。

　集団生活の中で次第に役割分担が生まれ、得意な道具作りの分野で専門化が生じ、狩猟採集活動において分業や協業が行なわれたであろう。特に大型獣の捕獲には緊密な組織の下で共同労働が必要であった。動植物などの自然資源の季節性に応じて、狩猟採集活動は計画的に行なわれるようになる。生態系への理解が深まるに従い、禁猟期間、禁猟区、メスや若い動物の禁猟など、社会的な規制も発達したに違いない。捕獲圧の増大に伴う社会的規制は人類の知恵であろう。

　社会関係の発達を示す縄文時代の痕跡として集会施設、儀礼用具などがある。前述の三内丸山遺跡では200人以上を収容できる集会所のような建物の跡が存在する。東北地方では縄文後期から晩期にかけて、遺跡の集会施設が大きくなり、儀礼用具が増加し、墓地が大規模になっている。その傾向は関東地方や近畿地方でも確認されている[29]。

　このような社会関係の発達を示す痕跡から、縄文時代においてすでに社会組織が発達していたことが窺える。そのような社会組織や制度の存在は、人と自然の関係、なかでも人が自然に働きかける方法を調整するための前提条件であ

---

[28] この＜人と自然の関係＞と社会関係の相互関係は、これから本書の第2章や他の章で様ざまの事例で示したい。

[29] 山田昌久「後氷期の環境の多様化と定住社会の工夫」小野他著『環境と人類』朝倉書店 2000、p.109による。

る。集落内そして集落間の利害関係の調整が、社会組織と制度によって可能になるからである。資源の獲得を目指した生存競争の段階を経ることはあっても、その後、調整によって共存と協調を指向しなければ集団の存続は危うくなる。

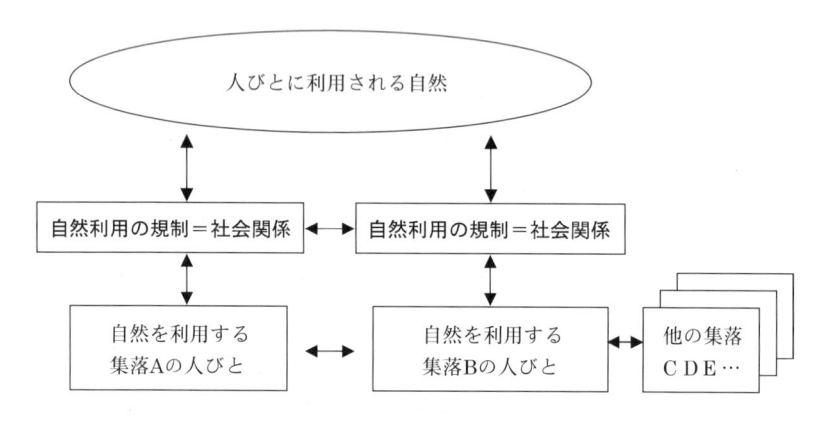

図 1-1　人びと－社会関係－自然利用の関係

　狩猟採集社会では経済関係よりも社会関係が支配的要因であると山内は述べている[30]。つまり人は家族の一員として、また氏族や集落の一員として労働するのであり、社会関係の実践の一環として労働や生産を行なう。その他の社会関係の営みは、儀礼、祭り、踊り、休息、スポーツ、芸術活動、趣味、おしゃべり、社交、旅行など生活を楽しむことである[31]。言い換えれば、**社会関係の中に経済関係が埋め込まれており、社会関係で営まれる生活が目的であり経済生産は手段である**。社会関係の一部として経済関係が営まれているのであり、現

---

[30] 山内昶『経済人類学への招待』筑摩書房 1994、pp. 90-93 による。
[31] 小山修三「縄文の精神文化をさぐる」伊東俊太郎編『日本人の自然観』河出書房新社 1995、p.58 では、「近隣の村から着飾った大勢の人が集まり、物語を歌い踊り、笑いさんざめきながら、賑やかに祭りを行っていた様子が浮かんでくるような気がします」と縄文社会の情景を想像している。

代社会のように経済関係に偏重した社会関係とは異なる。

　その社会関係を貫徹しているのは相互依存関係であり、「贈与」とそれに対して返礼をする互酬交換法則が、その社会関係を成立させる原理である。持てるものが持たざるものに贈与することで平等社会が維持される。たとえ一時的に贈与が偏っても、長期的には互酬交換が成立する。山内[32]によれば、「与える義務、受け取る義務、お返しする義務、というモースが定礎した贈与原理は、未開社会の《黄金律》（バール）、《普遍的公理》（マランダ）、《重力の法則》（レヴィ＝ストロース）とされている」。それは、現存する狩猟採集社会や焼畑農耕社会などの「未開社会」でも、贈与によって平準化が保障されていることからも分かる[33]。贈与は人と人の社会関係を形成すると同時に、人と自然の関係を取り結ぶ原理でもある。それは次節で述べることにしたい。

第4節　縄文人の自然観

　縄文人は自然を一体どのような存在として捉えていたのだろうか。縄文人の残した道具や蛇信仰などを手がかりに彼らの自然観を探ろう。

1.　縄文人の道具と世界観

　縄文時代の人びとの自然観はどのようにして窺い知ることができるだろうか。先に第2節で述べた縄文人の生業にも彼らの自然観が表れている。例えば森林資源を利用するために製作した道具類は、人工を加えて自然を開発する人間の積極的な態度の表れである。また彼らが食用にしていた動植物の網羅的な利用に注目すると、自然生態系のバランスを維持しようとする努力が想像できる。人口増加の影響で狩猟の捕獲圧が高まり、動物資源が減少した時には、人びとは社会的規制による捕獲制限などで資源の回復を図っていた。これらのこ

---

[32] 山内昶『経済人類学への招待』筑摩書房 1994、pp.180-183 による。
[33] 他の例としては掛谷誠「焼畑農耕社会と平準化機構」大塚柳太郎編『地球に生きる3 資源への文化適応』雄山閣 1994、pp.121-145 を参照。

とから、自然生態系に関する縄文人の豊富な知識と、共生の戦略を窺うことができる。人びとは自然を自由に利用できたわけではなく、**人間と自然の間にはある種の緊張関係（せめぎあい）があったことも**、当時の共生戦略は示している。

　人と自然の関係は、人びとの生業や生き方として表れており、つまりそれは**文化現象である**。縄文人の自然利用の態度は、確かに彼らの自然観を表していると言えるだろう。では彼らは自然をどのように認識して、自然に対してそのような態度をとったのだろうか。つまり**縄文人にとって自然はどのような存在だったのだろうか。彼らの自然観を成り立たせている自然の姿は何だろうか。**彼らの世界観に迫ることによってその自然観を探りたい。

　縄文人の自然観を含む世界観は彼らが形に表現したモノに残されている。木を切り倒したり削ったりする機能をもつ道具が出土するが、そのような道具とは別に、実用的な機能を推し量り難い類の道具もある。典型的な例は土偶である。縄文中期から土偶の出土が急増するが、いまだにその用途や目的には定説が無い。その他、同様の用途不明の遺物は呪術や儀式に用いられたと考えられることが多い。道具の用途を私たちが判断できないのは、縄文人と世界観が互いに異なるからであろう[34]。

　縄文土器はドングリなど食料の煮炊きに使用された。その煮炊きの目的のためには、縄文土器に施された装飾は物理的には不要である。機能的にはまったく余分だが、非常に豊かな装飾が縄文土器に施してある。機能的に不要の装飾を加えるのは、製作者が自分たちの世界観を主張するためであろう[35]。土偶や縄文土器の装飾にはそのような縄文人の世界観が象徴されていると考えられる。土偶や縄文土器から想像される世界観と、当時の人びとが暮らした社会・

---

[34] 小林達雄「縄文時代における資源の認知と利用」大塚編『地球に生きる3 資源への文化適応』雄山閣 1994、p.41-42 では、土偶、石棒、石剣、石刀などの機能や用途を今日の我々が類推できないのは、縄文人と現代人との世界観が異なるからであると説明している。

[35] 小林達雄「岡本太郎と縄文の素顔」小林達雄・村田慶之助監修『岡本太郎と縄文』川崎市岡本太郎美術館 2001、pp.7-11 では、縄文土器に表現された「集団が一致団結して前面に押し立てて来ている主張が」縄文人の世界観であると述べている。

自然状況を重ね合わせると、縄文人の自然観が浮き彫りにされるだろう。

2. 自然は循環再生する生命

　縄文時代は森林の拡大と共に始まった。森は、太陽エネルギーの恩恵を受けて、植物とそれに依存する動物など無数の命が生まれては死んで行く、循環の場である。そのような森の中で「循環する世界」の意識が、縄文人に育くまれたのではないだろうか[36]。生き物である人間もやはり循環の存在として認識されただろう。

　狩猟採集民が持つ世界観は多くの場合アニミズムである[37]。つまり生きとし生ける動物植物の命に精霊を認め、山や河や海の自然にもまた精霊が住む。古代世界には広く蛇信仰が見られ、その蛇はアニミズムの象徴である。縄文時代の日本でも蛇は神であった。縄文式土器や土偶にはマムシを図案化した文様がつけられている。

　蛇は森の生命の循環と豊饒の象徴と見なされていた。**縄文人の生活資源をもたらす自然は、生と死を繰り返し循環再生する命の現れであり、大地の豊穣の表われである**。山川草木も循環と豊饒の生命であり、世界は循環する生命として認識されたであろう。縄文人の最大の願いは、彼ら自身の命を支えるその自然の豊饒であろう。このような自然観や生命観が縄文人の世界観を構成していたと思われる。

　資源獲得のために他の集落と戦争をしない縄文人にとって、彼らにできることは、狩猟採集の社会的規制を強めて、自然の豊穣を祈ることであろう。その自然の豊穣を祈る願いが火焔式土器に表現されたのではないだろうか。そこに表現された造形は、まさに「湧き上がる生命力」の表現のように見える。森が豊かになること、森のあらゆる命が沸き出でること、それが彼らの生存を保障

---

[36] 縄文土器に表わされたスパイラル模様は、循環の世界観の表現として理解されている。前掲書『岡本太郎と縄文』による。

[37] 小山修三「縄文の精神文化をさぐる」伊東俊太郎編『日本人の自然観』河出書房新社 1995、p.93 では、蛇を万物の母と見なす、オーストラリア・アボリジニの神話の例を紹介している。

図1-2 縄文土器に表現される生命感
出典：小林達雄・村田慶之助監修『岡本太郎と縄文』川崎市岡本太郎美術館 2001

してくれる。火焔式土器の豊富な装飾は、彼らの生存がかかっている、森の生命力への祈りの表現ではないだろうか[38]。

3. 人間と自然の間の贈与原理

最後に人と自然の間の贈与原理[39]について述べる。人と人の間の贈与原理については、社会関係を形成する原理として第3節に述べた。山内[40]によると、贈与は同時に人と自然をつなぐ原理でもあった。それはニュージーランドの狩猟採集民である、マオリのコスモロジーのなかにもはっきりと貫徹している。森の獲物を受け取ったマオリの狩人は必要以上の過剰なものを森に返さねばならない。「そのおかげで森は超自然的な力である生命力を活性化させ、豊かな

---

[38] 芸術家岡本太郎は縄文土器を「美の呪力」と表現している。『岡本太郎と縄文』による。
[39] 贈与にはさまざまな意味がこめられている。例えば、礼、感謝、願い、交換、生贄など、状況に応じていろんな意味が込められるだろう。
[40] 山内昶『経済人類学への招待』筑摩書房 1994、pp. 191-196 による。

自然の恵みを贈与してくれる」[41]のである。

　人と自然の間の贈与原理は、人と自然の神々との間の贈与原理に置き換えれば、理解しやすいだろう。**自然の神々に対する供物の風習は、山野河海の神々の恵みに対する感謝や畏敬の表現である。それは古今東西に共通している。**

　縄文社会の土偶も、吉田[42]や安田[43]が考えるように、やはり自然への贈与あるいは生贄の代わりかもしれない。自然への贈与は現代日本人の生活にもわずかに生きている。山の神や水の神に対する供物は、今も見られる風習である。古代のアニミズムが脈々と続いているのであろう。自然の恵みに対するそのような贈与は世界中にみられる風習である。

　しかし人と自然の間の贈与原理は、現代の経済活動を貫く人と人の間の市場原理とは異質である。人と自然の関係を断ち切った、モノの市場においては、自然は単なる資源の供給源であり、人間は自然に対して贈与も返礼も何の義務も負わない。それでも自然は恵みを与え続ける。人間は自然を自由に利用する「権利」を手にしたかのようである。**自然に遠慮しながら、自然の生命力の豊かなることを願いながら、自然の恵みを受け取っていたのに、自然に返礼する文化を忘れてしまったのである。**

　過去と現在のこのギャップは、やはり＜人間と自然の関係＞を現代の私たちが失ったからだろうか。私たちの心の中には自然の存在を忘れるという、大きな変化が起きているようだ。

---

[41] 同、p.193 による。

[42] 吉田敦彦「縄文宗教の女神と日本人の自然観」伊東俊太郎編『日本人の自然観』河出書房新社 1995、p.72-82 は以下のように述べている。「土偶というのは、殺されると死体から焼き畑で栽培される作物などが生じてくるような女神であって、だからこそそれを像に作って壊すことがなされたのだ…」。

[43] 安田喜憲『森のこころと文明』NHK 出版 1996、pp.241-244 は以下のように述べている。「土偶はおそらく、そういう生贄の身代わりだったと私は思う。三内丸山遺跡の大きなクリの巨木、そのクリの巨木の前に行って、どうか今年もクリの実がたくさん実りますようにと豊穣を願って、人間の生贄を捧げる代わりに土偶を砕いて、撒いたのではないか、というのが私の仮説である」。

第5節　狩猟採集から農耕の社会へ

これまで縄文時代の人と自然の関わりについて重要な特徴を述べた。なぜ、一万年続いた縄文時代が終わり、弥生時代が始まることになったのだろうか。その変化がなぜ西日本から始まって東日本へ伝わったのだろうか。その変化は日本列島の人びとと自然の関係に何らかの影響を及ぼしただろうか。主に安田[44]の研究成果を用いながら考えてみたい。

1. 縄文文化衰退への動き

縄文時代前期までに東日本では落葉広葉樹林、西日本では照葉樹林が主に発達した。狩猟採集の生業はそれぞれの森林資源の特徴を利用した。東日本の森林資源の利用においては、クリやドングリなどの高木層から食料資源を獲得した。それに対して西日本では、照葉樹林の高木層を焼き払った後の、潅木や草本類からも食料や植物資源を獲得した。西日本の照葉樹林帯においても、ドングリなどの堅果類は利用されたが、森林そのものから得られる食料資源は貧弱だった。**東日本の落葉広葉樹林から得られる食料資源の方が格段に豊富であった**[45]。落葉広葉樹林帯では人間のわずかな干渉によってナラやクリ林を維持できたが、カシやシイ類の二次林が直ぐに再生する照葉樹林では、クリやクルミなどのカロリーの高い堅果類を大量に得ることはできなかった。

そのために西日本の照葉樹林帯では森林を伐開して、食用になる草本類が生育する条件を人工的に作り出さなければならなかった。このように東日本と西日本のそれぞれの森林では人間と自然の関わりが異なっていた。食料としての生産性の低い照葉樹林帯の森は、人間によって切り開かれる運命にあった。そのために**西日本では縄文時代の前期以降、原初的農耕や初期的農耕などの農耕**

---

[44] 安田喜憲『森林の荒廃と文明の盛衰』思索社 1989、pp.94-101 には、縄文時代の東日本と西日本の特徴が詳述されている。

[45] 豊富な食料資源を反映して、縄文時代前期・中期の人口の90%は東日本に分布していた。

文化への一貫した傾向性が見られた[46]。

　縄文時代後期・晩期の気候変化が文化の盛衰をもたらした。安田[47]によると、縄文時代の中期・後期・晩期の気候の変化が、当時の文化の興隆や分布に大きな影響を与えた。最初の大きな気候変動は5000年前の冷涼化である。その影響は、東日本で中部山岳地方の山ろくに異常なほどの人口集中を引き起こした。日本海側で居住地を放棄した人びとも恐らく中部山岳へ移住したであろう。西日本の照葉樹林帯でも気候冷涼化の影響は認められる。中国地方では、広島県帝釈峡など内陸部の遺跡が縄文中期に急減して、瀬戸内海沿岸の遺跡が増加した。西日本の照葉樹林が冷涼化で大きな打撃を受け、人びとは内陸部から海岸部へ移住した可能性が高い[48]。

　縄文中期の気候変動により東日本が縄文文化の中心地となった。東日本では、気候の冷涼化が人びとを落葉広葉樹林帯へ集中させて、縄文中期の文化が興隆した。逆に西日本では、気候冷涼化が内陸の照葉樹林帯から海岸へ人びとを移住させて、縄文前期の文化が崩壊した。西日本の照葉樹林帯に比べて、東日本の落葉広葉樹林帯の方が、食料資源が豊かであったことがその理由であろう。

　しかし4100年前さらに気候が寒冷化した時に、東日本中部山岳地方の縄文文化は衰退してしまった。すでに人口過密状態であったために、さらなる寒冷化により食料供給が困難になったのであろう。ところが西日本ではこの縄文時代後期から遺跡数が急増して、中部山岳地方とは対照的であった。**縄文時代後期から文化の中心は西日本に移り始めた**。気候は3000年前からさらに寒冷化し、縄文時代晩期に入り、2500年前に寒冷化のピークを迎えて、狩猟採集を主な生業とする縄文文化は崩壊した。

　一万年続いた縄文時代は、縄文土器の紋様の違いから六つの時期、つまり草創期、早期、前期、中期、後期、晩期に大別されている。これらの時期が気候の冷涼化や寒冷化、その影響を示す海水面の低下時期に一致している。このこ

---

[46] 安田喜憲『森林の荒廃と文明の盛衰』思索社 1989、p.94 による。

[47] 同、pp.194-195 による。

[48] 同、pp.194-195 による。

とは気候変動と文化の間に強い相関性があることを示している[49]。気候変動によって自然生態系が変化した時、その自然生態系に強く依存する狩猟採集社会は、その変化に対応できる文化と対応できない文化に分かれた。

　縄文時代の気候変動による危機は西日本と東日本に異なる結果をもたらした。縄文時代後期の冷涼化にもかかわらず、西日本の文化はさらに存続することができた。そして**晩期には西日本も縄文文化を維持できなくなったが、新たな弥生文化が西日本の照葉樹林帯から興ったのである**。その弥生文化の稲作農業が始まる前の縄文時代後期・晩期に、雑穀を栽培する焼畑農業が西日本の照葉樹林帯に起きた、と佐々木[50]や安田[51]は主張する。西日本でこの時期に雑穀の焼畑農業が行なわれた痕跡はまだ不十分なようだが、縄文前期以降の西日本には常に農耕への指向が見られ、気候悪化に対処するために、狩猟採集の割合を減らして、人工的な栽培をさらに発展させたと考えるのは無理ではない。照葉樹林の食料生産性の低さのゆえに、農耕の片鱗を持ち続けてきた西日本の生業が、気候変動というインパクトに対応する上で、逆に有利になったのであろう。

2.　弥生文化誕生への動き

　日本列島の東西で縄文文化が終わった。先に弥生文化が興ったのは西日本からである。それは本格的な農耕社会の開始である。稲作農業が西日本から始まったのは、西日本の縄文文化がすでに農耕への指向を備えていたことと同時に、大陸からの渡来人の影響が大きいと考えられている。福岡県の板付遺跡では 2400 年前の環濠集落が発見された。この遺跡からは堀に囲まれた水田の跡や炭化米が発見された。山口県の 2200 年前の土井ヶ浜遺跡からは 350 体余り

---

[49] 福澤仁之「堆積作用と環境」小野他著『環境と人類』朝倉書店 2000、pp.28-30 によると、縄文土器の紋様の違いから編年された縄文草創期、早期、前期、中期、後期、晩期と、水月湖の湖沼堆積物から検出された 1 万 2000 年前、9500 年前、7000 年前、5500〜5000 年前、4500 年前、3000 年前の海水準低下時期とが一致する。
[50] 佐々木高明『熱帯の焼畑 ―その文化地理学的比較研究―』古今書院 1970、p.214 による。
[51] 安田喜憲『森林の荒廃と文明の盛衰』思索社 1989、p.98 による。

の人骨が発見された。この人骨や福岡空港で発見された人骨は、明らかに縄文人の特徴とは異なり、この時期の中国山東省の墓で発見された人骨と特徴が同じである。すなわち弥生時代初期に西日本で水稲耕作を営んでいた人びとのルーツは中国大陸であった。**弥生時代初期の数百年に亘って、中国大陸の各地からそれまでにない規模で、稲作文化を携えて日本列島へ渡って来た人たち、すなわち渡来人がいたのである。**日本列島の他の土地にも渡来人はいたであろう。しかしすでに照葉樹林が切り開かれて、農耕の基盤の整った西日本が、稲作に最も適した定着しやすい土地であったと思われる。**また当時は比較的低かった西日本の人口密度も、渡来人の入植を容易にしたであろう。**

縄文人たちはなぜ狩猟採集から稲作農業に自分たちの生業を変えたのだろうか。彼らが生業を変えた時期に日本列島で起きたこと、つまり気候変動や渡来人のもたらした文化の東進などについて先に説明した。ここでは一万年続いた狩猟採集の文化が、水田稲作の農耕文化に変容することを可能にした、縄文社会の内外の要因について整理したい。そしてこの時代の変化の意味を考えたい。

縄文文化から弥生文化への変化は農業社会の始まりである[52]。**一般に人類が農業を開始した理由は人口圧力であると考えられている**[53]。もしそれが常に正しければ、日本の農耕文化は西日本ではなく東日本から興っていたはずである。しかし事実は日本では逆であり、人類の農業革命も人口圧力のみで説明できるほど単純ではないかもしれない。縄文時代後期・晩期から弥生時代初期にかけて、時代変化の原因になったと思われる要因を以下の表に整理してみよう。

---

[52] 縄文時代に植物資源の栽培は行なわれており農耕技術は存在していたと思われる。狩猟採集社会に農耕技術が存在することと、弥生時代になって農耕社会が成立することは異なる。たとえば山田昌久「農耕の出現と環境」小野他著『環境と人類』朝倉書店 2000、pp.116-126 では、単に農耕技術を利用する社会と、農業に基盤をおく社会は異なると述べている。
[53] 湯浅赳男『環境と文明 環境経済学への道』新評論 1993、pp.30-35 は、狩猟採集民の人口の増大は、移住、他集団からの横奪、技術開発の三通りの方法で対応されたとし、農耕技術の創造は新技術による対応であると述べている。

表 1-1 縄文時代から弥生時代へ変化した要因

要因	結果
気候	冷涼化による気候の悪化。それは海水面低下つまり海退現象を引き起こす。海退現象によって沖積層上部層の堆積（造平野運動）が活発化した。それは農耕用の土地利用を促進した。
資源	冷涼化・寒冷化によって動植物が減少して食料資源が欠乏した。
社会	食料不足で需給アンバランスが生じて、社会的緊張が高まったと考えられる。縄文文化の狩猟採集技術を革新して、食料生産を増大する動機が社会に内包されていた。
生業	自然の恵みが少なく狩猟採集による人口支持力が小さい西日本の照葉樹林帯と、それとは逆の東日本の落葉広葉樹林帯に異なる文化が存在した。そのため人工的な農耕によって寒冷化に対応しやすい西日本と、狩猟採集の比重が大きく寒冷化に対応し難い東日本。
人間の自由の拡大	自然に大きく制約される狩猟採集に対して、人工により自然的な制約を緩和できる水田農耕は、縄文文化が崩壊する過程の後期・晩期の社会にとって、人間の自由を拡大する大きな可能性が秘められた選択肢であった。天候不順など自然条件に左右される不自由を克服する欲求は、人間の本然的な衝動である。
渡来人	渡来人がもたらした水稲農業技術と農業社会の社会構造。すなわち社会の階層構造、新たな社会組織（政治・経済・文化面）、さらに戦争や武器など。また新たな自然観や世界観などももたらされたであろう。

　このように整理してみると、縄文社会の維持を困難にするような、内的と外的な「変化」が高まり、それに対する縄文社会の「対応」が、この文化変容の動因だったのではないだろうか。**すなわち縄文社会内部に変動の要因が存在していたところに、気候変動と渡来人という外的なインパクトが作用して、縄文文化が変容したと考えるべきであろう。**どのような社会でも単独で存在し、単独で変化するものではない。周辺諸集団との関係性の中で、それぞれの集団は何らかの役割を演じて、存在を維持し、あるいは変化を遂げる[54]。

---

[54] 現代社会が直面している大きな変動も、このような時代変化の要因と相似関係があるかも

縄文晩期にいたる以前に、すでに中国大陸の農業社会との交渉は行われていた[55]。しかしそれは未だ縄文社会を大きく変える力ではなかった。自然環境および縄文時代の文化や社会の条件がそろった「時」ではなかったのである。縄文後期・晩期に至って、渡来人の外的インパクトが縄文社会の内的条件とかみ合ったために、農業革命という日本列島の社会的な大変動を引き起こしたのであろう。

　縄文社会は渡来人の文化をスムーズに受入れたであろうか。渡来人と縄文人の間には初めは摩擦や紛争があった。つまり縄文人は稲作を導入した渡来人を最初は拒否したようであり、狩猟採集経済から土地生産性の高い農耕経済へ、縄文社会が自動的に移行したとは考えにくい。しかし、一旦農耕社会が土地生産力の優越性を示した後は、その農耕技術の普及は縄文社会に受け入れられて、次第にスムーズに進展したようである[56]。渡来人勢力が次第に西から東へ拡大したことにも、稲作文化の農耕経済と社会組織の力の優越性が表れているだろう。

　縄文文化が弥生文化に移行したのは、このように内外の「変化」に対する縄文社会の「対応」であったと見なせると思う。それはすなわち弥生時代は単に渡来人の文化が拡散したのではなく、縄文人と渡来人の共同作業によって、新たな弥生文化が創造されたとも言えるだろう。

　　しれない。例えば、「気候」は地球温暖化、「資源」は天然資源の枯渇化、「社会」は大競争時代における社会的緊張、「生業」は大量生産・大量消費に依存する産業の変化、「人間の自由」は現代文明の閉塞状況を打開する人間の進化、「渡来人」はグローバリゼーションなどと考えたらどうだろうか。

[55] 山田昌久「農耕の出現と環境」小野他著『環境と人類』朝倉書店 2000、p.123 によれば、中国の農業技術が拡散する可能性をもった時期は、3000年～4000年前と2200年前の２回あったと考えられている。

[56] それは人間の欲望を解放した市場経済が、世界に急速に広まっている現代の状況と、対比できるかもしれない。

第6節　人間と自然の共生

　冒頭に述べた私の問題意識に対する答えが見えてきたように思う。冒頭の問いは、人間が自然の利用を持続的に行った方法、自然利用の自己規制を可能にした方法、そしてそれらの基礎としての自然観であった。現代の私たちに突きつけられた、自然との共生の課題へのヒントを、私たちは縄文文化から学ぶことができる。第2節から第5節で得られた知見に基づいて、最後にこの問いの結論を出しておきたい。

1.　自然と共生した縄文人

　本章の第2節から第4節に述べたように、縄文文化は生態的に安定した＜人と自然の関係＞の上に築かれていた。それを可能にしたのは動植物の網羅的な利用である。動植物の種類を網羅的に狩猟採集することによって、山野河海の生態系を安定させながら、自然を賢明に利用する生活様式を築いた。最初は豊富な自然資源に恵まれていたが、狩猟採集の生計手段による限り、それぞれの地域で人口が飽和する状態にやがて近づいた。しかし人口の増大は自然資源の破壊をもたらさなかった。地域の自然と人口集団の間で、さらに隣接地域の諸集団との間で、社会的な緊張関係は生まれたが、慣習や規則からなる社会的な秩序、つまり持続的な社会関係を発達させて、それぞれの地域で自然と人びととがダイナミックに共生する関係が実現したのである。動植物への捕獲圧力を強めたり弱めたりしながら（つまりダイナミックに）、自然を破壊しない程度に利用する技術や社会関係を築いた。今の言葉では「持続可能な社会」の実現である。縄文文化が人間と自然の共生の普遍的な理想形である、と主張する意図はないが、この時代の技術や狩猟採集経済によって実現した、共生の一つの形であった。

　＜人と自然の関係＞において縄文社会は幾多の変化を経験した。なかでも縄文社会が自らのサバイバルをかけた「対応」を必要としたのは、気候の悪化による自然環境の「変化」であった。東日本と西日本のそれぞれの地域で、縄

文人は居住地を放棄して移動したり、生業を自然条件に適応させたりして、狩猟採集経済の枠の中で対応して、縄文文化を維持し発展させた。そして縄文後期から晩期にかけて、縄文文化を基本とする生業と組織では社会を維持できなくなった。**縄文社会の変容という内的要因や、渡来人と気候変動による外的要因の絡み合った結果が、一万年続いた縄文時代の終焉であった**。変化する自然に対応するには自らが変わる必要があった。すなわち新しい共生の形に自らを変えなければならなかった。それは人間社会と自然の「相互進化」一つであると言えるだろう。

2. 自然を遠ざける人間

　縄文文化から弥生文化へ移行する際、＜人と自然の関係＞はどのように変わっただろうか。人と自然の関係にはさまざまな側面があるので、生業について考えてみよう。弥生文化は農耕文化であり稲作が基本的な生業である。稲作の他にも副業的に狩猟採集活動は行なわれたものの、社会形態としては農耕社会への転換が進んだ。稲作社会では＜人と自然の関係＞に一定の変化が起きただろう。つまり縄文社会との対比で言えば、多様な自然生態系との関わりから、稲をはじめとするより少数の作物との関わりへの変化である。

　縄文文化から弥生文化へ移行するに従い、そのように人間と自然の接点、あるいは関係の多様性が減少したと思われる。広範囲の自然生態系へ人間が依存した縄文文化から、土地への人間の働きかけを中心にする農耕活動へ生産様式が変化したことによって、人間と自然生態系の関係も減少したであろう。

　狩猟採集文化から農耕文化へのそのような変容を可能にしたのは、ホモファーベル（工作する人）あるいはホモサピエンス（知性ある人）と呼ばれる「人間の能力」である。その能力は人間性の一部である。そのような能力によって、人間と自然の関係は減少し、自然の脅威を避けるための技術も発達してきた。その結果ではあるが、**自然を遠ざける人間の生き方は、人間性の一つの表れであると言える**。それは他の生物との比較で明らかであろう。他の生物は人間のように自然を遠ざける文明をもたない。

　農耕文化において人間は、森林を開墾し土地を耕して、畑や水田の人工的な

施設を作った。つまり自然を改変して人為的に作物を育てた。第1節の冒頭にも紹介したように、この事実を理由に、農耕文化は人間による「自然支配[57]」の始まりである、とする主張がある。それは、日本では自然破壊は弥生時代から始まったと、例えば梅原[58]や安田[59]が主張する根拠である。農耕以前の狩猟採集文化において、人びとは自然破壊と無関係で、自然の恵みを単に収穫しただけなのか。そうではなかった。縄文人が自然を改変してクリやドングリの林を人工的に作っていたことは先に紹介した。ヒエやアワの雑穀類を栽培していた可能性も高い。動物の人工的な家畜化も行なわれていた。道具を製作して、積極的に森林を伐採して集落を築き、生活を便利にする努力も行なった。**自然への働きかけの程度には、狩猟採集と稲作農業の間に明らかな差はあるが、はたしてそれは自然破壊の起源といえるような質的な違いだろうか**。土地を耕して自然を改変するか否かという、人間が自然に働きかける現象面のみに注目しても、本質的なことは分からないだろう。

3. 自然破壊の原因は人類の誕生から

人間と自然との多様な接点、あるいは人間と自然との多様な関係が減少する傾向は、約2000年後の近代に入って急速に加速した。そしてさらに現代社会では、自然との関係が比較的豊富な農業においてさえ、機械的かつ人工的な要素を拡大する近代農業が発達した。人間は過去、豊かではあるが厳しい自然と、共存していた。しかし、**人間は生活の向上を目指して、また人間の自由をより拡大するために、自然の脅威を克服しようと努力し、私たちの周りから自然的要素を減らして、都合の良い管理された自然に置き換える努力をしてきた**。その結果、自然の多様性は乏しいけれども、人工的で「快適」な環境の中で生活できる現代の文明を築いた。

---

[57] 正確には「自然支配」の衝動であろう。もちろん人間が自然を「支配」することはできず、自然を改変し操作してそれを支配できるかのような錯覚に陥っているに過ぎない。

[58] 梅原猛『[森の思想]が人類を救う』小学館 1991、p.227 および梅原猛「森の文明と草原の文明」伊藤俊太郎・安田喜憲編『草原の思想 森の哲学』講談社 1993、p.27 による。

[59] 安田喜憲『森と文明の物語』筑摩書房 1995、p.170-195 による。

しかし、**人間と自然との関係の減少化**とともに、**自然環境の劣化が現在も進行している**ことを私たちは知るべきである[60]。たとえば、川や森と人間の関係が減少して何が起きただろうか。川へ行って直接水を利用する生活が無くなるとドブ川が増え、里山の自然を利用する生業が変わると、里山の荒廃が進んだ。つまり人間が自然から離れると、その自然環境を維持してきた努力が忘れられ、環境汚染や（人間にとって）自然の劣化が起きることは、現代においてよく見られる現象である[61]。

　序章にも述べたが、文化を生み文明を発達させる過程で、**人間は自然を遠ざけてきた**。語源から見れば、「culture（文化）」は自然状態を耕して変更することである[62]。自然状態をネガティブに見なす事であり、それは「文化」の一つの側面であろう。現代文明における自然との関係（接点）の減少は、人間社会の一般的な特徴のように思える。

　以上のようなことを考えると、環境問題の原因は、ホモサピエンスなどと形容される人間の能力、つまり「人間」そのものにあると言えるのではないか。なぜなら人間の知性こそが、都合の良いように自然を改変し、都合の悪い自然を遠ざけ、時に自然を破壊し、汚染してきたからである。その意味では、**環境問題の始まりは、農耕を始めた弥生時代ではなく、縄文時代や旧石器時代にまで遡ることができる**。第2節で述べたように、人間が自然に働きかけて人工化した原初形態は縄文文化にもあった。そして環境に対する影響は、人間が火を使い始めた、人類の誕生にまでさらにさかのぼるだろう。

---

[60] これは逆説的に聞こえるかもしれないが、人間と自然の「共存」を前提にするときの事実である。まったく逆に、人口が減少して、つまり人間と自然の関係が減少して、森林が回復したことも歴史上存在した。例えばペストが流行した中世ヨーロッパで、一時的に森林が回復し拡大した事実がある。人間と自然の共存や共生を考えるときには、ここに述べた「共存」の前提が不可欠である。

[61] 伝統的な方法で自然を利用していた時には、それを持続的に利用する習慣が実践されるが、自然を直接利用しなくなって、それまでの習慣が忘れられ風化することが原因である。

[62] そのような文化と自然が対立するという認識は誤解であり、人間によって創造された文化は、文化が依存する自然から離れることはできず、文化と自然は相互に関連する一体的な存在である。

もちろん、農耕の開始により自然への影響は拡大し、工業化の開始により自然環境はさらに悪化した事実はあるが、**環境破壊や自然破壊の根本の原因は、「人間」にあることを先ず自覚するべきではないか**と思う。しかし本章に述べたし、次章にも述べるように、人間は自然と共生する「精神性」と「知恵」を持っていることも厳然たる事実であり、「人間と環境の関係」を悲観視すべきではない。しかし上記のような自覚がなければ、現代の環境問題に対処できないのではないかと思う。

4. 自然と交渉した縄文人

最後に人間と自然の共生を実現した「精神性」について考えてみたい。縄文文化においても、人間は自然に働きかけて自然を改変したが、大事なのはそのような目に見える現象ではないと思う。人が自然をどのような対象として認識するか、という人間自身の「精神性」がカギであろう。

人は生きている限り必ず自然環境に働きかける。それは生物としての人間の宿命でもある。生物による自然への働きかけを「破壊」と見なして否定すれば、どのような生物も生きることはできない。だから自然をありのまま利用するか、あるいは自然を改変して利用するか、という表面的な現象ではなく、**問題は働きかける自然をいかなる対象と捉えるか、という人間自身の「精神性」**である。そしてそのような捉え方が、人と自然の共生を可能にするか否の、分かれ目になるかも知れない[63]。

先に第3節で述べたように、**自然は生命的な存在であり、生命は循環再生する存在である**、と縄文人は信じていたと考えられる[64]。人間と自然の間の贈与

---

[63] 現代人は自然に与える影響や現象面に囚われて、それを「自然破壊」と思い込むことがある。そして人間が自然に影響を及ぼすことは避けられないから、結局「自然保護」は無理であるという諦めに陥ることがある。

[64] 梅原猛『[森の思想]が人類を救う』小学館 1991、pp.37-43によれば、縄文文化の名残がアイヌや沖縄の宗教に見られる。アイヌの「イオマンテ」に見られるように「アイヌの人たちの考えでは、熊というものは死ぬとその霊は天にもどっていく。熊ばかりではなくて、人間も、動物も、植物も、道具までも死ぬと、すべてのものの魂は天にもどっていくのです。だ

第1章 共生の自然観の形成―原点を求めて 59

関係から理解できるように、自然は人間と「交渉[65]」あるいは「交流」する相手としての存在であった。ここで「交渉」というのは、自然が主体性をもった相手であることの表現である。交渉といっても、多くの場合は自然に対する「祈願」であっただろう。大事な点は、自然は意思や主体性のある生命的存在、と捉えたことである[66]。**自然をそのように捉える人間の精神性が共生の源泉ではないだろうか**。生命としての自然は、単に生活の資源を生産する存在ではなく、その主体性を尊重して「交渉」する相手として認識されていただろう。

このように縄文人にとって自然は生きた命であり、食べさせてもらったら、その恵みに対して返礼をした。自然の豊穣すなわち生命の循環と再生を祈って供物をささげた。山野河海の神々には畏敬の念を抱き、その力に感謝した。それは情感に満ちた世界であろう。人間が欲張るとしっぺ返しをされる（罰が下る）、怖い存在でもあった。生きた相手（生命的存在）であるから、時に人間とは緊張関係になるし、「祈願」が叶うためには、供物にも工夫をする「交渉」が必要になっただろう。自然はそのような「交渉相手」であるから、人間と自然

から、すべてのものの魂は死んで天に昇り、神になると考えているのです。こういう思想は、人類が何万年も前からもちつづけてきた宗教観念であると思われます。そして死んで天国へ行った魂は、天国からまたこの世にもどってくる」と述べている。

[65] 自然と「交渉」するという表現は一般的ではないが、自然が意思を持つ主体性ある存在である、という人間の認識を反映したつもりである。「交渉」という言葉は、人間と自然が平等な関係にあることを意味するわけではない。

[66] 竹沢尚一郎「物語世界と自然環境―西アフリカの漁民集団ボゾ」鈴木正崇編『大地と神々の共生』昭和堂 1999、pp.59-83 によれば、西アフリカの漁民集団ボゾは「魚の誉め歌」を歌う。その歌の中では魚が一人称の主語で語られている。さらにボゾの生活の中では水の精霊が主語として語られている。同書（p.68）は以下のように述べている。「魚の誉め歌が、人間の視点から歌われるのではなく、魚を主語としていることが示すように、自然のなかに存在する事物は、人間と互換可能な、ある個性をもった存在として描かれているのだ」。さらに同書（p.68-69）は「ボゾ社会のもっとも大きな物語は、水界そのものを擬人化した水の精霊を主語とする物語であり、こうした物語の諸レベルや位階が、独占的な物語作者としての水の主を頂点におく権威の序列をつくりだしている」としている。このように人間が、自然やその精霊について意思を持つ主体と捉えることは、現代においても見られることであり、縄文人がそのような精神性をもっていたと考えるのは、あながち無理なことではない。

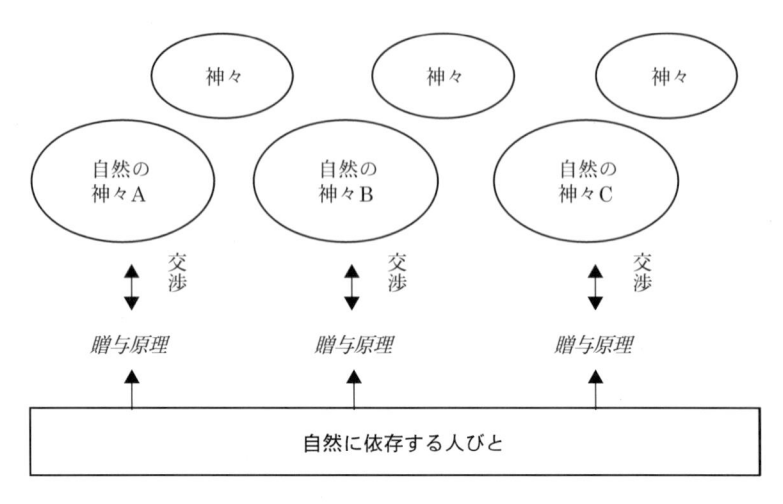

図1-3　人間と自然の神々をつなぐ贈与原理

を取持つ、あるいは交換のための、「贈与原理」が不可欠であった。それは人と自然の豊かな関係性に満ちた世界であろう。縄文人にとって自然はそのような存在であったと私は考える。

次の第2章では、古代から始まって近現代に至る森林や山野の利用について、主に社会的な側面から考えたい。

第 2 章　自然の利用と社会―近代以前と以後

　本章の目的は、持続的な自然の利用、つまり人間と自然の共存について、歴史に学ぶことである。過去 2000 年以上に亘って、それらの自然を枯渇させることなく、利用できたのはなぜだろうか。第 1 章でも同様の問いについて考えたが、本章ではその観点を「社会関係」に絞ってみたい。ここで「社会関係」というのは、自然の利用における人びとの関係のことである[1]。具体的には、近隣、村、村々の社会の人びとの、例えば慣習、規則、タブーなどとして、諸々の「社会関係」が機能する。あるいはそれらの民衆と社会の統治者の間に存在する、支配・被支配関係も自然の利用の仕方を左右する。持続的な自然の利用のカギをそのような社会関係のなかに探りたい。

　森林は生命が生まれる場であり、自然の豊かな空間である。人間の自然利用を考える例として、人間と森林との関係は最も適切であろう。「人間と森の関係」は物質的、かつ精神的に多岐な面にわたるが、ここでは人びとが生活のために、森や山を利用してきたことを中心にする。その事実から人間と自然の関係を考えたい。

　日本列島の人びとは、先史時代から現代まで森林に依存し、森林の維持に努めてきた。森林を食い潰した文明は歴史上多く存在するが、日本列島では現在までその森林を維持してきた。それは人びとが自然と「共存」してきたことにほかならない。但し、日本列島においても森林は荒廃と回復を繰り返したが、

---

[1] そのような慣習、規則は社会規範であり、社会関係そのものではないが、その社会規範を有効にするのは社会関係である。もし規則に違反したらその社会から制裁を受ける。したがって自然資源を利用する制度（人と自然の関係）の実効性は、実は社会関係（人びとの関係）によって保障されており、社会規範と社会関係は一体の関係にある。

人びとは結果的に自然と共存してきたのである。人々はどのように森林を回復し共存してきたのだろうか。「共存」や「共生」は単なる抽象的な理想ではない。それを可能にした具体的な「事実」を歴史から知ることが必要である。

本章では古代から現代まで通史的に、人間と森林の関係とその変化をみたい。日本が経験した古代、近世、近代、現代の「森林の危機」に焦点を当てて、危機の発生と展開のプロセスについて紹介する。**それらの史実を通じて人と森林の関係、つまり人による森林利用の秩序がいかに形成されたのかを理解したい。** 古代から近世までの史実は、主にコンラッド・タットマン[2]『日本人はどのように森林をつくってきたのか』を参考にした。

第1節 古代：遷都と森林荒廃

水田の土地利用を基本にして、人間と森林が共存する基本的な関係ができたのが古代である。古代は、支配者層の森林資源の濫用によって、日本で最初の森林破壊が起きた時代であるが、その森林破壊は畿内地域に限られていた。森林資源を自分たちが利用するために、支配者層は森林の「囲い込み」をした。

1. 人間との関係の基本的なパターン

弥生時代から始まった稲作農業の拡散・普及は、**日本列島で最初の大規模な森林伐開を引き起こした。** 弥生時代の始まりは紀元前約5世紀頃とされてきたが、近年の研究成果により紀元前10世紀まで遡る可能性が報告されている[3]。弥生時代には鉄器が大陸から持ち込まれ、日本でも間も無く製鉄が行われるようになった。人間が自然に働きかける強力な道具として、その後さまざまなタイプの鉄器が普及した。稲作農業と鉄器は先史時代の森林に最も大きな影響を

---

[2] コンラッド・タットマン『日本人はどのように森をつくってきたのか』熊崎実訳・築地書館 1998。

[3] 中国新聞 2003年5月20日。国立歴史民俗博物館の発表によると、北部九州出土の土器を調べた結果、水田稲作が伝来し弥生時代が始まった実年代は、定説の紀元前5世紀から約500年古くなり、紀元前10世紀ごろと分かった。

与えた技術革新であろう。

　紀元7世紀頃までに、以下のような人間と森林の関係の基本的なパターンが確立した。

- 水田耕作用の伐開地として森林が必要であった。それは耕作地と森林、つまり「人間と自然」の活動が互いに競合する側面である。
- 水田には水が必要であり、その水源として森林が必要である。それは、耕作地は森林を必要とすることを示す。**過去2000年近くの長きに亘って、森林が日本列島の大きな部分を占めたのは、水田の用水の水源として、その上流に必ず森林を必要としたからである**[4]。また水田稲作の高い生産力が多くの人口を支えたので、さらなる森林伐開が回避できた。
- 建築材料、燃料、飼料などの生活資材を得るために、森林が必要である。

　これらの人間と森林の関係の基本的なパターンは、その後の中世、近世まで基本的に変わらないが、近現代に至って燃料や飼料などを森林から得る必要性は無視できる程度に低下した。

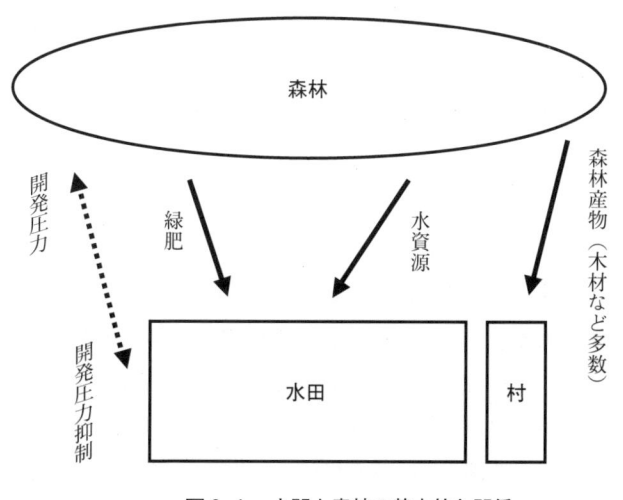

図2-1　人間と森林の基本的な関係

---

[4] これは小麦栽培の畑作地域とは異なる特徴である。

2. 森林の破壊的利用

古代は新たな政治形態、つまり大和朝廷の始まりである。西暦7世紀から9世紀にわたる**奈良時代と平安時代には、政治支配者による度重なる遷都と都市建造物の建設が、畿内を舞台に日本で最初の森林破壊を引き起こした**[5]。その森林破壊は庶民の人口圧力が原因だったのではなく、政治的支配者が作りあげた統治システムが原因であった。当時の政治的支配者や被支配者は森林をどのように利用していたのだろうか。

木材は製鉄用の木炭、冶金、城塞、造船、建築物、暖房用燃材、製塩、窯業などにも利用された。当時の建築は柱を直接土に埋め込んだので柱が長持ちしなかった。そのために建築物は20年ごとの建て替えが必要であった[6]。農民の森林の利用は耕作用の伐開地、水源地、建築材料、調理や暖房の燃料、家畜の飼葉・飼料、林産食糧などである。村びとは薪や木炭を町へ運んで市場に供給した。都市住民による利用は建築材料、薪、木炭、そして若干の林産食糧が村人を通して供給された。

人口のほとんどを占める農民の森林利用は、空間的に薄く広く分散しているので、森林の破壊には至らなかった。**農民が森林を過剰利用することは、通常は自己規制的に回避できる。なぜなら農民の生産や生活は直接森林に依存しており、自分たちの生活を守るために、森林を持続的に利用する必要があるからである。**それは縄文時代から基本的に変わることはない。但し農民とその森林利用の間に上位の権力が介在して、農民が自分たちの責任で森林利用をコントロールできない場合は、農民による持続的利用は必ずしも保障されない。これについては「社会関係と森林破壊」として次章で検討したい。

古代の森林破壊を引き起こしたのは、農民や町民による森林資源の利用ではなく、権力者層による寺院、神社、宮殿、御殿などの建築である。当時の天皇を中心とする為政者は頻繁に都を移転した。西暦600年頃の飛鳥の都を初めとして、難波、大津、奈良などへ都を移して、最終的に長岡そして京都へ落ち着

---

[5] 前掲書『日本人はどのように森林をつくってきたのか』pp.32-39による。
[6] 同、p.33による。

くまでに、畿内周辺の森林は移転のたびに大きく破壊されていった。京都を最後に遷都が中止されたのは、畿内の森林資源が枯渇したことが、大きな理由ではなかったかと考えられている。

　森林が破壊されてはじめて、その対策がとられるようになる。畿内で木材が枯渇した後、既存建築物の木材の再利用、漆喰の壁や畳など木材使用を減らす建築様式、建築物の柱を長持ちさせる石の土台などが普及した[7]。技術開発と森林保全の関係を示す例である。また、木材の浪費を防ぐために、朝廷は724年に瓦屋根の家を建てるよう通達を出した。畿内盆地に隣接する山地の高齢の原生林はすべて伐採され、それによる植生の変化が野火、洪水、土壌侵食などの災害をもたらした。そして貴族、寺院は木材資源の確保のために、特定の森林を「囲い込み」、農民の利用を排除しようとした。

3. 支配層による囲い込み

　森林の利用は一般の農民に公式に開放されていた。しかし畿内の森林資源が枯渇し希少化するに伴い、寺院や貴族は自分たちの資源を確保するために、よそ者を閉め出して特定の森林の「囲い込み」を始めた[8]。しかし、それは天皇による領土支配を脅かすものである。朝廷が発布した養老律令（718年）には、囲い込みを禁止する森林利用の規則が明示されている。つまり「山林原野の恩恵は一般の利用に開放すべき」とされた。さらに森林の公益的な役割を守るために、山地での耕作を明確に禁止している[9]。この朝廷の規則にも係わらず、8〜9世紀になると寺院や貴族は荘園を取得して、森林を囲い込むようになった。資源確保のための囲い込みは、自分たちのために森林を保護する目的も兼ねていた。

---

[7] 同、pp.38-39 による。

[8] 同、pp.32 によると以下のように紹介されている。「中世イングランドでforestと言えば、そこにある植生が何であっても、森林法によって王室の財産と明記された土地のことであった。またforestという言葉は『締め出す』を意味する中世ラテン語の foris stare に由来し、指定された森林区画での住民の利用権を拒むときにつかわれていたようである」。

[9] 同、p.50 による。

朝廷は一般の利用に森林を開放する慣行を維持し、寺院や貴族による囲い込みの動きを批判したが、朝廷もその支配下にある畿内の森林について、農民による燃料、飼葉の採取を制限することがあった。例えば能登半島の西側の森林を、造船以外の目的で伐採することが、勅令（882年）で禁じられたこともあった[10]。

このような森林の囲い込みによって、森林が必ずしも保護できるとは限らない。事実、朝廷が遷都を止めるまで、支配層による森林の破壊は続いたのである。森林の利用から農民が閉め出されても、農民は生きるために森林を利用せざるを得ない。そのような場合の森林の利用は、近世のように森林を大切に利用するよりも、支配者に反抗的で自然に破壊的な利用になりやすい。それはいつの時代でも、どこの世界でも真実であるようだ[11]。古代の森林破壊の最大の原因は、支配層による都市建設であることは間違いないが、それと同時に支配層の森林の囲い込みそのものが、支配者自身と農民による破壊的な森林利用を引き起こしたのではないか。森林を囲い込んだ支配層は、誰に遠慮することもなく資源を利用できたし、森林破壊が引き起こす土壌浸食や洪水に対して、直接の被害を受ける農民ほど、森林の保全へ向けて敏感に反応しなかっただろう。

畿内以外の地域においては、森林の利用圧力は弱く、農民と権力者は紛争もなく森林資源を利用していた。また畿内においても、権力者による都市建造物の建設ブームが終わると、森林は回復に向かい、囲い込みも減って、農民はよ

---

[10] 同、p.47による。
[11] ジャック・ウェストビー『森と人間の歴史』築地書館1990、p.70では以下のように述べている。「イギリスの森林も、大陸のそれと同じように、入会権が効果的に抑圧されるまで熾烈な闘争の場になっていた。反抗の形態としては、密漁、木材の窃盗、樹木への破壊行為で、それらは普通夜行われ‥」。カール・ハーゼル『森が語るドイツの歴史』築地書館1996、p.263は以下のように述べている。「多くの森役人の高圧的な態度、物欲しげな振る舞い、賄賂好き、無知は、しばしば緊張を引き起こしました。公衆によるコントロールというものがなかったので、森役人は、管轄地域で裁判と行政を統合した独裁者となっていたのです。十八世紀末には、とくに下級の森役人たちの態度は、大変憎まれていました」。

り自由な山林の利用が可能になった[12]。その後、森林の囲い込みが再燃するのは、中世の後の時期、つまり近世における森林破壊の頃である。

第2節　中世：人間と森林の新たな関係

村落共同体が自治的に森林資源を利用する入会制度の発達が中世の大きな特徴である。それは人間と自然の新たな関係の構築である。そのような制度をもたらしたのは、農業の集約化による人口増加、それによる村落社会の発達、それに加えてこの時代の政治状況であった。

1. 村落の発達と入会の誕生

中世の大きな社会変化によって、人間と森林の関係に一つの変化が現れた。その変化とは、**村びとが利用する森林資源を、その村の共同体が自治的に利用・管理する制度である**。この制度のような人間と森林の関係は、伝統的村落社会において世で一般的に見られる現象である[13]。なぜそのような関係が生まれたのだろうか。それが生まれるプロセスは、社会的および自然的な背景として、それぞれの地域で特徴があるだろう。ここでは、日本の中世にその制度が誕生した、社会的および自然的な背景を説明しよう。社会的な背景として幾つかの社会変化が挙げられる。その社会変化とは、森林利用の社会秩序の必要性と地域における権力の空白である。

中世は11世紀半ばから16世紀半ばまでである。その間に日本の人口は650万人から1200万人に倍増した[14]。**技術革新による農業生産力の増大がその人口増加に寄与している。技術革新とは農業の集約化である**。つまり二毛作や潅

---

[12] 前掲書『日本人はどのように森林をつくってきたのか』p.47による。
[13] 中世のドイツ西部と南部に領主から独立したマルク共同体が出現した。共同体の住民は自分たちの決定で森林を利用していた。カール・ハーゼル『森が語るドイツの歴史』築地書館 pp.170-176による。
[14] 前掲書『日本人はどのように森林をつくってきたのか』pp.51-52による。

漑が普及して、休閑期が短縮するかあるいはまったく無くなった。農業生産が集約化すると、地力を維持するために肥料の投入が必要である。近代農業で化学肥料が用いられるまで、田畑の肥料として中世から使用されたのは、主に山野の緑肥である。つまり山野の野草および低木や樹木の枝葉などであり、それを田畑にすき込むことによって肥料にした。そうして農業生産を拡大し人口増加を支えたのである。

　集約農業によって人口が増加すると、地域の人口密度が高くなり、それぞれの村落規模が大きくなった。そして各村落がまとまった社会を形成するようになった。村落はいくつかの理由で、地域の森林を自分たちの資源として守らなければならなくなった。先ず、森林を伐開して耕作地を拡大するために、森林面積は次第に侵食されてゆく。しかし、拡大した耕地は、緑肥を採取するための新たな森林を必要とする。ちなみに緑肥の供給のためには、耕地面積の5～10倍の森林が必要である。耕作地を広げるとより広い森林が必要になり、農業生産力を維持するために、残された森林は農民や地域有力者が競い合う希少資源になる。その結果、地域の森林を利用し守る社会秩序が、それぞれの地域で必要になったのである。それは村落住民の自己防衛上の必要である。

　地域社会にはそのような秩序形成の必要があったが、中央や地方の政治権力はそれ以前と同様に、寺院や荘園の「囲い込み」に反対することはあっても、新たな秩序の形成には十分な関心を払わなかった[15]。戦争で社会が混乱して、上位の政治体制が衰退し、中央政府や荘園領主の権力が地方に及ばなくなっていた。荘園領主が力を失うなかで、地元有力者が武士として台頭し、後に大名になるが、彼らも森林管理には無関心であった。森林利用の需要が高まり、地域社会は秩序を必要としていたが、衰退する支配層には有効な森林政策がなかった。支配者による権力の空白状態と、村落共同体の発達という、外と内の二つの条件に支えられて、地元住民自身による森林利用の秩序が形成されていった。これが13世紀以降の「入会地」の誕生である[16]。

---

[15] 同、p.54 による。
[16] 同、pp.53-57 による。

入会地は森林利用の原則の一大変化であった。それまでは森林の「自由利用」が公式の慣行であった。しかし村落共同体の入会地は、部外者に対する「排他的な利用」が原則である。森林を共同して効率的に利用管理する必要性が、村の外部に対しては排他的利用そして村の内部に対しては利用秩序の形成、という入会地の制度を生みだした。それは農民による「森林閉鎖」であり「囲い込み」である。支配者層による閉鎖から村人による閉鎖へ、というこの新たな人と森の関係の始まりが、中世の森林利用の特徴である。

2. 入会制度の発達

中世で注目すべき森林管理秩序は農村共同体による入会制度の発達である。これは現代にも痕跡を留めている人間と森の関係であるが、それは村びとによる森林利用の規則であると同時に、村びと同士の関係そして村とその周辺社会を関係づける制度でもある。森林利用の規則を人びとが守るのは、村びとの社会的監視や罰則があるからである。その制度が発達した背景には、先に述べた 1) 農業の集約化、2) 農村社会の発達、3) 中央政権の弱体化、などの社会状況が存在していた。

この第 1 は農業集約化によって緑肥用の森林産物の需要が増大したこと。第 2 は資源管理を社会的に行なうベースとなる村落社会が発達したこと。第 3 は中央の政治体制が衰退し地方で権力の空白が生じて、自治的利用の可能性が生まれたことである。そして自分たちの資源利用を守るために団結する必要もあった。村落共同体を脅かす外部勢力、つまり外の村々や地元有力者への対処である。ここで大切なポイントは、第 2 と第 3 の**社会関係の変化によって、人間と自然の関係が変わったこと、すなわち入会制度の誕生**である。

中世の入会による山林管理はおよそ以下の通りである。
- 村落共同体の入会地でなくても、地方有力者が保持する近隣山林の下草や柴を村びとは慣行的に利用してきたのであり、村びとは連帯してこの利用権を守る努力をした。
- 村びとが利用してきた入会山林を「排他的」に利用した[17]。つまり共同体以

---

[17] だれでも森林を利用してもよいという寛容なルールでは森林を守ることはできない。利用のルールを守る特定の共同体の人びとにより森林は持続的に利用される。

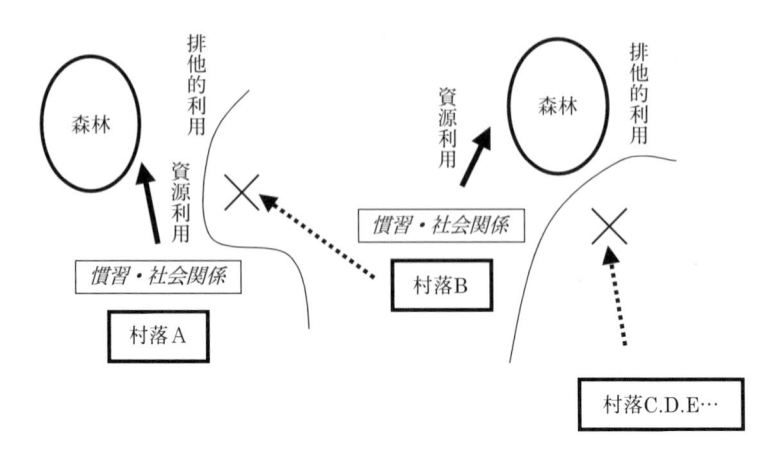

図2-2　農村の入会制度

外の村々の利用に対して森林を閉鎖した。
- 共同体内の村びとが自分たちの規則によって入会山野を利用し、同時に罰則によって野火や自然資源の劣化を防ぐ努力を行なった。

3. 持続的な森林利用

　村落共同体による入会地の仕組みが生まれたが、中世の森林利用がすべてそうであったわけではない。村落共同体による自治的な森林利用が始まったが、他方では地元の新しい有力者による地域支配も行われるようになった。

　この時代の初めの頃、寺院や神社は自分たちの荘園の森林を囲い込んで管理していた。その森林の木材や野草の採取に対して、彼らは「山年貢」と呼ばれる料金を徴収していた[18]。それらの荘園領主の権力が弱体化するなかで、地元有力者が権力基盤を強化し始めた。農業の集約化で村落の人口規模が大きくなった時、それを権力基盤の強化にうまく利用して、地域を支配した地元有力者もいた。**権力の空白が生まれなかったそのような地域では、村落共同体によ**

---

[18] 前掲書『日本人はどのように森林をつくってきたのか』p.54による。

る自治的な入会の制度はまだ発達しなかった。したがって、村落共同体による自治的な森林利用が行われた地域と、地元有力者による支配が行われた地域の、二つのパターンがこの時代に併存した。そして、地域の山林の管理を巡って、地元有力者と村落共同体の2種類の主体が競合した。中世の社会では、このように地元有力者と村びとの間の緊張が高まっていた。

　いずれのタイプの社会形態においても、この時代に人間と森林は持続的な関係を維持した。つまり人々は目立った森林破壊を引き起こすことなく森林を利用することができた。中世には人間が森林に及ぼす影響は、全体としては軽微であった。しかし、森林への影響はなかでも畿内が最大で、その他は東海地方と瀬戸内地方が比較的大きかった。中部地方や西日本の山麓なども耕地化されて、階段状の田畑が造成された。**持続的な森林利用ができた大きな理由は、農業のために森林を必要としたことである。**すなわち水田の水源として森林が必要であり、そしてこの時代に始まった集約農業を持続させるために、森林の野草や柴が必要であった。

　古代と中世まで森林産物の利用は「採取」のみで、森林の「育成」は行われなかった。これを「採取林業」という。この直後の16世紀末の国内統一で内戦が終了し、都市や町の建設ブームとともに森林破壊の危機を迎える。

第3節　近世：森林の危機の克服と社会関係の発展

　近世にも人間と自然の関係に新たな発展が加わることになる。それは、第1に江戸時代の前半に森林利用の網羅的な規制が課され、第2にこの時代の後半に森林産物を増やす育成林業の社会システムが確立したことである。そのような社会制度が発達したのは、支配層による建築物や都市の造営が盛んになり、日本列島のほとんどの高木林が伐採されて、全国的な森林荒廃が起きたことが理由である。言い方を変えれば、人間社会の森林に対する需要が増大したためである。人間と森林に係わる社会制度が発達した背景と過程を以下に説明する。

1. 都市の建設

　近世初めに支配層は全国で城郭・寺院・都市建造物を建設した。戦国時代に終止符を打った豊臣秀吉は、1590年以降、城郭・社寺建設のために全国から最高級の木材を集めた。この時から全国の森林の消失が明確に加速した。続いて徳川家康も建設事業で莫大な森林資源を消費した。さらに各地の大名も城郭、邸宅、社寺、城下町の建設を行ったため、1670年頃までの約100年間に**北海道を除く全国で大規模な森林消失が広がった**[19]。

　16世紀末に建設された町の数は、それ以前に比べて全国で加速度的に急増した[20]。町民による木材消費の方が、量的には支配者の消費よりも大きかっただろう。その町民の木材消費に輪をかけたのは都市の火災であった。ちなみに江戸の10区画以上を焼いた火災は、徳川時代に93回起きており、平均して2年9ヶ月に一回の頻度である[21]。その他の小さな火事は数えきれない。江戸の最初の大火の後、燃えやすい藁葺きの屋根は禁止され、板葺きにしなければならなくなった。

2. 農村の森林利用

　江戸時代前期は人口が爆発的に増加した。当時の人口は西暦1600年の1200万人から1721年には3100万人に増大したと推定されている。江戸時代最後の全国人口調査が行われた1846年には3200万人でしかなかった[22]。特に**16世紀後半から17世紀にかけて人口が急速に増加し、農地の開発や林産物需要のために大規模な森林伐開が行われた**。

　農地にならなかった山野からは、緑肥、燃料、飼料、建築材料などが農民によって採取された。耕地を増やすとその5～10倍の面積の山野が肥料採取のために必要であった。つまり総耕地面積の5倍以上の森林が、農業のために利

---

[19] 同、pp.68-94による。
[20] 同、p.71による。
[21] 同、p.83による。
[22] 鬼頭宏『環境先進国・江戸』PHP研究所 2002、p.27による。

用されていたことになる。森林資源への需要が増大すると、村の農民同士、村と村、村びとと支配者の間で、林野の利用権を巡る紛争が、17世紀後半から多発するようになった[23]。

そのような資源をめぐる紛争の過程で、資源利用の規則が関係者の間で合意され、中世に誕生した入会慣行がさらに全国に広まり、入会制度の規則もさらに発達した。村落共同体が林野の利用を拡大して、共同体に属さない者の利用から森林を閉鎖する囲い込みの動きも広がった。

3. 森林の囲い込み

農民による森林利用が拡大するなかで、支配層による森林閉鎖（囲い込み）が16世紀後半から復活した[24]。各地の大名は支配する森林の境界を明確にして、農民による林地利用を制限し林地の耕地化を禁止した。それによって森林資源の保護に努めた。支配者と村落共同体の両者の森林閉鎖が衝突して、農業のための肥料が不足し、村びと同士、村と村、村びとと支配者の間で紛争が多発した。

この時代の支配層の森林利用は前に述べたように、城郭・寺院・都市建造物の資材確保が目的であった。さらに軍事用の目的も大きかった。つまり軍馬のための秣、燃料、精練用の木炭、その他に武器や戦争用の工作物などである。

幕府や藩による森林の閉鎖と保護は財政収入の確保のためでもあった[25]。林奉行または山奉行と呼ばれる官吏が勘定所（財政部局）に配属され、森林の調査、記録の保管、紛争の調査、伐採事業の監督などを行った。そして伐採者が決められた税金を支払い、森林を濫用しないよう山奉行に監視させた。

4. 森林破壊の影響

森林の過剰な伐採や利用によって山野の植生が貧弱になると、雨水による侵

---

[23] 前掲書『日本人はどのように森林をつくってきたのか』p.69、p.87による。
[24] 同、p.69による。
[25] 同、pp.72-92、pp.100-107による。

食から表土を保護することができなくなる。はげ山は流水によって侵食され、土砂の流出により平野部の農業が被害を受けた。幕府や藩の支配体制の政治的および財政的な基礎は農業にあるので、**支配層は先ず洪水や侵食から流域や農地を保護する治水や保安林を重視した**[26]。

森林産物の過剰消費により木材や燃料の不足が激しくなり、利害関係者間の紛争や訴訟が増えたために、森林利用を規制する動きが17世紀中頃から活発になった。その結果、森林利用に関する地域的な規制が過剰なほど多く作られていった。

山林の荒廃を規制する警告や法令が、幕府や藩によって17世紀後半から18世紀にかけて出された。例えば土砂の流出を防ぐために、限界地の田畑や焼畑、草木の根を掘ることなどが禁じられ、必要な場所には樹木を積極的に植えることが勧告された。

農地の積極的な開拓は18世紀になると急速に衰えた。その理由は、耕作地を拡大した結果、耕作地に緑肥や用水を供給できる山野が限界に達したからであろう。

5. 網羅的な規制

森林破壊と資源不足に対処するための規制が支配層から打ち出された。森林資源の利用規制がカバーする領域は網羅的であり、木材生産の山林、生産物が流通する輸送ルート、生産物を消費する都市、町、村であった[27]。

近世の山林利用の過程を経て、領主の山林は「御林」、村の山林は共同体が利用する「入会地」、村の家が保有する「百姓山」として区分された[28]。但し実際の利用は利用者と山林区分が重なり合っていた。なぜなら領主の関心は主に大径の木材、農民の関心は燃材や肥料用の野草であり、生産量が需要を満たし森林が劣化しない限り、両者の関心と目的は同じ山野で共存できるからである。

---

[26] 同、pp.109-127 による。

[27] 同、p.100 による。

[28] 同、p.166 による。

すなわち同一の山野が異なる利用者のために多様な資源を供給する、多目的な利用が行われてきたのである[29]。

木材生産の山林における規制は非常に複雑であった[30]。なぜなら領主の森も村の森も二重に支配されていたからである。領主の森林には当然特定樹種の伐採禁止令が適用されていた。同時に領主の森林は村びとにも緑肥採取などで合法的に利用されていたから、山林に関する村の規則は領主の森林にも適用された。また村の森林は個々の家の百姓山か、共同体の入会地のいずれかであった。村は個人の百姓山の利用に干渉したし、逆に村の共有地には個人的な特権も存在していた。あるいは百姓山と共有地の両者の区分が曖昧な状態の場合もあった。

このように複雑で入り組んだ権利関係が存在していたため、御林・入会地・百姓山の境界線を明確にする領主の森林規制は、領主と村々のぶつかりあう要求を何とか調整しようとする、極めて個別的で局地的な行為である。すなわち森林の産物を収穫できる場所、収穫物の種類、立ち入りの順序と日数・人数、道具の種類と大きさ、収穫物の荷の大きさと数量、運搬する手段など、こまごまとした利用権の定義が規制の内容であった。これから分かるように山林の管理とは、山林の「所有」というよりも、山林の「利用権」の定義と適用が実質

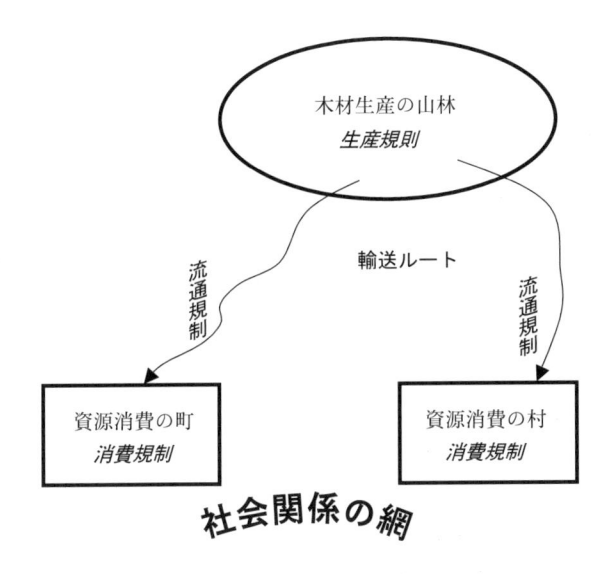

図2-3 資源消費の網羅的な規制

---

[29] 同、p.102、pp.166-168 による。
[30] 同、pp.102-104 による。

的な内容である[31]。

　幕府と藩は森林産物の流通と消費についても規制をした。山林から町へ輸送する途中の河川や街道の番所に役人を配置して、違法な収穫物を取り締まるべく荷を検査した。木材の消費を抑制すべく、贅沢を禁止する一連の規制が公布された。人々の過剰な需要が生態系に与える影響を緩和する措置であった。例えば武士の石高や村びとの地位に応じて、住宅建築などに使用できる木材のサイズを定めた。木製品、薪炭、漆、茶、絹、和紙など細々とした森林産物についても、上の社会階層に希少な製品を割り当てる方法によって消費を規制した。これは日本社会における資源利用の自己規制として位置づけられるだろう。このような生産・流通・消費に関する規制を実施しても森林は回復しなかったが、森林破壊による社会の窮乏化という最悪の事態は避けることができた。

6.　育成林業の開始

　江戸時代の後半になると、森林資源の供給量が需要を満たすことができなくなった。木材の収穫が不足するにつれて、山林の利用者たちは造林による森林経営を行って木材生産を増やそうとした[32]。しかし特定の産物の収穫を最大にするためには、他の産物をある程度は犠牲にしなければならず、それまでの森林の多目的利用は不適当であった[33]。幕府や藩は「留木」政策、すなわち特定樹種の伐採禁止例を強化して、木材生産の最大化を優先するようになった。あるいは入山を禁止する「留山」政策を強行した。

　その結果、幕府や藩が定めた山林規則が意識的に無視されたのである。例えば村びとが自家用や販売用に樹木を不法に切り倒すとか、草肥、飼葉、燃材の

---

[31] 同、p.104 では以下のように述べている。「山林の管理というのは、土地の所有というよりも利用権の定義と適用にかかわっていた。土地を『所有する』ものは誰もいない。江戸時代の日本には所有の概念が存在しなかった。これに対して利用権は普遍的に認められていて、あらゆる土地論議の中心をなしていた」。

[32] 木材生産を積極的に産業化する経済活動が行われる時代の変化が起きた。

[33] 前掲書『日本人はどのように森林をつくってきたのか』pp.169-172 による。大量生産のためには画一的で単一目的の生産が効率的である。

生産用地を拡大する目的で保護すべき稚樹を破壊する行為である[34]。このようにして木材生産を優先する政策が強化されると共に、**17世紀までの寛容な多目的利用の様式が崩れることになったのである**[35]。規則が無視され紛争が多発することは、その背景にある社会制度が変更を迫られている証左であろう。社会のニーズが変化する中で従来の土地利用制度が疲労を起こし、制度変革が要求される時代になったのである。

このような制度疲労の段階を経て、江戸時代の後半になると、**林産資源を増やす育成林業が始まった**。森林産物の利用規制と森林保護の政策のみでは資源不足を解消できず、積極的に森林資源を生産する造林政策へと18世紀から次第に転換した。森林資源が不足した17世紀は、資源を増やす育林や造林の準備段階であった。農学者[36]、篤志家、民間林業者、幕府や大名の山奉行などが、積極的な育林技術や植林政策を広めて、それらが実施された。

造林技術が広がったのは18世紀後半であった。**山林の利用と収穫を関係者の間**

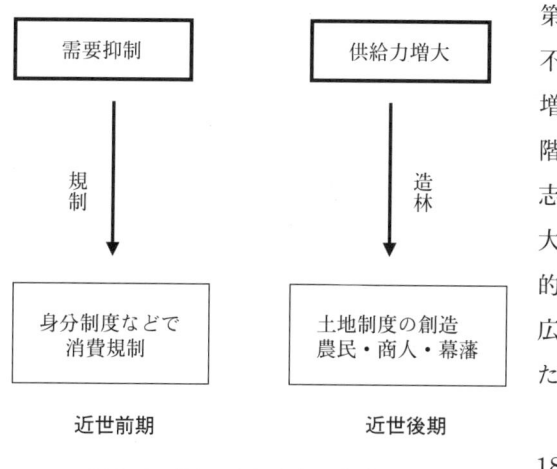

図2-4　資源の需要抑制と供給力増大

---

[34] 同、p.172による。支配者と庶民の確執は世界共通のようである。ジャック・ウェストビー『森と人間の歴史』築地書館 1990、p.67では以下のように述べている。「土地を所有する階層が森林の独占をこころみ、それに対して庶民が抱く憤りの念は、民話や民謡にも表現されている。ロビン・フッドの偉業の対象になったのは、森林法であり、王室の森林官であり、王室の狩猟であった」。

[35] このような例は世界の森林の土地利用に見られる。ヨーロッパ諸国が世界に植民地を求めてモノカルチャー農業を実施したのも、多様な主体による森林の多目的な価値よりも、支配者にとっての砂糖、綿花、コーヒー、紅茶などの経済価値が大きかったからである。

[36] 例えば、宮崎安貞『農業全書』は1697年に完成している。

で分け合う林業方式が実施されて[37]、林野の利用に関する幕府・藩の支配層と村びととの緊張関係が緩和された。しかしそれまでの両者の緊張関係は、過剰な利用を互いに慎むことで、森林の保全にはプラスの側面があった。

18世紀末になると育林技術が確立された。ほとんどの森林が規制や管理の対象となった。ただし日本の山林のうち完全な人工林に変わったのは一部だけである。大部分の一般的な育林方式は、種子の自然落下で成長した森林を収穫する、天然更新の林業であった。

19世紀になると植林が急速に普及した。林業システムは広範な森林荒廃を防止すると同時に、肥料や用水の供給源として森林に依存する農業を支え、木材の主要な供給源となった。この時代の育成林業の発達は、日本列島における人間と森林の新たな関係の始まりである。

7. 土地制度の創造

人工林林業を促進するための新しい土地利用制度が編み出された。新たな制度とは一種の借地制度であり、割山、年季山、部分林と呼ばれている[38]。山割りとは入会地や領主の御林のような山林を村の各戸で分割する制度である。山割りによってできた各戸の山林が割山である。山割が行われるのは村落共同体的な調整による入会山林の利用・保全ができなくなった時である。土地が劣化して洪水などの災害を引き起こし、入会地がかえって負担になる。**共同体による調整と失敗を繰り返した後、入会地を分割する方式が選ばれたのである**[39]。各戸に分割して利用権と山林維持の責任を明確にすることができた[40]。山林の

---

[37] 例えば、割山、年季山、部分林などと呼ばれる方式。
[38] 前掲書『日本人はどのように森林をつくってきたのか』pp.172-179 による。
[39] 同、p.173 による。
[40] 同、p.174 によると、割山の取り決めは多様であり、各戸に等しい面積を割り当てるもの、各戸の耕地面積に比例して配分するものなどがある。興味深いことに、ドイツでも18世紀と19世紀初めに、共同体の森や共同利用の土地の分割がなされている。例えば、カール・ハーゼル『森が語るドイツの歴史』築地書館1998, p.175によれば「…森のひどい状況と盗伐は、すべての悪の根源は共有財産にあるという見方を招きました。この見方は、流行りつつあった自由主義の思想とうまく合致しました。…たとえばプロイセン国のラインプロヴィンツ州では、3万ヘクタールの森が平均0.18ヘクタールに区画されました」。

境界を明確にして個々の家に管理をゆだねるが、各自の希望によって植林して収穫することもできた。ただし家は割山を質入れしたり売却したりすることはできない。割山（わりやま）は個人が長期的な視点に立って、意欲的な労働と投資資本と土地の結合を可能にしたため、植林に好ましい状況を作り出した。

　第2の制度は年季山である。年季山は林地の苗木が成長して売却できるまでの、土地の長期貸付制度である。借地林業を可能にするべく年季つまり期間限定の土地貸付を可能にしたのである。この制度のもとで、土地保有者あるいは村びとは、自分の土地に苗木を植林し町の木材商人に売却する。村びとは育林を続け、その代償として下草などを採取する利用権を得る。契約後30年以上経過して樹木が成熟したら、商人は伐採して土地を村に返還する。この方法はやはり土地、労働、資本を結びつけるものであった。すなわち土地保有者は土地と労働を提供し、商人は長期投資資本を提供して、土地保有者の投資資本（苗木など）の早期回収を可能にした。さらに生産者の市場アクセスを容易にしたのである。同時に村びとの山林利用権も確保されていた。

　第3の制度は部分林である。部分林は山林の収穫を分け合う山林のことであり、主に藩の領主の御林に植林をして、その収穫を領主、事業者（植林者）、村の間で分け合う方式である。この制度は木材資源が不足した18世紀初頭、留木・留山政策の限界を克服するために、領主が植林を促進するためであった。山林の収穫を分け合うことを約束して、領主が村や植林者の参加を求めたのである。将来の支払いが約束されることで、村びとは藩の土地に植林する動機ができたし、役人の監視がなくても藩の山林が村びとの乱用から守られた。この方式は村、事業者（植林者）、藩の三者が共同することにより、労働、資本、土地を結び付けたのである。

第4節　近現代：人間と森林の分断

　近現代の人間と森林の関係は、明治維新から「近代化」の大きな時代変化の影響を受けた。日本のこの時代の人間と自然との関係には以下の特徴がある。第1に、近代国家の成立と共に近代法の中に自然の利用が位置づけられたこと

である。第2に、都市化によるライフスタイルの変化や生産技術の発展とともに、人びとが自然に触れる機会が減少したことである。第3に、先史時代から近現代までを通時的に見ると、現代は国内の森林資源の利用が減少して、人間と森林の関係が希薄化した。本節では近代化がもたらした影響を紹介して、近代化の過程の負の要素を解決する方向性について考えたい。

1. 自然の所有権と分断の始まり
(1) 近代的所有権の確立

　明治以降の近代化によって人間と森の関係は大きく変容することになった。明治政府は近代国家建設のために近代法の整備を始めた。その近代法における権利や義務の主体は、共同体や家族ではなく「個人」であり「私」である。なぜなら法人格をもつのは、「自然人」[41]と法人だからである。山野の自然資源の利用や所有においても、それまでの村落共同体が主体となる「入会」を廃止して、個人が主体となる「近代的所有権」を確立しようとした。山林の土地についても、近代的所有権の確立へ向けて制度が整備された。後で説明するが、近現代における人と自然の「分断[42]」の始まりは、この所有制度の変更によるところが大きい。つまり近代法の導入が、後述するような「人と人の分断」、「人と自然の分断」、「自然自体の分断」を引き起こしたと考えられる。この人や自然の分断は、本書の全体を貫くテーマ「人間と自然の共生」と係わる大きな問題である。

　近代化以前の社会において、村びとによる山林の利用は、本章で述べたように中世に始まり近世に発達した、入会制度が基本であった。村落共同体がまとまった山林を管理したので、生態的に健全な利用によって、山崩れなどの自然破壊を避けることができた。それは個人ではなく、社会（集団）的に自然を利用・管理する仕組みであった。生態的な健全性を確保して、人びとが自然を持続的に利用することが、入会制度では重要な目標であった。生態的に繋がった

---

[41] 法律上、法人と区別して生物としての人を指すときに用いる言葉。
[42] ここで分断とは関係性が希薄化したり、さらには関係が絶たれたりすることを意味する。その詳しい内容は後述する。

自然の一部を、「私有地」として個人が売却したり、意のままにしたりすることはできず、したがって生態系を分断する自然（土地）の利用を避けることができた。

　明治政府はその入会制度を、近代国家に相応しくない、旧習として否定する立場であった。それぞれの各地域固有の入会制度や慣習を、全国に共通の近代的な所有権制度によって置き換えることが目標であった。1873（明治6）年の地租改正によって地券を交付し、田畑については私有地として土地所有権が確立した。続いて1873〜1874年に実施した「山野官民有区分」により、山林原野の土地所有権を確立する政策を実施した。

　先ず、土地所有権者が明確でない入会地は「官有地」（国有地）に編入された。その際、住民による国有地内の「入会慣行」は継続されたが、その後、入会慣行を巡り行政によってその入会権が規制されたり、入会権者による抵抗が起きたりして、行政と住民の応酬が続いた。次に、入会林野の地券が江戸時代の村や組などの団体名義の場合、山林は県有・市町村有地へ編入された。但し入会権者が抵抗したために、市町村の一部として村に共同体的土地所有（入会）の主体となる法人の「財産区」が設けられた。最後に、地券の名義が入会共同体の代表人の場合は、私有地であることが確定された[43]。これらの官民有区分の結果、入会山林は大きくは国有・公有・私有に区分され整理された。

　現在、日本の森林の所有区分は、私有林58％、国有林31％、公有林11％である（1995年）。私有林と公有林の合計は民有林とされている。2000年世界農林業センサスによると、民有林面積の内訳は林家46.6％、会社12.6％、社寺1.0％、共同4.5％、各種団体・組合3.1％、財産区0.7％、慣行共有8.7％、市区町村9.7％、地方公共団体の組合0.2％、都道府県12.9％である[44]。「共同体的土地所有」は、このセンサスの「慣行共有」に含まれており、全国で約百万ヘクタール[45]存在している。

---

[43] 杉原弘恭「日本のコモンズ『入会』」宇沢弘文・茂木愛一郎編『社会的共通資本』東京大学出版会 1994、p.116による。
[44] 林野庁編『平成12年度林業白書』日本林業協会 2001、p.187 から計算した。
[45] 林野庁編『平成12年度林業白書』日本林業協会 2001、p.66 による。

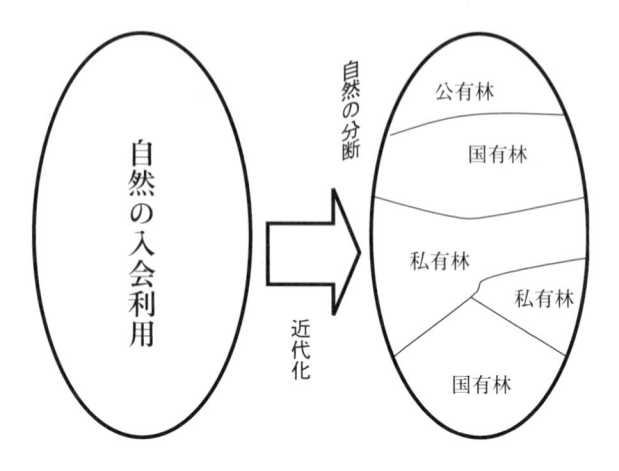

82　第1部　歴史に学ぶ持続的な自然利用

図 2-5　近代的な所有権による自然の分断

　こうして山林の入会地についても土地所有権が定められたが、個人が主体になる近代法の枠組みと歴史的な実態（集団が主体）とのギャップが原因で、行政と入会権者（共同体）との間で、長期に亘って摩擦が続いた。村落共同体的な土地所有は、財産区[46]などの制度の下に現在も存続している。入会慣行も各地域の山林で存続しており、今でも村人の間で入会の慣習が意識されている地域がある[47]。

(2)　人と自然の分断

　このような自然（山林）に対する近代的所有権の確立は、「人と人の分断」、「人と自然の分断」、「自然自体の分断」という、3つの分断をもたらす可能性がある。先ず、「自然自体の分断」をもたらす可能性というのは、先に述べたように生態的にまとまった山林が、複数の土地所有者によって分割されるからである。つまり各所有者が自分の目的に応じて、山林を利用し処分することによっ

---

[46] 特別地方公共団体の一種で山林や用水施設などの財産をもち管理する地理的単位。『新社会学辞典』有斐閣 1930 による。

[47] 藤村美穂「みんなのものとは何か―むらの土地と人」井上真・宮内泰介編『コモンズの社会学』新曜社 2001、pp.32-54 には、その事例が紹介されている。

て、生態的な連続性が分断されることが起きる。たとえば森林、牧野、田畑、スキー場、ゴルフ場、住宅、工場などの土地には、それぞれ異なる生態系がある。山林所有者の個別の土地利用によって、異なる生態系に改変され分断される。

次に、「人と自然の分断」がもたらされるのは、多くの入会地が国有地や公有地に編入され、あるいは私有地に変更されたからである。その編入以前は共同体の村びとが、入会地を正当に利用・管理していたのに、制度の変更によりその権利が剥奪されて、もはや入会地でなくなったその山林を、従来通りに利用・管理できない。従来の「入会慣行」を行使するには、国有地であれば「お上」との契約が必要になったのである。これは国家による自然の「囲い込み」[48]であり、村びとの森林利用の制限である。村びとと山林の入会関係が継続されても、近代的所有権に対して慣習は著しく劣位におかれた。国は住民の慣習的利用に厳しい規制を加えたために、農民は不自由を強いられたのである。

最後に、「人と人の分断」がもたらされるのは、山林の入会権者であった村落共同体の社会関係が弱体化したからである。共同体のメンバーであれば有効であった地域資源の利用権を失ったのである。村落共同体を基礎にした山林利用の正当性が剥奪されると、共同体としての人と人の結びつきは次第に弱くならざるを得ない。それはすなわち人と人の分断である。**人びとの社会関係を基に自然利用が行われ、自然の利用と社会関係は一体であったが、自然の利用が減少すると人びとの関係も弱体化した。**

(3) 森林の所有権が左右する人と自然の関係

所有権の形態が人と自然の関係を形成する事例を紹介したい。土屋[49]は共同

---

[48] 権力による森林の支配という点で、少なくとも庶民にとっては、これは江戸時代の幕藩体制による「囲い込み」と共通しているだろう。しかし、村落共同体の「囲い込み」は生活をその森林に依存している人びとによるものであり、森林と村落社会はいわば運命共同体である。すなわち村の人びとの生活と森林は共存する関係にある。

[49] 土屋俊幸「スキー場開発の展望と土地所有―共同体的土地所有の意味」松村和則編『山村の開発と環境保全―レジャー・スポーツ化する中山間地域の課題』南窓社 1997、pp.34-56 による。

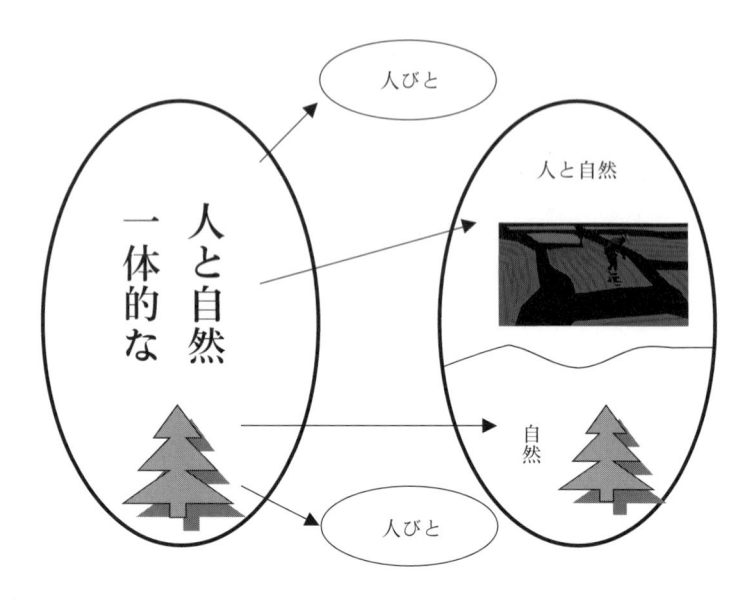

図2-6　人と人、人と自然、自然と自然を分断

体的土地所有の意味を考察した。それによると、戦前から1980年代に亘る日本のスキー場開発について、地元と外部資本との関係を調べたところ、**外部資本の主導による開発地域は、公有林の土地所有のケースが多かった。それに対して、地元主導の開発を実現した地域は、共同体的土地所有のケースが多かった。**

　この違いの理由として、共同体的土地所有の場合には、その山林の処分は基本的に権利者全員の合意が得られなければ行なえないことを挙げている。つまり外部資本に対して地元住民の利益を守るインセンティブが働きやすいのである。他方、公有林の所有主体である「市町村は、行政体として集落よりも広域の地域の利害を代表し、個々の集落の利害とは一致しない立場に立つこと」[50]が多い。そのように「入会利用している農民の意志が容易に反映しないような組織が所有権を決定し得る形態をとっている場合に」[51]、観光資本が少数の地方

---

[50] 同、p.50による。

[51] 同、p.50による。

有力者との話し合いによって、住民の入会地を大規模に購入することが可能になる。そして外部資本による独占的な開発が行われる結果、観光開発の利益は地元に還元されず外に流出するのである。

　この例から分かるように、**共同体的土地所有においては、人と人そして人と自然の結びつきが比較的強い**。それは、共同体的所有では土地処分には構成員全員の合意が求められるからであり、逆に、公有の土地所有では土地を手放すことを妨げる合意形成の仕組みが弱いのである。**共同体的土地所有を積極的に評価する理由が**、この事例にうかがえるのではないだろうか。つまり「みんなのもの[52]」として、人びとが土地の利用や管理に責任を共有する、地域の社会関係[53]の重要性である。**共同で利用・管理する社会関係によって、人と人、人と自然、自然自体の関係性を保つ可能性が高まる**。

2. 荒廃と回復

　明治初期には森林が荒廃し洪水災害が多発した。江戸時代末期に全国的な山林の荒廃が起きており、さらに明治維新後には、国家建設のための木材の急激な需要増加に伴い、濫伐盗伐が森林の荒廃を引き起こしたからである。この時の荒廃が、明治30年に第一次森林法が制定された背景である。その後、日本の森林は第二次大戦中に軍需用資材として大量に伐採された。さらに戦後復興の時代には、建築用材需要による乱伐の犠牲になった。こうして戦中戦後の資源不足の時代に、日本の森林は歴史上かつて経験したことのないほどに荒廃した。その結果、昭和20年代に日本を襲った台風によって、何度も深刻な水害を経験した。これが昭和26年の第三次森林法制定の背景である。このような森林荒廃の危機に直面して、戦後の森林政策は、戦中戦後の伐採跡地への造林に始まり、それは昭和31年までに一応完了した。

　戦後の日本経済は昭和20年代後半から急速に回復を始めて、昭和30年代に

---

[52] 本書の第8章ではこの「みんなのもの」を「コモンズ」としてさらに議論を展開する。
[53] その「社会関係」は共同体内部の単純な利害関係に留まらず、より広く地縁関係、人間関係、共同関係などを含む。

は本格的な高度成長期に入った。経済成長に伴って建築用材の需要が拡大し木材の需給が逼迫した。このため木材価格の安定策として、国有林を中心に木材の増産が行われた。さらに木材供給力を長期的に高める政策として、成長が遅く価格の低い天然林を、成長の早い針葉樹に転換する「拡大造林」が、昭和30年代に全国で積極的に進められた。

　本章の第1節で規定したような人間と森林の関係の基本的なパターンは、高度経済成長の前まで変化はなかった。つまり森林は時として農耕用の伐開地であり、森林は農業や生活の用水の水源であり、そして森林は建築材料、燃料、緑肥、飼料などの資材を得る場であった。この頃まで資源採取の場として、人びとは森林を利用してきたが、高度経済成長期から現在に至る生活様式の変化の中で、古代に成立し中世・近世と継続してきた人間と森林の関わりは大きく変化することになった。

3. 疎遠になった人間と自然

　戦後の高度経済成長の時期から、日本人と森林の関係は大きく変化し始めた。社会や経済の近代化はさまざまな影響を人間と自然の関係に及ぼした。人間と自然の関係のあり方は、社会や経済の反映だからである。人間と自然の関係は多岐に亘る。そのなかでも、変化している人間と森林の関係を、網羅的ではないが思いつくものを挙げてみると、以下の通りである。

- 農山村の過疎化
- 技術進歩（化学肥料の普及）により緑肥用の里山利用が激減
- 里山の林産物（タケノコ、キノコ、薪炭）利用が激減
- 奥山のエネルギー利用（薪炭）が激減
- 外材の輸入によって国内木材自給率が激減
- 林家の所有林に対する無関心、放置された人工林の劣化
- 都市化のライフスタイルで自然との関わりが減少

これらの変化について以下に説明したい

(1) 人と自然を疎遠にした山村の過疎化

　高度経済成長の進展に伴って、大都市地域の第二次産業や第三次産業に、全

国の農山村地域の労働力が吸収されていった。山村からは薪炭製造などの林業従事者が減少した。現在の「山村振興法」が対象とする山村は、国土面積の5割、森林面積の6割、全国の市町村の4割を占めているが、過疎化の結果、住んでいるのは全人口の4％に過ぎない。加えて65歳以上の高齢者の比率は24％に達している。現在日本の山村が衰退し、その自然が劣化しているが、その最大の原因は山村の過疎化である。わずかな山村人口によって、森林や国土を維持・管理することは困難である。

この事実は、**日本の森林や国土を今後、誰がどのように維持するかという課題に関わる**。近代化以前の山野は入会によって共同体の「社会」が利用し維持していた。ところが近代法のもとでは、それが「個人」の責任にされたことに、あるいは個人でなければ「国家」の責任にされたことに、森林や国土の維持管理が困難になった一つの原因があるのではないだろうか。

農山村の人口が大都市に流出して、日本社会は都市化へ向けて大きな変貌を遂げた。その結果、**自然との関わりの大きい農山漁村の人口が激減して、自然との関わりの小さい都市の人口が増大した。このような人間と自然の関わりの減少は、社会の変化（社会関係）の表れであることに留意したい**。つまり人びとが、経済的な向上のために、就業機会や雇用機会を求めて、農山村から都市へ移動して、その結果起きた社会の変化である。

(2) 疎遠になった人間と里山

人びとと里山が疎遠になってしまった。近代化以前の農村では人びとは里山を身近に利用していた。ところが、里山で収穫していた下草や柴は化学肥料や化石燃料に代わり、山菜・キノコ・タケノコなどの採取の活動も減少した。その結果、里山の植生変化が起きている。つまり松枯れの拡大やモウソウダケの急成長である。人びとが里山を利用することで保たれていた森の植生が、それを利用しなくなったために変化している。**人間の干渉によって進化し形成されてきた里山の雑木林が、人間の不干渉と自然からの後退によって、別の生態系の森に変化する「遷移」が進行している**。このように人びとによって森林資源が利用されなくなり、人びとと森林の関わりが激変する結果になった。

(3) 木材消費と国内外の森林

　木材貿易が自由化された後、日本の人工林の危機が始まった。1960年代に木材貿易が自由化され、日本は世界最大の木材輸入国となり、国産木材の利用が激減した。安い輸入木材におされて、国産材が低価格を抜け出せない状態は現在まで続いている。国内林業が不振のため国内植林地の経営が採算割れしている。

　全国の森林の6割は私有林である。その多くの私有林は、現在の林業不振が原因で、適切な維持管理がされていない。たとえば間伐が必要な森林があるにもかかわらず、間伐を行っていない森林所有者（林家）の割合は全体の半数を超えている[54]。また伐採跡地に植林を行っていない林家は四分の三を占めている。これは人工林の保育や再造林の放棄であるが、その理由は国内産の木材価格が低く、投資をしても採算がとれないからである。

　さらに保有する森林の境界に不明確な箇所があるとする林家は3割ほどある。この事実は、森林所有者の間で自分の森林に対する関心が薄れていることを示している。高度成長期から続く山村の過疎化や、相続に伴う都市在住者への所有権の移転などによって、不在村の森林所有者が増える結果になっている。因に私有林の不在村所有面積は1970年の15％から、2000年の25％に増大している。

　森林への関心が薄いのは、都市の消費者も同様である。日本は世界最大の木材輸入国であるが、その大量の木材を日本国内で賄えるだろうか。過大消費によって、もし国内の森林が荒廃すれば、農村も都市も水害などの被害を受けるので、私たちは無関心ではおれない。しかし輸入木材を使用しているので、私たち消費者は過大消費によって引き起こされる輸出国生産地域の森林荒廃の影響を直接経験しない。そして森林の荒廃や水害は遠くの「よそ（の国）」の問題として、私たちは無関心でいることができる。よその国の森林の荒廃と日本の森林の荒廃は、同根の問題はないだろうか。それは、私たち消費者と日本の森

---

[54] 林野庁編『平成12年度林業白書』日本林業協会 2001、p.70。平成9年のアンケート調査による。

林の関係が疎遠になった点でつながっている。

　森林の近代的所有権が人と森林の分断を促進したことについて先に述べた。木材の生産者や消費者、森林と都市などが疎遠になった理由は、輸入木材の低価格であり、都市化による生活様式の変化である。それはすなわち社会や経済の近代化[55]の現象である。このように見ると、先の近代的所有権の確立による人と森林の分断にしても、社会や経済の近代化による日本の森林と都市の疎遠な関係にしても、「近代化」という社会の大きな変化が原因になっている。

　それは「近代化」について本質的に問い直すことを意味する。本章まで＜人間と自然の関係＞を中心に考えてきたが、その関係が希薄化する、あるいはその関係を分断するという、大きな変化をもたらした「近代化」の本質を見極めなければならない。それなくしては人間と自然の関係を改善し、人間と自然の共存や共生を追求することはできないであろう。「近代化」を問い直すことは、本書の第4章のテーマとして考察したい。

4．新たな関係の模索
(1) 近代化と自然観の空洞化

　人間と里山の関係が疎遠になったことは先に述べた。この変化を大げさに象徴的に表現するならば、縄文時代から一万年余り続いた人と森の繋がりの終焉と言えるかも知れない。それは明治維新から進展した社会の「近代化」の一つの結果である。近代化による経済・社会・文化の変化の一例が、これまでの人と里山の関係の終焉である。

　人びとが身近な自然と係わる機会がなくなることの意味は何だろうか。人びとと自然との係わりが減ることによって、人びとの自然観の空洞化が起きているのではないか。たとえば人間が自然に依存しているという感覚、または人間と自然の一体の感覚、あるいは人や自然の「生命感覚[56]」、そのような人間存

---

[55] 「近代化」の厳密な定義は簡単ではないが、ここでは経済関係の緊密化や都市化を例として挙げた。

[56] ここで「生命感覚」とは私たちや動植物が、互いに生きものであることの共感と言えるだろう。それは主に感性を通して得られる感覚である。

在の基盤となるものが、私たちの精神文化の中で風化しているのかも知れない。もしそうであればその悪影響は甚大であろう。自然環境の破壊を未だくい止めることができないのは、私たちの存在の基盤である生命感覚が風化しているせいだろうか。

　人間と自然の関係がこのように疎遠になるに伴い、最近は逆に、自然を求める人びとの意識が拡大しているように思われる[57]。それは近代化が人びとにもたらした、人と自然の関係性の空洞化を、人びとが感じているからかもしれない。また、それは現代社会で求められている人びとの心の「癒し」の一つでもあろう。

(2) 森林への期待の高まり

　森林も含めて自然や環境には高度の公益性がある。森林に対する私たちの期待は物質的および精神的な多くの側面にわたる。そのような公共的な役割としては、木材の供給の他にも、国土の保全、水資源のかん養、自然環境や生活環境の保全、保健・文化・教育的活動の場としての活用、などの多面的な機能がある。さらに近年は二酸化炭素を吸収して、地球の温暖化を防止する機能も期待されている。日本の森林の四割を占める人工林が劣化している事実は、森林のこれらの公益的な役割が十分に果たされなくなる可能性をはらんでいる。

　森林にはこのような公益的な役割があるにも係わらず、森林の六割が私有林で占められており、さらに人工林は維持管理が疎かにされ劣化している。国有でも民有でも森林の所有者のみにその維持管理を任せておいてよいのだろうか。**森林の公益的な機能に鑑みて、その機能の受益者である市民が、森林の維持管理に参加すべきではないだろうか。**

　そのような市民参加はすでに部分的に始まっている。たとえば近年いくつかの県で検討されている水源税[58]がある。水源林の下流に住む都市の受益住民

---

[57] 人びとの自然観の変化とともに、人びとの思い描く「自然」も多様化し変化しているのかもしれない。それでも人びとは少なくとも、自然の「生命との触れ合い」や「生命感覚」を回復したいのではないだろうか。

[58] 高知県、岡山県、神奈川県などは、具体的な課税案を公表して水源税の導入を検討している（2004年）。

が、上流の水源林の維持管理に対して、経済的に負担する税制である。あるいは里山の維持管理に従事する都市住民のNPO活動が盛んになっている。近代以前には、村落共同体の社会関係を基礎にして林野を利用管理していたが、現代社会では、NPOなど多様な社会関係を基にする森の維持管理が可能である。それは人間と里山の新たな関係の始まりかもしれない。

　先述した、森林の多面的で公益的な機能の受益者が、その森林の維持管理に参加することで[59]、森林を市民の手に取り戻せるのではないか。それは近代の国家と個人によって、経済財として「囲い込まれた」森林を、公共財として人びと（市民）の側に近づけることであり[60]、人と自然の関係を再び取り戻すことでもある。人と自然の関係が近代化によって疎遠になったことの反省に基づき、その関係を再構築することが今後の課題であると思われる。この課題は本書の後半の第6章から第8章にかけて考えたい。具体論としては、特に第8章の「コモンズ」の議論で扱いたい。

　「近代化」が人間と自然の関係を疎遠にした、その根本の原因を突き止めたい。先ず、本書の第4章において、その根本原因と私が考える、世界観としての「機械論」について述べたい。そして次に、第5章において、その根本の問題を正すために「生命論」を提示したい。その前に次の第3章では、第1章と第2章で得られた知見に基づいて、人と自然の関係のあり方を整理しておきたい。

---

[59] 堺正紘『森林資源管理の社会化』九州大学出版会 2003 において、資源所有の社会化、費用負担の社会化、合意形成の社会化という3つの局面を検討している。
[60] 国有化した地域の自然資源を、地域住民の手に取り戻す考え方が、世界的に広まりつつある。それはたとえば "community-based resource management" と呼ばれている。

第 3 章　人間と自然の関係―共生の諸条件

　日本列島で人びとが過去どのように自然や森林を利用してきたか述べてきた。縄文時代から現代に至るまで、人びとは自然の利用によって持続的に生活の糧を得てきた。人びとは時に自然を荒廃させたが、それに気がつきそして失敗に学び、自然を回復させることができた。地球上には四大文明の栄えた地域をはじめとして、過去の森林破壊から回復できなかった地域は多い。日本列島では今まで荒廃と回復の曲折を経てきたが、現在、国土の三分の二の面積で森林を維持している。第 1 章と第 2 章で説明した歴史から分かるように、なんとか持続的に利用してきたのである。結果的にみると、日本では人間と森林が共存してきた。それは何故だろうか。歴史を通時的に見渡して、人間と森林が共存する関係を築くために必要な、普遍的な条件のようなものを見いだせるだろうか。どの時代にもどの世界にも共通する、人間と自然の共存の条件、あるいは森林荒廃の原因というものがあるだろうか。第 1 章と第 2 章で述べてきた事実に、世界の森林の歴史も加えて、それを本章で考えてみたい。なお、人間と自然の共存について、本章で考えたことには一定の普遍性があると思う[1]。今後の将来を展望する本書の後半において、有用な視点を提供するだろう。

---

[1] しかし、世界には生態的条件や歴史的条件など、森林を囲む無数の多様な条件があり、すべての森林の歴史を見渡したわけではないので、限定された「人間と自然（森林）の共存」の条件にならざるを得ないだろう。

第1節　人間と自然

　人間は自然の一部であるが、自然に積極的に働きかける存在である。つまり、自然の一部としての制約から自由になることを望み、様々な文化を創造し、諸々の技術を発達させて、現代に至る文明を築いてきた。人口は増え続けてきたが、それに必要な自然資源の利用増大は、必ずしも自然破壊と比例するものではない。人口増加を伴いながらも、自然と共存するための方法を人間は開発してきたのである。

1.　人間と自然と環境の相互関係

　人間と自然の関係の基本に戻ってみよう。それには生態学が基本的な視点を提供してくれる。生態学は生き物とその環境の間の相互作用に注目する。すべての生き物はその環境に働きかけて、その生き物の環境を形成[2]する働きがある。生態学ではその働きを「環境形成作用」と呼ぶ。たとえば一本の木でも成長すればするほど、周りの空間に影響を広げて、日光や土地の状態についてそこに特有な環境を形成する。動物は植物よりももっと積極的に広い環境に働きかける。逆に、環境も諸々の影響を生き物に及ぼす。水・空気・光などの無機的な要素は生き物に不可欠な環境条件である。そして、それぞれの環境条件にふさわしい生き物が生息する。そのように環境が生物に及ぼす働きを「環境作用」と呼ぶ。

　生き物とその環境の間には、このような相互作用のあることが、生態学の基本的な認識である。これは与えられた環境によって、生息する種やその生活条件のすべてが決まる、という「環境決定論[3]」ではなく、あくまでも生き物とその環境の相互作用の中で、生き物が存在している事実を示している。この「生

---

[2] 例えば植物は地中に根を伸ばして周辺の地中環境に影響を及ぼし、地上に枝葉を繁茂させて周辺の光などの環境に影響を及ぼす。
[3] そのような環境決定論では生物進化が起きない。

き物と環境の相互作用」の見方は、同時に「生き物と生き物の相互作用」の中で、生き物が存在していることでもある。生き物の環境にはほかの生き物がいるからである。生き物と生き物の相互作用は、生き物の食物連鎖からも容易に理解できる。

　人間も生物であるから相互作用の原理は同じである。**環境作用**として人間も環境の影響や制約を受けながらも、**環境形成作用**として環境の影響を緩和したり改変したりする能力を持っている。つまり人間は他の生物と同様に、いやそれ以上に、環境に働きかけて環境を改変する創造的な能力を持っている。自然環境に働きかける農林業はそのような営みの一つである。気候変動などで環境の影響を受け、その環境に働きかけながら、人間は自然を利用してきた。人類は自然の中から生まれて（環境作用）、自然環境に働きかけそれを利用して（環境形成作用）、地球上のあらゆる地域に無数の文化を生み、世界に強力な文明も築いてきた。それは環境との相互作用で築いた、ヒトの「進化」の歴史でもあろう。

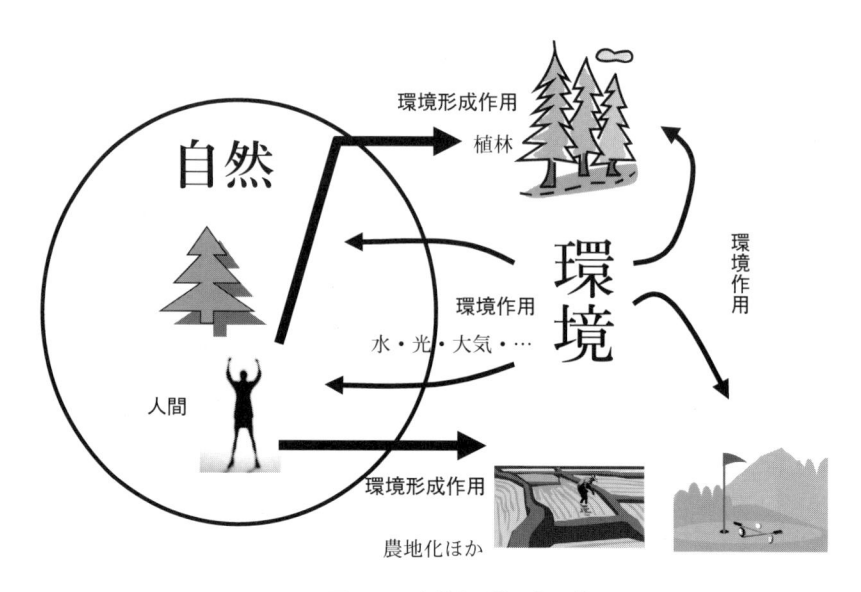

図3-1　自然と環境の相互作用

近代地理学では人間に対する自然環境の影響が「風土論」として議論された。その議論の中で、気候、食糧、土壌の環境が、富の蓄積や配分に大きな影響を与えた、と主張する「環境決定論」[4]あるいは「風土決定論」が過去一つの地位をしめた。それに対する批判は「風土可能論」[5]と呼ばれ、自然環境が人間に影響を与える必然性は認めないが、その可能性は認めるという立場であった。生態学の相互作用の視点から見ると、環境決定論は環境作用のみに偏っており、人間主体による環境形成作用が過小評価されている。他方、風土可能論は生態学の相互作用から見ると、環境の影響つまり環境作用を軽視しているように思われる。大事なことは、**人間と自然環境の相互の作用によって、環境と人間社会が形成されてきた**という、**相互関係の観点から世界を理解すること**であろう。換言すれば人間と自然環境は不可分ということでもある。

2. 人間は自然の一部

ヒトは自然から生まれた存在である。それは人間の歴史をさかのぼるほど明確になるが、サルから進化したヒトの発生において決定的である。そして現在、ヒトや他の生き物のゲノムの解読によって、ヒトと他の生物の共通性が説得的に示されつつある。たとえば、私たちの遺伝子のDNAは他の生物と共通しているという事実である。それによって、ヒトは自然界から産み落とされ、したがって自然の仲間であり、進化の歴史を共有していることが明確になった[6]。生き物を生み進化させ自ら進化した地球、ヒトをも生み出した地球、そし

---

[4] 加藤義喜『風土と世界経済』文眞堂 1986、p.11-12 による。
[5] 例えば、加藤義喜『風土と世界経済』文眞堂 1986、p.13 は以下のように述べている。「このように風土あるいは自然環境の人間との関わりあいについて、決定論と可能性があるにすぎないといういみでの可能論との二分法によって単純に片づく性質のものではない」。さらに、宮田幸一『牧口常三郎の世界ヴィジョン』第三文明社 1995、p.24-30 は以下のように述べている。「与えられた環境の中で人間の可能性を発揮するという環境可能論的分析方法が採用され、地表の自然現象と人間の人生現象とはそのような人間の主体性を中心とした関係として見られている」。
[6] 本庶祐・中村桂子『生命の未来を語る』岩波書店 2003、p.19 で中村は以下のように述べている。「DNAの発見は、生きものの間の根っこ、共通性を示して、多様性と共通性をつないでくれた」。

てその地球を生み出し、今も星を生み続けている宇宙は「生命的な存在[7]」と考えられる。

　ヒトが発生して以来、人類は自然の中で採集や狩猟を始めて、一万年前に農耕・牧畜文明を開始して、現在までさまざまな文明を築いてきた。その間の世界的な環境条件の変化、たとえば気候変動は、文明の盛衰に大きな影響を与えてきた[8]。気候変動は日本列島にも影響を及ぼした。日本の縄文文化は、一万二千年前に氷河期が終了して、列島に森林が回復した時に生まれた。その縄文文化が衰退し弥生文化が生まれたのは、気候の冷涼化という環境インパクトへの、人びとの対応であった。気候変動は環境変化のおおもとである。その気候変動に人類の歴史が影響を受けてきたことは明白である。地球環境の変化に応じて、活動を盛衰させてきた人類の対応は、やはり宇宙・地球・生態系・人間という相互関連する存在の一体性を思わせるものである。

3.　自然に働きかける人間

(1)　生き物としての営み

　人間は自然界から生まれ、自然の要素に制約されながらも、その自然の制約から自由になろうと、創造力を働かせて文明を発達させてきた。すべての生き物は自然環境に働きかける[9]。すなわち生き物による環境形成作用である。人間も一生物種として自然に働きかけ、生きるために自然を利用する。だから環境に働きかけること（人工化つまり人為を加えること[10]）は、生き物としての人間の営みであり、同時にそれなくして生きられないので、人間の宿命とも言える。自然や環境の「人工化」は、人類の誕生以来の人間の歴史の一部であ

---

[7] 子孫を残す生物が「生命」であるが、ここではそのような「生命」を生み出す地球や宇宙をも「生命的存在」とみなしたい。地球を一つの生命体と考えるジェームス・ラヴロックの「ガイア仮説」がある。また宇宙は今も星を生成し続けている。

[8] 例えば、安田喜憲『森林の荒廃と文明の盛衰』思索社 1989 による。

[9] 生きものは自然環境に働きかけて、生存に必要な食料を取り込んで、自分の縄張りを守っている。生き物のすべての行為は環境への働きかけである。

[10] 例えば、木を伐採し大地を耕すことなど。

る。環境への働きかけが他の生物よりも旺盛であることは、人類がホモサピエンスとして進化し、人類のみが文明を発達させたことから明らかだ。**自然や環境への旺盛な働きかけは、人間の特性つまり人間性の一部である**。それでは、生き物としての人間による環境の「形成」と、生き物の仲間として失格を宣告される環境の「破壊」とはどう異なるのか。それは本書のテーマに係ることなので、後の章で考えなければならない。開発と環境、人間と自然の共生や共存に関わる重要な問いである。

(2) **自由の拡大を追求する人間性**

人間が自然に働きかけるとはどういうことだろうか。人類の最初の大きな技術革新は、火の利用であり道具の発明であった。日本列島においては縄文文化における自然への働きかけであり、森林を利用する道具、動物の家畜化、植物食糧資源の栽培などである[11]。縄文時代の文化は、森林が発達した時代に狩猟採集により、森・川・海の自然を利用して発達した生活様式である。それは**自然資源の単なる享受や利用ではなく、自然環境に対して人工的に働きかける**ことにより、**自然の資源化を促進した**。最初は豊富な自然資源に恵まれていたが、狩猟採集の生計手段による限り、それぞれの地域で人口が飽和する状態にやがて近づいた。地域の自然と人口集団の間で緊張関係が生まれ、さらに隣接地域の諸集団の間でも緊張関係が生まれ、その過程で社会的な秩序を発達させて、それぞれの地域で自然と人びとが共存する関係を創造したのである。そして縄文時代後期から晩期の気候変動に際して、農耕文化を導入する生業革命によって危機に対処した。

また**中世や近世の人口増加に際しては、農業技術を発達させて山野の自然利用を拡大した**。そして森林の木材資源が欠乏すると、近世後期に日本列島で初めて産業としての育成林業を開始したのである。このような自然利用のための技術の発達[12]は、**自然によって制約された人間の自由を拡大する営みである**。

---

[11] 森林はすべての「人間の基本的必要（basic human needs）」を満たすことができる。

[12] 火の利用から始まった人類の技術は、農業や工業を発達させて、常に自然環境に影響を及ぼしてきた。

人間の自由の拡大は、人類の発展の歴史を貫く、一つの方向性であろう。人間は一貫して自然へ人為を加えること、つまり自然の人工化を拡大する過程で、農業革命や工業革命を実現して、現代の都市文明を築くに至ったのである。

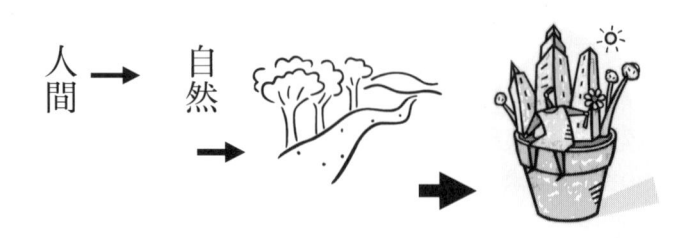

図3-2　自然に働きかける人間

　・・・・・・・・・・
　自然に働きかける人間の営みが特に拡大し加速したのは、西洋に近代合理主義が普及してからである。すなわち人間が自然を客観的に観察して、その法則を読み取り、自然を利用するためにそれを応用して、科学と技術が目覚しく発達した。それによって自然への働きかけが加速したのは事実である。しかし、**自然に手を加えて人間の自由を拡大する営みは、人類の誕生以来変わらぬ方向性であった**。当然、それは自然を分割する要素還元論[13]を唱えたルネ・デカルトの哲学以前からであり、自然を人間の下僕にしたと言われる[14]キリスト教文明以前からである。つまり**人間が自然に働きかける営みは、このような思想や宗教以前の、生き物としての「環境形成作用」、そしてホモサピエンスとしての特質である「人間性」に根差している**。思想や宗教は、人間による自然への働きかけを促進あるいは抑制し、人間と自然の関係のあり方を大きく左右するが、自然に働きかけて自然を改変し利用するのは、人類に共通する

---

[13] 要素還元論の説明は第4章第2節を参照されたい。
[14] リン・ホワイト『機械と神』みすず書房1972はユダヤ・キリスト教的自然観が、人間による自然支配の背景にあると主張した。例えば同書pp.87-88ページ参照。その一例であるが、中世ヨーロッパの「大開墾時代」を支えた思想はキリスト教であった。森林を開拓して「野蛮」な自然を「文明化」することは神の意思にかなう努力であった。例えばカール・ハーゼル『森が語るドイツの歴史』築地書館1996、p.44「第5節　神が善とみなした開墾―民族大移動の終局から中世末期にいたる大開墾時代」を参照。

人間性[15]の一部と考えるべきである。

(3) 人口増加と自然破壊

　自然の利用に際して人間が経験する深刻な事態は、人口増加による自然資源の不足や枯渇である。**人口増加によって自然資源への需要が増えるのは事実であるが、自然破壊や環境問題は人口増加が主な原因であると短絡的に考えてはならない**[16]。確かに人口増加と資源不足の間に関連はあるが、人口増加は資源不足の原因の一つでしかない。資源不足は人口を含むさらに多くの要因の結果である。人口増加と自然破壊は単純な原因と結果ではない。

　自然資源を利用する社会関係や文化が環境や資源の状態を大きく左右する。社会関係や文化は目に見えにくいために、しばしば見過ごされてしまう。つまり人口が増えて自然資源が不足すれば、資源への需要をコントロールする社会関係（仕組み）が発達するし、作物や森林など再生可能資源の増量のための技術も発達する。人間は、**自然資源の単なる消費者ではなく、資源を工夫しながら持続的に利用する、という創造的な生き物であるとともに、資源の生産者**[17]の役割も演ずるのである。

---

[15] 特定の文化や思想にその傾向性が強いことは事実であろうが、基本的にはすべての人類に共通する人間の特質であると考えるべきではないか。そうでなければ、今や人類全体の問題となった環境問題に、世界の人びとが一致して対処できないだろう。

[16] 環境問題と人口増加を短絡的に結びつける考え方は、シニシズムや諦観の温床になると私は思う。井上真『熱帯雨林の生活』築地書館 1991、p.16 では以下のように述べている。「1981年に国連食料農業機関（FAO）と国連環境計画（UNEP）が公表した「熱帯林資源評価報告書」のデータを利用して、熱帯林を有する諸国の森林減と、考えられる諸要因をクロスセクショナルに回帰分析をしてみると、人口増加などの要因は熱帯林減少とほとんど相関関係がないことがわかる」。さらに、ロバート・チャンバース『参加型開発と国際協力』明石書店 2000、pp.83-84 は以下のように述べている。「人口が増えるに従って環境破壊が進み、それがより深刻な貧困を生み、ひいては人口の増加を引き起こす。これは場合によっては真実であり、UNICEFが提案する対策は、そのような状況においては正しい。問題は負の関係が普遍的とされた点で、人口が増えれば必ず環境が悪化するとされていることである。こうした思い込みには専門家の誤認があり、これを否定する現場からの事実が数多く報告されている」。

[17] 人間は資源の消費者であると同時に資源の再生を行う。人間は自然の単なる消費者や破壊者ではない。

湯浅[18]によれば、人口増による資源の枯渇に際して、人間社会は三通りの方法で対処するという。第1に資源がまだ豊かにある地域に移動すること、第2に環境から有用物をひきだすための資源の増量技術の発達、第3に他の人間集団の資源を奪い取る侵略収奪である。ところが人間社会の歴史を見るとこれだけでは不完全である。

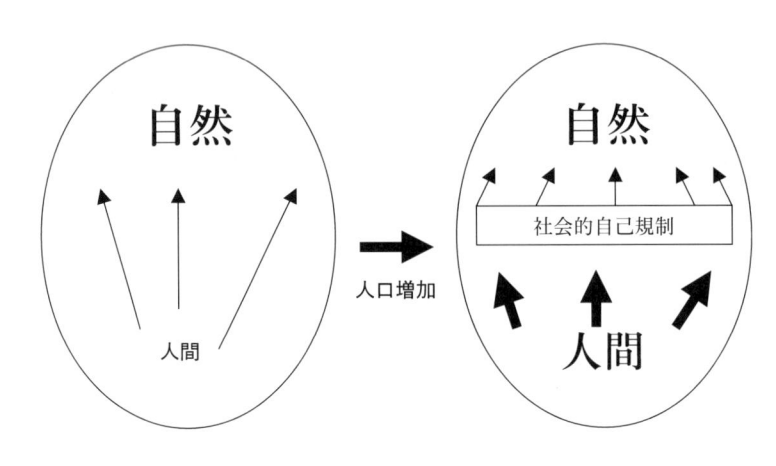

図3-3　人口増加と自然資源の利用

　人口増加と資源の枯渇を単純に結びつける発想の裏には、人間社会のもつ創造的な能力に関する認識不足があると思う。**それは自然の再生力の範囲内でその資源を利用する、社会的規制や規範をつくりあげる能力であり、それを可能にする自然への精神的態度（自然観）である**。第1章から第2章で述べたように、社会制度や技術開発で資源を増やすとともに、資源への需要を社会的に自己調節（規制）する努力をしてきた。

　縄文時代から弥生時代の変化は食料を採集する経済から栽培する農業への転換であった。この先史時代の食料資源獲得技術の発達と同じように、江戸時代後半には森林資源について自然林における採取林業から植林・造林をする人

---

[18] 湯浅赳男『環境と文明』新評論 1993、pp.21-22 による。

工林林業の発達が実現した。先史時代の生業の転換は気候変動が大きな契機であったが、江戸時代の森林資源調達の転換は木材資源の需要増大が契機であった。その転換を助けたのが割山、年季林、部分林などの、江戸時代後期の土地利用制度の創造であった。日本の森林が近世の需要拡大に対して、幸運にも森林破壊を免れることができたのは、まさに自然へ働きかける制度の改革、という人間社会の創造性の賜物である。

4. 自然観

　人びとの自然観が自然や森林に対する態度に影響する。しかし人の抱く自然観は形のない観念なので、自分の自然観も他人の自然観も容易にはうかがい知ることはできない。先に第1章で浮き彫りにした縄文人の自然観はどのようなものだっただろうか。

　狩猟採集社会では人と自然の間の「贈与原理」が彼らの自然観の表現であった。自然の神々に対する感謝や交渉などの意味を込めた贈与、つまり供物は世界共通の風習である。豊穣なる自然の生命力をさらに促進することを願う行為でもある。そのような贈与は、アニミズムの精神風土において、人びとと自然を繋ぐ「絆」であり、コミュニケーションの手段であろう。贈与はまさに人と自然を繋ぐ対話の言葉であり、贈与の様々な形式は地域社会の文化である。その贈与原理が成立する基礎にある人びとの自然観も、人と自然を繋ぐ思想であり文化である。縄文人にとっては、自然は豊饒なる「生命的存在」であり、人間がダイナミックに活き活きと「交渉[19]」する存在であったろう。自然をそのように捉える自然観は、縄文人と自然の共生を支えた精神性であり、自然を意思のある対象として認識し、贈与を通して交換行為を行う基礎であったと思う。

　縄文人にとって自然は循環し再生する生命的存在である。そして自然は人間が「交渉」する相手である。縄文人の最大の望みは、彼らの生活を支えるそ

---

[19] 人間と自然の「交渉」は一般的な言葉の使い方ではないが、その意味するところは第1章第6節とその注を参照されたい。

の自然の豊饒である。縄文人にとって自然は生きた存在であり、その自然のおかげで食べることができ、その恵みに対して「お返し」をした。つまり自然の循環再生と豊穣を祈って供物をささげた。山野河海の神々には畏敬の念を抱き、その力に怖れ恵みに感謝した。このような自然観が縄文人の生命観ではなかっただろうか。それは当時の生業に応じた共生の自然観[20]と呼べるものであったと思う。

　このような自然観が縄文時代の終焉とともに消えたわけではない。**山野河海の自然に神々をみる自然観は、洋の東西を問わず土着の世界観に含まれていた。つまりアニミズムは普遍的な感覚であり観念であった。**そのアニミズムの世界観は一神教が広まるとともに衰えながらも、世界宗教の一部にも形を変えて残ったり、あるいは伝統的宗教として形を留めたりして、今もなお人びとの自然観の一要素として生き続けている[21]。しかし近代化の進展と共に、アニミズムの自然観は人びとの心の片隅の小さな存在になっている。

　現代の「人間－自然関係」と比較してみると、縄文時代における自然観、すなわち第1章で述べたような「生命的存在」として、山野河海と向かい合い対話をする感覚、ダイナミックに交渉する姿勢、などは現代の私たちが忘れてしまったものである。**それは現代のエコロジー、例えば「人間は自然の一員」**とする考えに加えて、自然への畏敬や感謝などといった精神性を含み、ダイナミックで豊かな内実を含んでいると思う。現代社会ではたしてそのような自然観の記憶を、私たちの思考のなかに取り戻すことができるだろうか。

第2節　社会関係と自然

　人びとが自然を利用する規則や慣習は、人びとの間の約束ごとであり、その

---

[20] その自然観に学ぶべきものはあっても、そのすべてが現代の時代にも通用するとは言えない。
[21] 例えば細谷広美「生きている山、死んだ山―ペルーアンデスにおける山の神々と人間の互酬的関係」鈴木正崇編『大地と神々の共生』昭和堂1999、pp.190-212では、カトリック教徒による山の神の信仰を紹介している。

約束を認め合う「人と人の関係」つまり「社会関係」の表れでもある。従って、＜人間と自然の関係＞たとえば人間が自然を利用する方法は、人間社会の規則や慣習とそれを支える社会関係の反映である。従って自然との共存を追求するためには、社会のあり方を考えなければならない。

1. 〈人―自然関係〉と〈人―人関係〉

ここでは〈人間と自然〉の繋がりや関係性を、社会制度や社会秩序の視点から捉えてみよう。つまり「人と自然の関係」は「人びとの社会関係」の表われと見るのである。それは〈人－自然関係〉と〈人－人関係〉の二つは一体不二であるという見方である[22]。つまり自然の利用について考えてみると、それは人びとの社会関係の表れであることが分かる。たとえば森林の利用や所有は、政府や森林に関連する利害関係者とその他の人びとが、その森林の利用や所有について認め合うという「社会関係[23]」、つまり慣習や社会制度に基づいている[24]。

したがってその社会関係の内容や詳細が、人びとによる自然への働きかけや自然利用を通して、自然環境の保全や破壊に影響するのである[25]。第2章で紹

---

[22] この見方が人間と自然の関係のすべてではない。これは人間と自然の関係の一側面であり、その見方の一つである。本書が主張する内容においては、このような見方が大切であると考えている。

[23] 「社会関係」の言葉はさまざまな内容を含むので注意が必要である。人びとが自然を利用する社会制度（あるいは慣習）は、人びとの間の約束ごとであり、その約束を認め合う「人と人の関係」つまり「社会関係」と同じものである。つまりこの「制度」は人と人の関係である。つまり、その「制度」は人と自然の関係である以前に、人と人の関係つまり社会関係である。その制度は、さらに制度を認め合う人と人の関係、つまり社会の信頼関係（社会関係）を基礎にしている。社会の信頼関係なくして制度は成立しないからである。この理由により「制度」は二重の意味で「社会関係」の産物である。

[24] 但し、これは社会の制度的な側面に注目した見方であり、人と自然の関係のすべてではない。人間と自然の間には他に畏敬・感謝といった精神的な関係もある。

[25] その逆もまた真である。つまり自然環境のあり方が人びとの社会関係に影響することは、本章第1節で述べた通りである。

104　第1部　歴史に学ぶ持続的な自然利用

介したように、古代と近世初期における森林破壊は、社会関係のあり方にも原因があった。つまり、大量の木材資源を必要とした理由を、当時の支配者達が大建築の建造を競った、社会的立場や社会関係に求めることができる。しかし、人びとが自然資源を過度に利用して、自然を劣化させる状況が現れた時には、人びとは自然を利用するその制度を再調整して、その危険な状況を改善したのである。

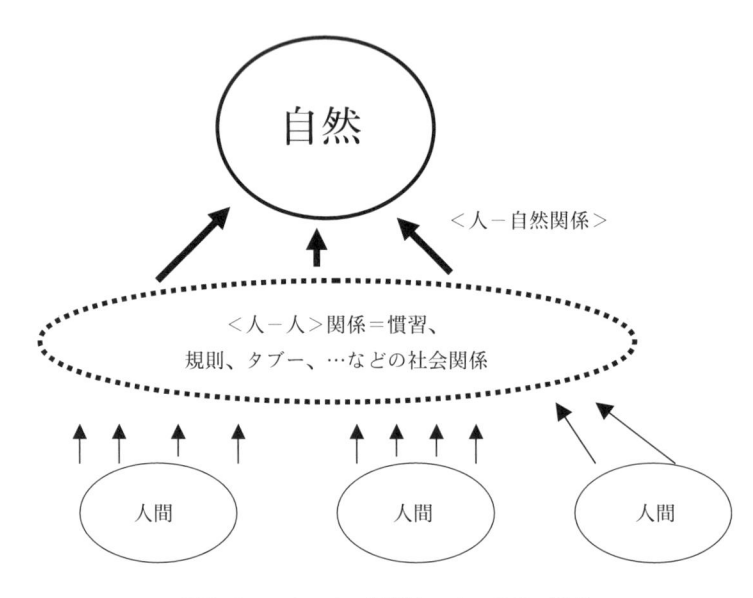

図3-4　＜人－人＞関係と＜人－自然＞関係

現代社会では、カネやモノを所有する無制限の欲望が、資源の消費を拡大し自然に破壊的な影響を及ぼしている。そのモノやカネの所有権は社会制度で保障されている。その所有欲も大衆消費社会と呼ばれる現代文化の表れである。所有欲と一体のステータス・シンボルの追求も、社会的な地位つまり社会関係の表れである。他人が持っているから自分も欲しい、また他人とは違うものが欲しいと人は思う。したがって**自然資源を濫用する大量生産・大量消費**も、や

はり現代の社会関係の表れと捉えることができる[26]。

ここで私がなぜ「社会関係」に注目するのかといえば、現代の悪化した〈人－自然関係〉つまり環境問題を解決するための、重要なカギがそこにあると考えているからである。すなわち環境問題を解決するためには、人びとの社会関係に注目しなければならない。その社会関係の分かりやすい例は、人びとの間の約束事であり、環境関連の法律や制度である。法制度を含むそのような社会関係を構築することも、これからの大きな一つの課題なのである。

2. 社会関係と森林破壊
(1) 人口圧力と自然破壊と社会構造

国連の食料農業機構（FAO）の林業局で、世界各国の森林政策と援助問題を担当した、ジャック・ウェストビーが著書で繰り返し指摘したのは、人口圧力が森林破壊の最大の原因であるという「一般常識」の誤り[27]である。この一般常識は量的な需要と供給の分かりやすい単純な理屈なので、今でも多くの人が疑わない。もちろん人口圧力は森林破壊の一要因である[28]。しかしもっと重要な原因は、生きるために森林資源に頼らざるを得ない人びとを生み出す、社会の仕組みそのものにある。森林を利用しながらも保全する余裕のない、つまり森林を食い潰してしまう、貧しい土地無し農民を生む「社会システム」の方が

---

[26] 山内昶『経済人類学』筑摩書房 1994、p.178 では、生産の極大化ではなく最適化を志向する社会の例を紹介している。「この種の農業は暮らしのための手段であって、利潤のためのビジネスではないからであり、そこに未開墾耕民の大地の過少開発は起因していたわけである。ここから、ココアの価格があがると生産を減少させ、価格がさがるとそれだけ多く生産する、ガーナ農民の経済原則に反した不可解な行動の理由もわかるだろう。一定の収入があって、それで暮らしをたてることができればよかったからである」。

[27] ジャック・ウェストビー『森と人間の歴史』築地書館 1990、pp.48-49 では以下のように述べている。「人口の規模と資源の利用可能性の関係は重要であるけれど、増加する人口が問題を起こすかどうか、またどのような問題が起こるかは、それ以上に社会的・経済的な生活がどのように組織されているかに依存する」。

[28] 逆に、人口圧力と全く関係のない森林破壊もある。たとえば、人口希薄な森林の木材を伐採して、輸出するケースも多く存在する。

問題なのである。森林を食い潰す人口圧力を強化しているのは社会構造であり、その社会のあり方に目を向けなければ本当の原因は見えてこない。そして社会システムを改革することの方が、人口を抑制する家族計画よりも根本的な解決策である[29]。

現在の世界の森林破壊においてこの事実は特に大切である。例えば、発展途上国の「人口爆発」が熱帯林の破壊の原因であると一般には考えられている。それは森林破壊の一要因に過ぎないのであって、もっと大切な原因に目を向けなければならない。例えば、生計の手段を持たない貧しい土地なし農民が、森林の資源を食いつぶすこと（破壊）が多い。発展途上国でそのような貧しい土地無し農民を生み出す原因はさまざまである。貧しい農民が借金の担保にした土地が、富裕農民に取り上げられることもある。政府が関わる開発事業のために、先祖伝来の土地を手放さざるを得ない人びともいる。多くの場合は近代化の過程で社会変化の波を受けて、それまで持っていた生計の手段を失い、弱い立場にある人びとが一層弱くなり、ある人たちは森林の資源を食いつぶし、他の人たちは都市スラムに流入するのである。国全体としては経済成長によって所得が向上しても、所得の分布をみると貧富の格差が拡大している。近代化と経済発展は多くの国でこのような階

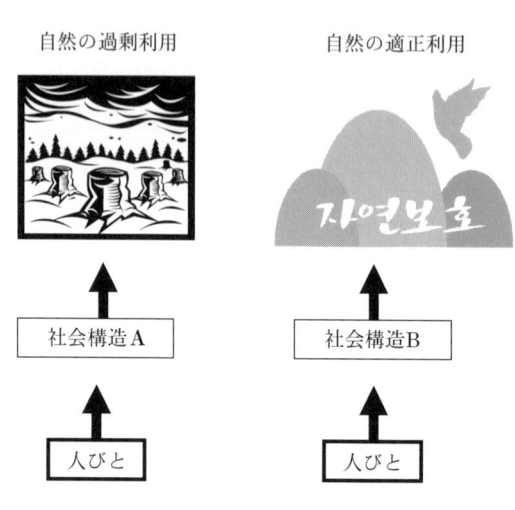

図3-5　社会構造が自然の利用に及ぼす影響

---

[29] 中島正博『開発と環境―共生の原理を求めて』渓水社 1996、pp.35-52 では、近代化の過程が森林破壊に及ぼす要因を分析している。

層分解を引き起こしている[30]。

(2) 資源の占有と破壊

　自然資源が富裕層に占有されて、貧しい農民が資源の利用からはじき出される構造は珍しくない。また、権力者、特権集団、資本家、あるいは特定の民族が、生産資源へのアクセスを独占することもある。資源がそのような一部の集団に独占され、その他の人びとが資源の利用から排除される。資源をめぐるそのような構造が原因で、資源（自然）が破壊的に利用されることがある。すなわち富裕層や特権階級は富の拡大のために資源を収奪し、他方、排除され利用する権利や機会を失った人たちは、生きるために隠れて資源を食いつぶすのである。この場合、資源の破壊的利用の原因は、他者を犠牲にして自己の利益を拡大する階級社会、すなわち不平等な社会システムあるいは社会関係に見いだすことができる。

　日本の森林の歴史にこれに該当する事実はあるだろうか。古代・近世の二度の森林破壊についてみると、そこでは政治権力者や支配階級が森林資源を大量に消費して、森林破壊を引き起こした事実がある。奈良・平安時代と江戸時代の支配階級は、都市施設などの造営のために森林資源を囲い込んで占有的に利用して、森林を荒廃させた。その結果、森林資源の利用からはじき出された農民は、残された森林資源を食い潰さざるを得ない。支配階級と被支配階級の社会関係が、支配階級による森林資源の囲い込みとして現れて、両方の社会階級による森林の破壊的利用を引き起こしたのである。

　ここで考えておくべきことがある。この資源利用の不平等に起因する自然破壊は、階級社会では不可避なのだろうか。そうではないだろう。階級社会そのものが森林破壊の原因なのではなく、他者を犠牲にして自己の利益を追求する[31]社会関係こそが、根本の問題ではないだろうか。それは江戸時代の後半に

---

[30] 例えば、田坂敏男『熱帯林破壊と貧困化の経済学』御茶の水書房 1991年。
[31] 「他者を犠牲にして自己の利益を追求する」のは、弱肉強食や食物連鎖の事実を見ると、生き物の本能のように考えられるかもしれないが、それのみでは生物界は消滅するはずである。弱肉強食は自然界の一面であるが、すべてではないだろう。これについては本書の第6章において議論している。

至って、逆の関係つまり支配階級と農民の両者が利益を享受する、森林の利用・管理の社会システムが発達したことからも理解できる。

(3) 他者の排除か共存か

　大事なことは他者との「共存」を受け入れるか否かであろう。他者を犠牲にして自己の利益を追求する（ゼロサムの）社会関係ではなく、他者と共存してほどほどの利益[32]を分け合う（プラスサムの）社会関係が必要であろう[33]。支配者が他者との共存を否定して自己の利益拡大を図るとき、支配者の資源利用は支配者相互の間でも競争的に拡大せざるを得ない[34]。他方、資源利用から排除される庶民も共存を追求できるはずはない。支配者が囲い込んだ資源は自分たちのものではないから、持続的に利用しなければならない理由はなく、生きるためではあるが反抗的かつ破壊的にそれを食い潰すことがよくある。そのような史実は中世ヨーロッパでもどこにでも存在する[35]。

　他者との共存は自己利益の無条件の拡大や繁栄ではない。限られた資源をめぐって、他者と共存してほどほどの利益を分け合うのであるから、共存共栄というよりも「共存共貧」の覚悟が必要かもしれない[36]。近世日本の森林利用

---

[32] 自然の恵みには限界があるので、「ほどほど」という抑制や自己規制が、伝統的社会の価値観であったと思う。

[33] ゼロサムとは勝者（プラス）と敗者（マイナス）がいて、合計すればゼロの関係。プラスサムとは皆が勝者になり、合計すればプラスの関係。目標を何に設定するかによってプラスサムが可能になる。

[34] 競争的に拡大する資源利用は、「必要」に基づくものではなく、「貪欲」の場合が多いかもしれない。

[35] ジャック・ウェストビー『森と人間の歴史』築地書館 1990、pp.66-76 にイギリス中世・近世の多くの例が紹介されている。

[36] 掛谷誠「総合討論 新たな資源論を求めて」大塚柳太郎編『地球に生きる 資源への文化適応』雄山閣 1994、pp.261-262 において以下のように述べている。「特にアフリカの焼畑農耕社会は、拡大再生産を基本的に指向しない社会といってもいいと思っています。彼らの焼畑農耕は、自然の森林が十分に保存されることによって成り立っていますから、拡大再生産を内在化させて自然を改変していくと、むしろ自分たちの社会そのものの基礎をつき崩すことになる。そうすると、拡大再生産を指向しないための人間関係が、どういうふうに構築されているのかは大きな問題であって、いかに自然の資源とつき合うかというのは、いかに人と人がつき合うかという問題と思える部分があるわけです」。

では支配者層と農民が共存する関係があった。幕藩体制の経済は農民の生産力に依存していたのであり、支配者と農民の共存は不可欠であった。第2章で説明したように、集約農業は肥料採取のための山野を必要とした。村びとと支配者の間には森林利用をめぐって、互いに牽制し合う緊張関係も存在した。つまり権力に任せて思い通りの資源利用をするのではなく、**他者（農民）との相互依存（互酬性）を認識した自制的な行動**が、支配者層によって選択されたのである。したがって大事なことは、階級が存在するかどうかというよりも、**相互依存の認識に支えられた共存への志向性**があるかどうかではないだろうか。その共存の条件は、資源の利用・配分に際して、互恵的に資源を分け合うという原理を社会で確立することであろう[37]。

3. 社会関係と森林保全

(1) 狩猟採集社会の自然利用

〈人－自然関係〉は社会関係の表れであることを先に述べた。それを具体的に説明するために、ここでは歴史をさかのぼって人間と森林の関係について説明してみよう。日本の縄文時代に人びとが自然を利用したインパクトは、動植物の数の減少を引き起こすことがあった。この狩猟採集社会では自然資源の捕獲圧力を社会的な規制で制御した。ここに自然資源の捕獲圧力というのは、人びとが動植物を狩猟採集する量であり、それは人と自然の関係の表われである。

この**社会的規制は社会関係の表れ**である。なぜなら、社会的規制が生まれて、それが人びとに守られる背景には、社会のそのルール（規制）に人びとが**合意する**という社会関係を経て、さらにそのルールの**遵守は人びとの社会関係で保障される**という状況が必要である。ここでルールの合意や遵守は人びとの信頼に支えられた社会関係が前提である。したがってルールを破った人間は、信頼の社会関係を維持するために、何らかの制裁を受けなければならない。**社会関係（たとえば信頼）はルールの合意の前提であり、ルールの遵守の担保で**

---

[37] 狩猟採集社会や焼畑農耕社会には、収穫物を平等に分配するような、平準化する仕組みを備えた社会が多い。例えば前掲書、pp.261-283を参照。

ある。その意味において社会的規制は社会関係の表れである。つまり、人びとが自然資源を利用する〈人－自然関係〉は、社会関係に支えられていたのである。

　その社会関係は幾つかのレベルにわたる。まず集落内で人びとの狩猟採集活動の調整が行われる。そこでは恐らく家族の人数に応じた収穫が認められ、個人の欲望を制御する仕組みが設けられていただろう[38]。つぎに集落と集落の間の調整も行われただろう。集落内の家族間の調整と同様に、狩猟採集の対象となる自然領域が同一の生態系に属する場合は、関係する集落間で収穫量の調整が行われたはずである。

　縄文中期の関東地方はすでに人口緻密であり、このような社会的な規制なくして、狩猟採集活動を持続的に行うことは不可能であった。これは現代の世界各地の狩猟採集民においても同様であろう。自然資源に対する需要を自己コントロールするには社会的仕組みが必要であり、人間はそれをつくる知恵をもっているのである。そして現在の市場経済の社会に欠けているものが、自分たちの需要を自己制御する知恵である。

(2) 古代から近代の森林利用

　日本の古代から近代までの森林における〈人間と自然〉の関係、たとえば森林破壊と森林回復のいずれにも、人びとの社会関係が表れている。第2章で紹介したように、日本の森林は古代・近世・近代に、三度の森林破壊の危機を経験した。そのうちの近世の後期には、森林回復の新たな社会的な仕組みを創って、森林の危機を克服した。この〈人間と自然〉の関係における危機の原因も、その回復の原動力も、ともに人びとの社会関係に見出すことができる。

　近世に入り戦乱が終わると、人口が増えて山野の資源への需要が高まり、その利用権をめぐる紛争が多発した。そのような紛争が契機となって、村落による山野の利用について複雑な規制や入会の制度が形成された。**つまり木材など森林資源の生産・流通・消費について社会的な規制が行われて、資源がより持**

---

[38] 平準化を指向する社会では、収穫物の平等な分配が要求されるから、個人的な欲望の増大は抑制される。

続的に利用された[39]。たとえば消費においても、社会身分の区別に応じて、建てる家の大きさを制限して、消費できる建築用材を制限したのである。人口増加や集約農業による環境資源への圧力を、社会関係による自己規制で乗り切ってきた。さらに江戸時代後期には植林を促進する社会システムを発達させた。農民、植林事業者、支配層の三者の相互補完的な役割関係を創造したのである。

　日本の近世における森林の持続的利用は、森林資源の需要に対する自己規制の結果であるが、これは単なる人と森林の関係ではなく、人びとの社会関係の調整の結果である。資源の需要と供給の均衡が成立したから、森林の持続的利用ができたのである。その均衡は森林の利用を人間社会が自制できたから達成できたのである。その資源利用の自制は社会関係の中で始めて可能になった。つまり資源利用を行政的に規制する生産・流通・消費の社会制度が社会関係の産物である。さらに入会制度も農村共同体が資源利用を自制するメカニズムである。これらは個人が資源利用を自制したのではなく、個人の帰属する社会が自制させたのである。その意味で森林の持続的利用は人と森の関係ではあったが、それを可能にしたのは人と人の社会関係（公共）であった。

　そして最も大事なことは人びとの社会関係が根本であるが故に、それは人びとの知恵で作り出せるということである。人類の将来の持続的発展に向けて、そこに希望を見出すことができるのである。

第3節　生態的な関係性

　人間は自然に働きかけて食べものを生産する。その人間と生産の場（例えば田畑）とそれらの背景にある森林が、相互依存の関係を結ぶことが持続性の必要条件である。つまり人間を含めた自然の全体にエコロジカルな関係が必要である。私たちの祖先は、どのような相互依存関係を基にして、持続的な生産を可能にしたのだろうか。歴史的な事実から考えてみよう。

---

[39] 森林資源に限らず、すべてに亘って資源を節約する社会的規制が行われた。

1. 縄文人の多様な利用

　人間が自然と共存するにはエコロジカルな態度が必要である。つまり自然界のすべての存在は「網の目」のように関係し合うという自覚と、その関係性を尊重する人間の態度である。たとえば、縄文人は彼らの生活様式を通して、森林の自然に働きかけたが、どのような生活様式が人びとと自然を繋いだのだろうか。まず挙げられるのは彼らの食料戦略である。縄文人が狩猟採集活動で利用する動物・植物資源は非常に多様であり、彼らはできる限り多くの種類の生物資源を利用する態度を貫いていた。それは、**特定の生物種に集中する捕獲で、それを絶滅の危機にさらすのではなく、生態系を維持しながら持続的に、狩猟採集活動をするためであった、と考えられる**。自然と共生する縄文文化の知恵がそのような食料戦略を生んだのであろう。生物資源を利用するための道具も、人びとが自然に働きかける手段であり、人間と自然を繋ぐ文化の表現である。そのような捕獲の道具には、多くの狩猟採集社会において、生物資源を持続的に利用する工夫が込められている。たとえば稚魚の捕獲を避ける漁具は、世界中で一般的に見られる人間の知恵である。

2. 森林に依存する農業

　自然の生産力に依存する農業は、耕地周辺の健全な生態系を維持することで、持続的に成り立つ生産活動である。日本の水田農業は森林との関係において、健全な生態系を維持できたために、2500年以上もの長い間に亘って続いた。つまり水田農業は森林を必要とした。水田には水が必要であり、その水源として森林が必要である。水田の用水の水源として、その上流には必ず森林を必要としたのである。

　中世に進展した農業の集約化も森林を必要とした。つまり二毛作や灌漑が普及して、休閑期が短縮するかあるいはまったく無くなった。農業生産を集約化すると、地力を維持するために肥料の投入が必要である。田畑の肥料として中世から使用されたのは、主に山野の緑肥である。つまり山野の野草および低木や樹木の枝葉などであり、それを田畑にすき込むことによって肥料として利用した。そのように田畑の生産力は森林に依存していたのである。

森林産物に依存する狩猟採集経済よりも、農業生産の方が人口支持力は大きい。だから人口が増えたときに水田を開発すれば、その分だけ森林資源への圧力を和らげることが可能になる。水田を開発するためには森林を犠牲にしなければならないが、増えた人口が森林産物のみに依存するよりは、森林への圧力を緩和できることになる。つまり**水田の開発は森林を犠牲にするが、同時に森林を保全するという二面性の関係がある**。

このように人間が水田を必要として、水田が森林を必要として、森林が水田を必要とする関係は、エコロジカルな相互依存である。人間、水田、森林の三者の相互補完的な関係と言えるだろう[40]。

3. 農民の利益と自然の保全

ジャック・ウェストビーはその著書で森林保全の核心となる条件を述べている[41]。すなわち、**森林保全の必要性が、農村貧困層の利益と合致する場合にのみ、森林を保護できる**という「法則」である。ヨーロッパでは「森林は貧者の外套」[42]と言われるように、生活の諸々の資源を提供してくれる森林は、寒いときに貧者が頼ることのできる、また貧者を寒さから守ってくれる外套のような存在である。現在の第三世界においても、農村の人びとは森林の産物に頼らざるを得ない。だから「農村貧困層の利益と合致する場合」すなわち農村貧困層が大切にしたい森林は、彼ら自身によって持続的に利用され、結果的に「保護できる」。逆に権力者が囲い込んで農民を排除しようとする森林は、農民が守りたい大切な存在ではなく、必要があれば黙って森林産物を「収穫」、「収奪」、「盗伐」したくなるだろう。ここで大事なポイントは、農村の人びとは**その身近な自然資源に依存せざるを得ないのであり、彼らとその自然資源を切り離すことはできない**という現実である。自然を守るためと称して、「囲い込み」によっ

---

[40] 「森林が人間や水田を必要とする」というのは奇異に聞こえるだろうが、あくまでも人間の存在を前提した関係である。つまり人間が開発する水田を必要とし、さらに人間が森林に干渉することにより、森林の種の多様性が増すのである。

[41] ジャック・ウェストビー『森と人間の歴史』築地書館 1990、p.148 による。

[42] 同、p.66 による。日本でも入会制度は一つの社会保障制度の役割を果たしていた。

て庶民とその自然の分断を試みても、その目論見が成功することはほとんどなく、権力者と農村貧困層との間におびただしい紛争を引き起こし、惨めな結果に終わることが多い[43]。

　イギリス12〜13世紀の伝説上の義賊、ロビン・フッドの怒りの対象となったのは、農民の森林利用の権利を剥奪しようとした「森林法」であった。土地を所有する貴族や聖職者が森林の独占を試み、それに対して農民の抱く憤りがこの伝説を生んだのである。**権力者による森林の囲い込みと農民の受難は、第2章で紹介した古代や近世の森林囲い込みの史実に限らず、世界の歴史上に広く見られた事象である。発展途上国ではそれは現在も進行中である。**たとえば森林伐採のために、先住民が森林の利用から排除される多くの事例がそうである。森林から農民を排除した過去の権力者は、現在は木材伐採資本や政治的権力者たちが当てはまるだろう[44]。

　これらは農民の利益と相反することであり森林破壊の例である。農民の利益と合致する森林政策により、森林保全を実現した例はあるだろうか。伝統的な自然利用の仕組みである「コモンズ」つまり「入会」がそれに該当するだろう。それは世界中の伝統的村落で発達した。たとえば日本の中世に生まれた森林の入会制度であり、さらに江戸時代後期に新たに発達した森林制度もそれに該当する。すなわち第2章で紹介したように、農民が自治的に森林を利用・管理する入会制度である。また山野の植林を促進した割山、年季山、部分林の制度は、農民の利益と一致する土地利用方式であり、農民参加や受益者参加の有効性に関する歴史上の例とみることができる。すなわち**樹木を育てることが農民の利益になれば、農民は他人に言われなくても積極的に樹木を守る努力をする。**森林資源の保護が農民の利益に結びつけば、役人の監視がなくても、森林は農民によって濫用されなくなる。ウエストビーの「法則」の例である。

　歴史から自然保全の普遍性を学ぶには、ウエストビーの「法則」を現代的に

---

[43] 同、pp.66-76にイギリス中世・近世の多くの例が紹介されている。
[44] 例えば、竹内直一編『熱帯雨林とサラワク先住民族―人権とエコロジーを守るたたかい』明石書店 1993。

言い換えなければならない。私たちは身近な自然と無関係に生活することはできず、またその自然に依存する関係がある限り、**私たちはその自然を賢明に利用することによって、その自然を保全することができる**と私は考える。逆に考えると、**利用されない自然は**、私たちの視野から消え、関心の対象にならず、その自然がどのように劣化しても、保全に向けた社会のエネルギーは生まれない[45]。「自然の賢明な利用と保全」のこの考えには、人間と環境は不可分であるという前提に基づいている。「人間と環境の不可分」については、第6章で詳しく論じたい。さらに人間と自然の共生、開発と環境の一致の条件について第7章で論じ、入会制度の真髄であるコモンズによる自然の利用と保全について第8章で論じる。

4. 社会関係の調整

江戸時代前期の森林資源の規制的利用と、後期の新たな土地利用制度の発達は、人間の社会関係の調整そのものである。それは〈人−自然関係〉と〈人−人関係〉の両面から見ることができる。すなわち〈人−自然関係〉の観点からみると、〈森林破壊＝人間と自然の関係悪化〉→〈社会関係の調整〉→〈森林保全＝人間と自然の関係改善〉という、**人と自然の関わりの変化のプロセス**である。後者の〈人−人関係〉の観点から見ると、〈紛争＝社会関係の悪化〉→〈社会関係の調整〉→〈紛争収束＝社会関係の改善〉という**社会関係の発展のプロセスである**。さらにこの〈自然の劣化〉→〈社会関係の調整〉→〈自然の回復〉の出来事は、人間が自然に働きかけることによって、人間社会も自然も変化してゆくプロセスであり、それは人間社会と自然の「相互進化[46]」の一つの形と見なせるだろう。また資源の利用と育成の制度を自律的に発展させてゆくプロセスは、人間社会の「自己組織化」の一つの表れであろう。

---

[45] 例えば、人びとが洗濯などのために川を直接利用しなくなって、川に近づかなくなると、人びとは川の汚れに無関心になり、たちまち排水が流入するドブ川と化す。

[46] 「相互進化」については、第5章第2節で詳しく説明しているので参照されたい。

第4節　人間と自然の共生の諸条件

　人間と自然の関係の歴史を通じて、持続的な自然利用を可能にする、社会的および生態的な条件が明らかになった。それらは時代を超えた、普遍的な真実を含んでいると私は考えている。それらの条件は必ずしも網羅的（つまり十分条件）ではないが、人間と自然の関係の歴史を通して、浮き彫りにされた必要条件であろう。これまでの議論を以下に整理してみよう。そしてそれらの条件は、現代社会でどのように評価されるだろうか、簡単なコメントを加えておく。最後に、持続的な自然利用を危うくする、「社会の分断」[47]を「近代化」がもたらしたこと明らかにして、次章では「近代化」の思想的な核心として「機械論」の世界観を検討する。

1.　自然観

●山野河海を生命的存在と捉える人間の自然観[48]。その表現として、人間は自然と対話し交渉する互酬関係を保つ。

　人間は自然を生命的存在として認識し、人間と自然との互酬関係によって、自然の恵みの豊穣を願った。山野河海の恵みを受け取った後は、それらの生産力を維持し豊かにするべく、その恵みに返礼をすることが習慣であった。現在、人間は自然から資源を獲得・収奪するのみであり、自然の恵みに返礼をするような習慣や心情は無くなった[49]。つまり自然との互酬的な関係は消滅したように見える。ただ農林漁業に従事する人たちには、自然と対話する心情は残っているのではないだろうか。自然の恵みに返礼をする習慣は、個人の問題というよりも文化であろう。

---

[47] 本章第2節に述べた「社会関係」を壊すような作用のこと。
[48] それは現代の自然科学に基づく自然観とは異なるものであろう。それは原初的あるいは直感的な自然観と言えるものである。
[49] 現代では、自然の一部に人間を位置づける認識は、知識として広まりつつあると思うが、人間と自然との対話の基礎となる精神的な文化は希薄であろう。

2. 社会秩序の形成

●自然資源をめぐる社会的な緊張関係が生まれて社会秩序が形成される。その社会秩序は自然資源への需要を自己規制する社会的仕組みの発達を含む。

　人間が自然の過大な利用を慎み、自然を持続的に利用するためには、それを可能にする自然観や思想に基づく制度が必要である。自然資源への需要が増大するに伴い、人間と自然および人間と人間の間に緊張関係が生まれ、人びとの自己規制を可能にする社会制度が必要になる。人びとの自制は社会的な仕組み（規制や社会規範）の中で有効に行われる。その例は、縄文時代の狩猟採集の捕獲圧を抑制するための社会的規制であり、近世の村落社会が自然を利用管理するための入会制度であった。

　そのような社会的な緊張関係を契機にして社会秩序が現在形成されているだろうか。現在は、人間と自然の共存のために、社会秩序が形成・発展している途上である。それは始まったばかりであり、自己規制にどれほど有効か疑問もあるので、社会の自己規制の反応を見ながら、今後も仕組みを進化させなければならない。

●社会の制度改革や仕組みの創造が持続的な自然資源利用を可能にする。

　近世の山野利用の入会制度や、植林を可能にした借地制度は、社会関係つまり社会制度の発展にほかならない。前節で何度か説明したように、社会制度の改革によって自然資源の持続的利用が実現したのである。ところで、自然資源の持続的利用を目的として、必要な制度改革が現代社会で行われているだろうか。自然保護や環境保護のために、国家レベルとグローバルなレベルでそのような制度づくりが求められている。現在リサイクル関連の法制度が日本で整備されつつあり、地球温暖化を抑制する仕組みも世界的に具体化されている。二酸化炭素削減の制度などについては、ヨーロッパ諸国に比較して日本の制度づくりはまだ不十分である。

3. エコロジカルな関係

●生態的な調和の関係を維持する自然利用が必要である。例えば、生態的

に多様な利用、利用者の多目的性は、生態系の多様性、安定性、持続性に貢献する。その持続的な自然利用は社会的規制によって実現する。

　縄文時代の狩猟採集の対象は網羅的な自然利用が特徴であった。つまり特定の少数の種に偏った採集で生態系のバランスを崩さないように、多様な動植物を食料にしたことがうかがえる。近世の森林の利用は、木材採取を主目的とする支配層と、緑肥や飼料の採取を目的にする農民によって行われた。両者は異なる資源を対象にしたので、互いに矛盾することなく共存できた。狩猟採集の対象の特徴と同じように、それは生態的なバランスにおいて健全であり、支配層と農民の必要にバランスよく応えており、このふたつの意味においてエコロジカルな自然利用である。

　そこでは利用される対象の自然と、利用する主体の人間社会の両面において、多様性と相互補完性が特徴である。つまりこの資源利用の特徴は多様性と多目的である。そのような多様性の共存ではなく、逆に、単一の目的を優先してその生産量を最大にする資源利用が、時に「近代農業」であり、時に「拡大造林」による木材生産であった。そこでは生態的なバランスは犠牲にされる。安定性を犠牲にした効率的生産の追求である。現代社会の自然利用は、生態的に健全な多様で多目的な利用であろうか、それとも生態的な安定を犠牲にする画一な利用であろうか。近代化の特徴である効率性を優先した結果、多様性・多目的の共存ではなく、単一目的の資源利用が支配的である。それは明治以降の「山野官民有区分」で入会利用が否定され、森林の多目的な利用が衰退したことからも分かる。

●人間社会と生態系に亘る相互依存の関係。

　日本の食料生産を担ってきた水田の生産力は、その周辺および上流の森林に依存していた。すなわち水田の水源や緑肥の採取場として健全な森林が必要であった。水田開発のためには森林が犠牲にされたが、稲作は生産力が高く人口支持力も大きいので、森林の大規模な伐開が抑制された。現在も水田には水源としての森林は必要だが、森林の緑肥が水田に用いられることはほとんどない。また人口を支えるために、森林を犠牲にして耕作地を拡大することも今はない。過疎地や中山間地域では、耕作放棄のために逆に再自然化しつつある。

● 自然の保全が住民の利益になる関係を築けば、自然は住民によって保全される。

　入会山野の利用・管理は農民による農民のための制度であった。農民の利益のための森林の保全なので、自治的に利用と保全を行うことができた。農民が自分たちのために森林を利用するという、農民と森林の関係性が森林を保全したのである。植林のための「部分林」も同様に農民に利益をもたらす制度であった。現在、このような入会の制度は日本から次第に消滅しつつある。緑肥や飼料のために森林を利用しないので、入会制度が無くなるのは仕方ないが、問題は住民の利益のために森や自然を守る仕組みが無くなることである。水道が発達した今日、人びとが川を直接利用する習慣が無くなったので、その川の水質を守る住民の習慣が衰退したのも同じ原因による。

4. 共存型の社会関係

● 自然資源の利用制限は人間社会の自己規制である。それは支配層と住民の両者による自己規制である。

　近世の持続的な森林利用は人間社会の自制のたまものである。それは個人の自制というよりも社会の自制であり、社会規範が個人に自制させたのである。その社会規範とは、例えば山野の入会制度であり、幕藩支配体制による森林産物の生産・流通・消費の規制であった。自然資源の利用に関して、現代社会にこのような自制の仕組みがあるだろうか。残念ながらそれはまったく無いと言って良い。逆に、さらなる資源消費をマスメディアが奨励している。人間の欲望を抑制するのではなく、それを刺激する仕組みが現代社会で発達した。私たちが仮に資源の有限性を認識しても、社会が自制の仕組みを備えていなければ、人びとの資源利用の拡大を抑制することは困難であろう。

● 人びとの相互依存関係に支えられた共存への志向性が必要である。

　支配層と農民の相互依存関係に支えられた共存型資源利用が実現した。つまり近世の支配層の経済的な基盤は農民の農業生産であり、他方、農民の生産活動は支配層の統治に依存しており、相互に依存する関係にあった。例えば、森林の荒廃は土砂流出や水害を引き起こし、農業生産に甚大な被害を及ぼすの

で、支配層の経済基盤を維持するためにも農民の生活のためにも、森林を荒廃させない持続的な利用が必要であった。これは、相互依存関係にある支配層と農民が、共存型の森林利用を実現した理由の一つである。

　支配層も農民もともに資源利用拡大の誘惑に駆られたはずである。限られた資源を巡って、それは両者の間に緊張関係をもたらす。しかし両者は相互依存関係にあるために、共存を否定したり他者に犠牲を強いたりすることはできない。その緊張関係は逆に、両者に自制を要求するのである。つまり緊張関係の中の共存である。**共存や共生は緊張や競争のない仲の良い関係ではなく、このように相互依存と競争に挟まれた緊張関係のなかで実現する**[50]。このような相互依存関係に支えられた、共存型の資源利用は現代社会に存在するだろうか。競争関係の肥大化とともに、相互依存の人間関係を衰退させた現代社会では、人びとの共存への志向性をも減退させているのかも知れない。

　●**共存型の社会関係の否定は自然資源の食い潰しを引き起こす。支配層による資源の囲い込みや占有は、他者を犠牲にして自己の利益を追求する、非共存型の社会関係である。**

　支配階級によって森林資源が囲い込まれると、支配階級と村人（被支配層）の両方によって資源が濫用された。そのような社会関係は、支配層と村人の両者による資源食い潰しをもたらす。これは日本の古代・近世にもヨーロッパ中世にも共通する歴史的事実である。それは他者を犠牲にして自己の利益を追求する社会関係の表れであり、相互依存関係に基づく共存や共生の否定である[51]。逆に共存の社会関係においては、支配層も村人も森林資源を自制的に利用し

---

[50] 宮脇昭『森はいのち』有斐閣 1987、p.128 には以下のように述べられている。「自然界では、もっとも手ごわい相手はもっともすばらしい共存者である。互いに競争しながら共存している状態が健全な社会の状態であり、自然の森の姿である」。

[51] ゲオルク・ピヒト『ヒューマン・エコロジーは可能か』晃洋書房 2003、p.171 は以下のように述べている。「自然への応用で果たす権力と他の人間に対する応用で果たす権力は、互いに切り離すことができないように絡み合っている。それは、搾取という特殊な暴力の応用に見られる。人間の搾取を伴わない自然の搾取はあり得ない。人間の搾取が、概して自然をより巧みに搾取するのに役立っているのだ」。

た。日本の近世の武士階級も森林資源の消費を自己規制した。

　現代社会における資源利用は人びとの共存を前提としているだろうか、あるいは富裕者に占有されているだろうか。富裕者が資源を権力的に囲い込む公式の制度は無いようにみえるが、資源配分を市場原理に任せる現代世界では、結果的に、経済力による資源の「囲い込み」が行われている。それは、人びとの共存を前提にする社会ではなく、他者を犠牲にしてでも自己の利益を追求する社会関係のように見える。現代は経済力による弱肉強食[52]の競争社会であり、それがグローバルとローカルの両方において、経済格差による、世界の分断（南北問題）と社会の分断（国内格差の拡大）をもたらしている。現代の環境破壊は、自然資源を荒廃させた非共存型の階級社会の経験と、どこか共通している。

第5節　近代化と関係性の衰退

　人間と自然の共生とは、生態系の一部である人間と自然の関係の在り方である。これまでの議論で明らかにしてきたように、それは結局、人間の社会関係、社会制度、社会の仕組みの反映である。**自然の破壊的利用であれ持続的利用であれ、人と自然の関わりは人間の社会関係の表われである。**

　この社会関係の見方は、自然保護における「人間か自然か」の二者択一、つまり人間の利益を優先するのか、自然保護を優先するのかという、二元論の発想を超克する方法を提供する。**自然に依存せざるを得ない人間に対して、人間か自然かという理不尽で不可能な二者択一を迫るのではなく、人間の社会関係たとえば社会制度を調整して人と自然の関係を改善する**、という発想の転換が可能になる。つまり人間と自然の関係が悪くなれば、人間の社会関係を調整し直して、人間と自然の関係を改善できるのである。

　ところが、現代社会は人びとの社会関係（結びつき）が希薄になっており、

---

[52] 経済的な競争においては弱肉強食が基本であるが、弱者救済や福祉の制度によって、共存が可能になる制度的な仕組みも備えている。

自然環境の悪化に対応して社会関係（規則や制度）を調整しにくい状況にある。まさにその希薄な社会関係（結びつき）が、現代社会で環境問題を生みだす原因（人間相互の無関心）にもなっており、その解決を遅らせている原因（つまり規則や制度ができない）でもないかと思われる。例えば近隣社会の協力関係が希薄なために、地域の環境を改善する社会的な協力も生まれないのである。従って、人間と自然の共生や環境問題の解決は、現代の社会関係が希薄化した理由やその変革まで考えなければならない。

　本章では共生の条件を述べて、それが現代ではどのように評価されるか、前節で簡単に言及したが、多くの場合評価は良くない。なぜなら共生の人と自然の関係、共生の社会関係は近代以後の世界で衰退してきたからである。なぜ近代化以後その関係性が衰退したのだろうか。衰退した社会関係は私たちの生き方の表われでもある。その問題は近代以後の文明の中心に位置する世界観に帰因する。次の第4章では、近代以後、私たちの社会関係を衰退させてきた「機械論」の世界観について考えたい。

第2部
近代の克服と世界観

第2部の理論編は第4章、第5章、第6章である。ここでは、近現代における開発と環境の行き詰まりを、理論的な面から打開することが目的である。第1部の歴史編では、第2章第4節や第3章第5節において、近代における関係性の希薄化に言及した。その根本原因は、西洋を中心にして近代化を推し進めてきた、思想的な柱のデカルト主義にあることを第4章で指摘する。

　デカルト主義批判や「近代」を批判する「ポストモダン（近代以後）」の議論は新しいものではない。それにも拘らず本書で言及するのは、＜人間と自然の関係＞を改善するうえで、私たち自身のデカルト主義あるいは二元論を自覚することが最も重要である、と考えるからである。そのデカルト主義を本書では「機械論」と位置づけて、その機械論の世界観が現代社会であまりにも肥大化したことを指摘する。その機械論の世界観の短所が表われた現象が、本書のテーマである＜人間と自然の関係＞や「社会関係」の弱体化である。

　その短所を補う世界観として、第5章で「生命論」の世界観を紹介する。つまり機械ではなく生き物や生命的存在の特徴を大切にする世界観である。その生命論の世界観の特徴が「関係性」の重視であり、環境問題を含めて現代の諸問題を解決するためのカギであると私は考えている。この第5章では生命論の世界観を多少広い観点から紹介する。本書の生命論がより良く理解されると思うからである。

　そして第6章において、本書のテーマである＜人間と自然の関係＞に即して、生命論の世界観を応用・展開する。すなわち人間の生き方、人間と自然の関係、生態系や社会の共生について、生命論はどのように貢献できるだろうか。試論も含めて私の考えを述べた。

　この第2部の理論編では機械論と生命論を対照的に位置づけている。狭義にはデカルト主義が機械論である。しかし広く考えると、初めから明確な二分法のカテゴリーとして機械論と生命論がありき、と考えるのではなく、世界を機械仕掛けのような存在と捉える見方[1]と、世界を生命的存在として捉える見方[2]の、

---

[1] 例えば、設計・制御、数量、確実性、決定論などの概念は、機械論の世界観に属すると考える。

[2] 例えば、プロセス、意味、生きがい、不確実性などの概念は、生命論の世界観に属すると考える。

両者の対照的な傾向性[3]の違いを本書では機械論および生命論と呼んでいる。機械的な側面も生命的な側面もともに混在して、私たちの世界は存在するので、機械論を否定することはできないし、その必要もない。

　問題は、現代社会で機械論の世界観が肥大化し、生命論の世界観が萎縮し抑圧されていることである。その弊害の説明は本文に譲るが、例えば、開発か環境保護かという二元論思考や科学技術万能主義は狭義の機械論であり、人間（生命）にとっての価値を軽んじて数量的な基準を過大評価する効率至上主義、人と人の関係性を軽視する自己中心主義なども、機械論的な世界観に偏重した考えの表われであると考える。社会関係の希薄化による現代の社会病理[4]なども同様である。

---

[3] 本書では「機械論的世界観」とか「生命論的世界観」として議論することが多い。本書では「関係性」を議論することが目的であり、機械論と生命論に関する哲学的な考察が目的ではない。両者には、本書で議論するような対照的な特徴がある一方、重なり合う面もあるように思う。後者の例として、効率性の追求は機械論的な思考であると考えられやすいが、生命現象もやはり効率性を追求していることは事実である。機械論と生命論の議論においても、二者択一的な二元論に陥らないようにすべきであろう。

[4] 例えば「引きこもり」などに見られる社会現象である。

第4章　分断の世界観―機械論

第1節　近代化と人間関係の希薄化

　社会関係と＜人間と自然の関係＞の間には、密接な係わりがあることを第1部で説明した。近代化の過程でその社会関係や人間関係が希薄化しており、それは現代のさまざまな現象や問題として現れている。例えば、全国的な人口移動の結果、都市化が進み地域の共同体は非常に脆弱化してしまった。また、近隣の助け合いなどを初めとして、昔から人間関係に依存していた、生活や生産のさまざまな営みやサービスが、貨幣経済による取引の関係に置き換えられている。さらに、個人主義の風潮は核家族化を促進し、ライフスタイルや道具のパーソナル化を現在も強力に進めている。これらは近代化における無数の変化のごく一部であるが、結果的にすべて人間関係を希薄化する働きをしている。このような人間関係の希薄化で生じた人びとの心の空白を、消費文化が刹那的に埋め合わせているのが現代の状況であろう。近代化は多くのプラスを社会にもたらしたが、このような社会関係や人間関係に現れたマイナス面について本節で述べたい。それは本章のテーマである「分断の世界観」の表れとして私は考えている。

1.　人間と自然を分断する都市

　現代社会は人間と自然のつながりが「痩せ細った」状態にある。その理由の一つは、社会の近代化の流れの中で、私たちの生業や住む場所が変化したからである。私たちの生業は、自然に直接働きかける農林漁業から、モノや人を相手にする製造業やサービス業などに変化した。生業の変化と共に人びとの住む

場所も、自然の豊富な農山漁村から都市に移り、自然と触れ合える機会が減少した。その結果、人びとが山野、川、海、動植物などの自然と疎遠になった。ちなみに自然に働きかける第一次産業に従事する労働人口は、先進国では現在数％に過ぎない。

都市へ人口が集中する過程で、私たちは住む空間を人工化してきた。生活上の便利さを向上させ、社会の営みの効率性を上げる、人工的な都市づくりである。その都市づくりにおいて、私たちはもっぱら自然を遠ざけてきた。例えば、身近な例として、抗菌グッズを開発し、害虫から身を守り、道の雑草を取り除き、すべての道路を舗装して、川に堰堤を建造して洪水から安全を図る。冷暖房によって暑さ寒さの気温の変化からも自由になろうとする。人びとが短時間で移動する交通機関が発達し、天気に左右されずスポーツ観戦が行える全天候型のドーム施設も作った。数え上げれば、自然を遠ざける人工的な工夫や施設は無数にある。

　人類の歴史が始まって以来、人間による住居、村、町などの環境づくりの多くは、厭わしい風雨などの自然現象や危険な獣から自身を守り、より安全で快適な生活をするためであった。**これまでの文明は人間と自然を「分断」する側面をもっており、現代に至るまで科学や技術の力でその分断を推し進めてきた。現代の都市生活はその分断を最も強く進めており、人と自然はますます分断されている**[1]。

2.　人びとを分断する経済社会

　近代化[2]は経済的、社会的、政治的、思想的な側面からなる社会変化の趨勢で

---

[1] 都市生活によって人間と自然が分断されることと、花粉アレルギーなどに見られる人体の自然拒否反応の拡大は、無関係の現象ではないと思われる。
[2] 近代化とは前近代（中世や封建）社会から近代社会へ向かう趨勢である。近代化には幾つかの側面がある。つまり産業化や工業化に現れる経済的側面、社会制度の合理化や社会の組織化からなる社会的側面、国民国家の形成や民主主義の普及からなる政治的側面、合理主義や個人主義からなる思想的側面である。日本では「近代」は明治維新から太平洋戦争の終結までとされている。

ある。近代化の過程において、伝統的な相互扶助などに見られる、人と人の交換（助け合い）による社会関係が、貨幣による経済関係に置き換えられてきた。前近代つまり昔は、近隣や親族などの社会的な人間関係で行われていた活動が、貨幣経済の普及に伴い市場を通して、手軽にカネで買えるようになった。その結果、伝統的社会において近隣や親族の助け合いで行われたことも、貨幣経済によるサービスの対象にされて、近隣社会の付き合いを大切にする、人間関係あるいは社会関係が特に都市では激減してしまった。たとえば近隣社会による冠婚葬祭や、大家族における子育てや老人の介護などである。

　近代化の思想的な特徴である個人主義の普及がそのような社会変化を促進した。相互扶助を続けるために、近隣や親族の人間関係を大切にして、それにわずらわされるよりも、カネでサービスを購入するドライな経済関係が選択される。人間関係のわずらわしさを避けるために、経済関係の気楽さが選択され、その結果、社会関係が弱体化して経済関係が拡大したのである。そのような経済関係を現在も追求する過程で、現代の社会が形成されつつある。もちろん前近代においても貨幣経済は営まれてきたが[3]、近代化と共に普及した個人主義も手伝って、近代化の過程の中で上記のような経済の役割が増大する、「経済社会化」の傾向が支配的になった[4]。

　社会にニーズがあればビジネスチャンスがある。昔は社会で支え合っていた老人介護も、現在、介護ビジネスとして急成長しているのもその例であろう[5]。そのような経済社会化や商業化の傾向は今も進展している。カネ儲けの

---

[3] 商品貨幣経済は、すでに江戸時代初期において、貧富の格差拡大の事実を前にして、熊沢蕃山によって糾弾された。例えば山脇直司『経済の倫理学』丸善 2002、pp.41-42 を参照。

[4] そのために現代社会では、私たちが生まれてから死ぬまでに必要とするカネが、増大し続けていると思う。現代の大学生がアルバイトに忙しいのもその現れだろう。

[5] 広井良典『生命の政治学』岩波書店 2003、p.35 には以下のように述べられている。「共同体的関係ないしコミュニティの解体として現れ、…かつては共同体ないしコミュニティの中でインフォーマルな『相互扶助』として行われていたことが、産業化や都市化の進展の中で徐々に希薄化していき、それを代替するものとして、公的な社会保障ないし福祉のシステムが整備されていくことになる。言い換えると、家族や共同体が"外部化"していく過程とパラレルに、一方に『市場』が、他方に社会保障を中心とする『福祉国家』のシステムが生まれていったことになる」。

機会を最大限に追求する経済至上主義にも変化はみられない。そして揚げ句の果てには、カネさえあれば何でもできる、すべてはカネ次第、というような錯覚が社会にもたらされた。

　カネの力を増大させ、カネに頼った結果、私たちが失いつつあるのは、近隣をはじめとしたさまざまな社会の人間関係と、その関係を維持し創る「人間の精神的な力」である。「隣は何する人ぞ」と言われる社会になって久しい。騒音やペットに関する隣近所とのトラブルが増えているが、それは問題を当事者同士で解決できないからである。その結果、トラブルの解決を警察や行政に頼ろうとする傾向が強くなっている。また最近の若い人たちは、友達づきあいが下手であると言われるが、それも人間関係を築き維持する能力が弱体化した現代社会の表れであろう。

　このように、互助の社会関係が担っていた役割を貨幣経済が肩代わりしていることが、社会関係の希薄化の大きな原因である。助け合いの社会関係で営まれてきたサービスの交換が、交換の効率性を追求する経済関係で処理される結果、人と人との関係がいっそう減少し、希薄になっているのが現代の社会である。経済関係の拡大は社会関係や家族関係を貧弱化する犠牲を伴ったのである。**都市化による人間と自然の分断と同時に、このように経済社会化が促進する人間と人間の分断も進行している。**

　それはいずれも私たちが選択してきたことであり、それらの選択がすべて間違っていたわけではないだろう。望ましいからこそ、私たちはそれを選択したのである。しかし結果はすべてよし、というわけでもなかった。それらの分断で苦しむのは、やはり選択してきた私たち自身であるということも、そろそろ認識され始めている。今後のさらなる人間社会の発展あるいは成熟が求められている。

3. 個人主義と人間関係

　個人主義の価値観は人と人の関係性を貧弱にする傾向がある。**個人主義と市場経済は相性が良く、相互に強めあう関係にある。現代社会の人びとは市場競争の中で、互いに競合する個人に分断される。**市場経済における人間の行動

は、各個人が利益の最大化を目指すからである。その市場経済の中で人と人、社会と社会とを分断する要因は数多い。経済的勝者と敗者、組織のリストラ、人・地域・国レベルの経済格差など、挙げれば限りない。グローバリゼーションの名のもとに、その市場経済は世界中に広がっており、同時に個人主義の風潮にも助けられて、人びとの分断化は加速度的に進んでいる。

個人主義はあらゆる分野でパーソナル化を進めている。テレビ・電話などの道具のパーソナル化は言うに及ばず、「個食」を含むライフスタイルにまで、家庭でもパーソナル化が進んでいる。「個」の世界へ人びとが押し込められて、人と人を結ぶ関係性が削りとられ、孤独な個人が増えている。**地域社会や家族の人間的な関係がやせ細り、地域の共同体社会は崩壊し、家族の絆までが危機にさらされている。**

個人主義は経済発展の過程の中で核家族化を促進させる。核家族化により、家族の伝統的な価値観や生活様式が、世代を超えて伝えられない。祖父母による孫の教育も行なわれなくなった。そして伝統的な文化や価値観が急速にすたれている。例えば「もったいない」と言って、モノを大切にする価値観でさえ、多くの家庭からすでに消滅した。さらには、山野河海の自然を利用する文化さえも、核家族化の中で継承されないために、そのような自然を利用する生業とともに消滅しつつある。このような人間関係の希薄化が価値観や文化の変容を促進し、伝統的な文化や生活様式の、世代を超えた連続性が分断されている。すなわち伝統の衰退と断絶が起きているのである。

4. 消費文化と人間関係

このように都市化や個人主義の風潮の中で人間関係が希薄化している。しかし本来、人間は他者との関係の基礎の上に存在する。その関係性が貧弱になるとき、人の心には不安や空虚感が広がる。しかし満たされない心の空虚(飢餓)を埋めなければ人間は生きられない。心の空虚をさらに拡大する要因が、現代の大衆社会の消費文化であり、刹那的にその飢餓を解消する手段が、大量生産に支えられた大量消費の活動である、

消費文化は、人びとの欲望を刺激することで、それが満たされない飢餓状態

を作りだし、消費活動は一時的な満足をもたらすが、引き続いて消費の自己増殖をも作り出す。つまり買い物を楽しむ文化が消費文化であり、それは快楽であり、悪くすれば楽しいことは買い物しかない文化ともなる。また、必ずしも「生活の必要」による買い物ではなく、心の空白を埋めるための消費であり、新たに生まれた欲望を充足するための消費にもなりかねない。少し極端な言い方かもしれないが、消費文化によって作られた物欲の充足によって、精神的な空虚感を埋めようとしているのかもしれない[6]。自分自身の生き方を省みる暇もなく、忙しく働いてカネを稼げば、消費文化に浸ることができるし、心の飢餓状態を忘れることもできるだろう。

表4-1　人間－自然関係および人間関係や社会関係を希薄化する近代化

都市化	人間と自然の分断、効率主義、環境の人工化、自然を遠ざける施設
経済社会化	相互扶助の貨幣経済化、社会（互助）関係のビジネス化、商業化の拡大
個人主義	個人が経済利益の最大化を志向、競争の激化、ライフスタイルのパーソナル化、伝統的文化の衰退
消費文化	欲望を刺激して自然や資源の消費拡大、人間関係よりも人－モノ関係の追求

このように人間関係の希薄化や消費文化が、人びとの精神的な空虚[7]をつくりだしたと考えられる。その空虚と飢餓が人びとの消費意欲を促進し、経済活動を肥大させ資源利用を拡大させてきた。その結果、土地、森林、川、海などの自然の過大な利用は、自然の領域を縮小させて、人間と自然の関係を悪化させてきたのである。近代化の過程で生じた人間（社会）関係の希薄化は、社会的な関係の力（社会的自己規制など）による諸問題の解決が容易でないとい

---

[6] デビッド・コーテン『グローバル経済という怪物―人間不在の世界から市民社会の復権へ』シュプリンガー東京1997, p.8では以下のように述べている。「心が満たされていなければ、どれだけ物質的に豊かになっても十分と感じられないため、資源はいくらあっても足りない。愛のない世界では、物質も欠乏するのである。…ニーズを満たすだけのものがあれば、それで十分に自然の恵みを感じることができるのだ」。
[7] 現代が「心の時代」と呼ばれるのは、ここでのべたような背景があると思われる。

う、難しい状況を招いたと言えよう。

　第2章で述べたことを思い出して欲しい。人間の歴史においては、自然資源の過度の利用は、地域の社会的な規制によって抑制された。つまり人間と自然の関係が悪化したとき、その改善はその社会の制度の変更を通して行われてきた。人間と自然の関係は、人と人の関係つまり社会関係（制度）の表れだからである。人間社会の人と人の関係性の分断は、人間と自然の関係を悪化させるはずであり、実際に現在そのようになってしまったのである。そしてその解決の方法は、第1章と第2章で述べた、人間と自然の歴史に学ぶことができるだろう。

5. 社会関係の再構築

　過去、自然の過剰な利用で人と自然の関係が悪化した際、人びとの利害を共有化することで、社会関係（規則や慣習）を形成し調整して、人と自然の関係を改善してきた。資源の消費においてもそのような社会関係の調整が行われていた。しかし人と人の社会関係が希薄化して、社会がバラバラの個人に分断されて、何が共有すべき利害なのかを認識しにくい現在、過去のような自律的な調整すなわち社会の「自己組織化」が機能しにくくなっている。

　現代人はカネやモノを所有し消費する欲望に囚われている。第2章に述べたように、日本の古代や近世の政治権力者たちは、自らの威信を示すために、森林資源を破壊しつつ、都市や多くの建築物を造営したが、現代社会では過去の権力者に代わって、すべての人びとが威信財を求めているかのようだ。その所有や消費は個人的な営みのように見えるが、所有権という社会制度によって保障された所有も、「消費文化」によって作られた消費も、社会的な要素の強い行為のように思われる。近世日本では消費できる資源は社会的身分によって規制されていたが、現代社会ではカネさえ払えば、大量の資源を消費して、誰でも豪邸を建築できる。つまり人びとの資源消費を抑制・制御するための、旧来の単純な社会的な仕組みや価値観はほぼ消滅したのである[8]。

---

[8] 資源リサイクル法によって、リサイクル料の支払いが義務づけられたことで、資源消費を多少抑制する効果が現れている。

これまでの近代化過程で生じた、人間の社会関係の表われでもある、このような所有と消費は、資源の消費によって自然資源を枯渇させ、ますます人間と自然の関係を悪化させている[9]。人と自然の関係の悪化を改善するために、新たな社会関係（制度）の形成と調整が必要であるにも係らず、その社会関係が希薄化し社会のコヒーレンス（集合力や結合力[10]）が弱体化している。**環境問題が深刻化しているにも係らず、その問題を解決する手段つまり社会関係（人と人の結びつき）が弱体化している。これは現代の深刻な問題である。**

　そこで求められるのは人と人の社会関係の再構築である。環境問題として表れているように、人と自然の関係が悪化した時、それを改善できる社会関係（制度）の一つは、人間の行為に対する社会的規制である。それは縄文時代から江戸時代まで共通していた。現代社会では一つには環境関連の法制度がそれに相当する。例えばリサイクル関連法などによって、資源を大切に利用すれば、自然や資源への悪影響を減らす効果が期待できる。これは人と自然の関係の改善ではあるが、それは人間の行動を外からコントロールする外発的な仕組であり、内発性あるいは自発性の欠如という限界がある。

　別の社会的手段である経済的な制度でも、資源利用を通して自然に対する人間の態度を変えることができる。例えば化石燃料の消費に環境税を導入すれば、人びとは燃料用の支出を自主的に節約する。これは環境政策における経済的手段であり、人びとの経済的動機に訴える仕組みである。それは外発的で一方的な規制というよりは、利害の選択に関する人びとの自主性や動機を尊重する仕組みである。しかし経済的利害に無関係、無関心、あるいは行動様式を変えるほどの大きなインパクトを受けない人びと（例えば金持ち）には、そのような経済的手段は役に立たない。従ってさらに幅広い基盤に立って、**人と自然の関係を内発的に改善する働きが必要である。**それは人と自然を結ぶ文化の役

---

[9] 現代社会の人と自然の関係は、利潤の追求という拡大再生産を目指す、人と人の社会関係の表われである。拡大再生産は人と人の競争であり、社会構造に組み込まれている。

[10] コヒーレンス（集合性）は生命システムの特徴である。それが弱体化している事実は、現代の人間社会の生命システムの社会的エネルギーが弱体化していることを示す。

割[11]だろうか。あるいは次章の生命論で述べるように、評価基準として行動の「意味」を問うことが大切になるのかもしれない。

6. 存在基盤の空洞化

人間は自然や人びとに支えられた存在である。人間と人間、人間と自然の関係性の希薄化や貧弱化はとりもなおさず、私たち一人ひとりの存在基盤が脆弱になることである。私自身とその外界を結ぶ関係性の喪失は、私自身の存在基盤の喪失である。

現代はすべてに亘って変化が激しい。人びとの生活の中での技術進歩は言うに及ばず、山野河海や町の景観までもが変化する。私たちの記憶に収められた景観が、現実の世界から消えていく。私たちが幼い頃遊んだ故郷の山野の風景もなくなった。昔の面影をとどめる街角の景観も消えつつある。記憶の中の「時間の連続性」が損なわれていくようだ。過去の記憶に支えられた、私たちの今の存在そのものの安心感がゆらぐ[12]。このような時代の激しい変化が、過去・現在・未来の時間の連続性を損ない、私たちの存在基盤を風化させる。

現代に生きる私たちの社会の特徴は、このように人間と人間、人間と自然、人間と環境をつなぐ関係が、貧弱になっていることである。また個人の内面においても、社会の伝統や自分の記憶における時の連続性が損なわれて、現代人は外からも内からも孤独感と孤立感を強めているのではないか。

第2節　機械論の世界観

これまでに述べたことは人と自然、人と人の関係性の希薄化や分断である。この関係性が希薄化する根本の原因は、近代の「機械論的世界観」にまでたど

---

[11] 社会的な倫理観による社会的制御や社会的圧力、さらには個人や社会の価値観などは、人びとの内発的な力を促進できると思う。第6章に述べるが根本的には、個人の「自己実現」や「生活の質」が、自然との関係改善の方法であろう。

[12] 近年の「昭和レトロ」は、昔のなつかしさを求めて記憶を確認する社会現象である。それは自己の存在に対する不安感の反映かもしれない。

ることができる。それは現代の科学万能主義的な思想の基礎にもなっている。ここではその「機械論」の世界観の特徴をいくつか述べることにする。それによって次章で紹介する「生命論」の世界観の準備にしたい。

　ここで私は、「機械論」と「生命論」は世界を理解する見方、つまり世界観として考えている。世界はいろいろの方向から見ることが可能であるし、多面的に見なければ世界を正しく見ることはできない。**本書で私は機械論の世界観の短所を指摘しているが、その目的は機械論を否定して生命論が正しいと主張することではない。世界をより良く理解するためには、機械論的な見方も生命論的な見方も必要であり、どちらかを二者択一することは間違いである。機械論に偏重した現代社会の世界観を批判して、機械論が陥りやすいマイナス面を指摘することが本節の目的である。**

　機械論にも生命論にもそれぞれ幾つかの異なった主張が存在するが、本書の目的は、それらの主張の詳細や差異を吟味することではない。機械論の見方と生命論の見方のいずれについても、それぞれが世界を理解するための世界観と考えて、さまざまな機械論や生命論の詳細を問うことはしない。それらの機械論や生命論に共通する見方を、それぞれ機械論的な世界観、生命論的な世界観とみなして議論を進めたい。本書のテーマを追求するためには、そのような議論が必要だと思うからである。

1. デカルト主義の世界観

　先ず「機械論」とは何か簡単に説明しておこう。機械論とは「自然の諸現象を、霊魂や内的目的などの目的論的な概念を一切用いずに、作用因のみによって作動する機械とのアナロジーに基づいて、解釈しようとする決定論的な、かつ還元主義的な思想」である[13]。そのような機械論にも、古代ギリシャで原子論を唱えたデモクリトス以来、いくつかの主張が存在するが、17世紀前半のルネ・デカルトの唱えた機械論は包括的、説得的であったため、多くの信奉者を生んだ。

---

[13] 廣松他編『哲学・思想事典』岩波書店 1998、p.303 による。

136　第2部　近代の克服と世界観

　そして近代科学の基礎はデカルトによって築かれた。デ・カ・ル・ト・主義は、人間を精神と身体からなる存在と考えて、そして自然は精神をもたない単なる機械として捉える。ここで精神は考えるものであり物質性がなく、物質は考えることができないものである。このように人間と自然は異なる二つの実体[14]であるとデカルトは考えた。そこには精神と身体（肉体）、また人間と自然、という明確な区別に基づく二・元・論の認識がある。その自然の構造を解明することにより、自然を人間の幸福のために利用し、自然を支配できるとしたのである。その代表的な思想家は「知は力なり」と唱えた、デカルトと同時代のフランシス・ベイコンであった。

　そして自然の構造を解明する方法は、解明する対象を必要なだけの小さな単位に分けて、それぞれを詳細に「分析」するのである。このような人間観と自然観、つまり世界観がデカルト主義の中心をなしている。このような世界観が人間と自然をはじめとする、関係の「分断」を促進してきたと私は考える。逆に言えばその「分断」は、二元論の世界観や分析を道具とする科学的方法論の結果である。

2.　人工化による自然の排除

　人間は自分の周りから自然を排除する一面がある。そのように自然を遠ざけるのは、私たちの一つの精神的な態度であると私は思う。それはものごとを人間の「意識」で制御しようとする、特に現代人に一般的に見られる態度である[15]。例えば、「人間」の意識を主（あるじ）として、その下に「自然」を従えて利用し、扱いにくい自然は排除しようとする態度である。自然や生命は人間の思い通りにならない存在である。だから都合が悪ければ排除される。そのような態度

---

[14] 「実体」とは、デカルトによれば、ほかのものに依存することなく、それ自体として独立に存在するものである。谷川多佳子『デカルト『方法序説』を読む』岩波書店 2002、p.110 を参照。

[15] 養老孟司『考えるヒト』筑摩書房 1996、p.140-143 において、現代人は「ああすれば、こうなる」原理、つまり脳の働きの「意識」で行動する傾向が強いことを述べている。それは例えば、ものごとを人工化して便利にする道具の氾濫に表われる。

は、現代人に限らないし、古今東西の人間や文明に共通であり[16]、人間性の一部と言ってよいが、デカルト主義の機械論的思考様式によって、近代以降から、なかでも特に現代社会で強化されているように思う。そのような人間の態度は、先に述べた都市化[17]における自然の排除に、具体例として明らかである。

　この機械論的思考は、操作可能な機械のように、私たちの世界をみなす人間の考え方である。人間が機械の設計図を作るような発想であり、あるいは人間の都合の良いようにものごとを人工化する態度ともいえる。たとえば都市計画を立案して計算づくめで人工的なまちづくりをしようとする。ところが計算のみの機械的な計画や設計では、人間や自然生態系の計算できない生命的要素は排除され、生命システムからなる自然（山野河海）は分断されがちになる。私たちが郊外の道路で見かける動物の死骸は、道路によって周辺の自然が文字通り分断された結果である。現代のバイオテクノロジーは、そのような人工化による自然制御の最先端分野であろう。

　人間はホモサピエンスとして誕生して以来、火の使用から始まる自然現象の制御を進めてきた。近代・現代に至って自然の制御は加速してきた。生産活動においては、工業は言うに及ばず、農林漁業なども自然の制御と無縁ではない。化学肥料や農薬を使用しない農業は容易ではない。人間と自然との間に機械を介在させれば自然との距離が遠くなる。農業を含めて、人間の活動に人工化や機械化を否定することはできないが、無節操な人工化を進めるあまり、（自然の一部である）人間の自然性までも侵害する結果になる。人体にも害のある農薬はその例であろう。

　つまり人間も自然の一部、動物の一つの種であり、過度に自然を排除した人工的な環境のなかでは、身体的にも精神的にも人間自身に無理が生じるだろ

---

[16] その態度は、すべての文化や文明に同程度というわけではなく、強弱の差を伴いながらも共通する傾向であると思う。

[17] 例えば鬼頭宏『環境先進国・江戸』PHP研究所 1996, p.28-29 では以下のように述べている。「われわれは道具、建築物、慣習、制度、法律など、さまざまな種類の『装置』を考案して、より快適に、便利に生活しようと工夫している。これらの装置は、人間にとって第2の環境になっている」。

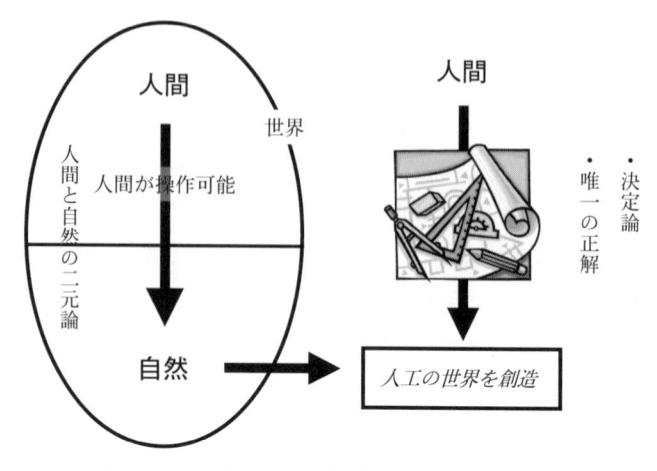

図4-1 機械論の世界観

う。まして身体に有害な物質を環境に導入すれば、生命の正常な機能に障害が起きる。しかし環境の人工化を進める機械論的な指向は、未だに根強い科学技術万能の風潮の中にあって、現代社会で反省される様子はあまり見られない。また現代の都市化する社会は、ますます人工的な環境づくりを進めている。自然環境において人為や人工化の許されるレベルはどこまでか[18]。本書の全体を通して、「人間と自然の関係」、「開発と環境」、「持続可能な発展」などの関連で考えなければならない。

3. 試行錯誤を嫌う決定論

機械論的思考は万事を計算しようとするが、人間の計算や計画通りにならないのが、自然であり、人間社会であり、つまり生命システムである。ペットの動物や庭の植物でさえ人間の思うようにはならない。同様に私たちの人生も思い通りにならない。だからこそ**人生や社会においては「失敗は成功のもと」**と

---

[18] これは難しい問題であり、多くの人びとが考えている。例えば中村桂子『自己創出する生命』哲学書房 1993、pp.212-213。あるいは『鶴見和子・対話まんだら中村桂子の巻 四十億年の私の生命』藤原書店 2002、p.61。

考えたり、「試行錯誤」を許容したりする寛容さ、また「時が解決する」といった待つ姿勢は、人間は学びながら発達することを自覚した、人間の知恵であった[19]。

　機械論的思考が問題なく機能するのは文字通り「機械」の設計であるが、人間社会や自然のような「生命システム」を対象にして、例えば町おこしを計画する場合、最初から機械的に「唯一の正解」を考え出すことはできない。あるいは社会のルールである法制度を策定するときも、機械的に最適な制度が設計される「決定論」ではなく、人びとの議論や批判を経て互いに学び、制度を改善する「プロセス」が不可欠である。しかし機械論的思考に支配されがちの現代人は、往々にして「失敗は成功のもと」を忘れて、「試行錯誤」を嫌う傾向が強いようである。特に、計画変更を極度に嫌う「お上（行政）」の態度の一因は、このあたりにあるのかも知れない。しかし近年盛んに行われるようになった、例えば都市交通の「社会実験」などは、行政でも決定論から脱却できることを示している。

4. 効率優先の評価と人間疎外

　「効率主義」の発想に陥りやすいのもまた機械論的思考である。例えば「より速くより多く」生産する効率を最優先する結果、人間は組織の歯車として扱われる。現代の管理社会は人間を「画一化」して、組織の歯車のように扱うことがある。チャップリンの映画「モダンタイムス」である。人の個性に関係なく「より速くより多く」という効率のみで、人を評価するのは無理がある。そのような効率や性能のみで、人やものごとを評価することは不十分である。効率や性能などの量的な評価に偏重することは機械論の発想であるが、人間も世界も機械ではない。

　人間は何のためという「意味」、「価値」、「生きがい」を求める存在である。それにもかかわらず、「より速くより多く」などの効率を目標にして、目的であ

---

[19] しかし「失敗は成功の元」とか「試行錯誤」などとは、最近あまり言われなくなった。機械論や科学万能主義が全盛の現代を示す例ではないだろうか。

る価値に対して手段である効率を優先するような生き方には、人間は耐えられない。万事を計算通り制御しようとする人工の働きによって、人間の内なる自然としての身体や感情が虐げられるのである。それが機械と人間（生命的存在）の違いである。

5. 要素還元論と分断の思考

　機械論の世界観は、世界の中の諸々の要素間の「関係性」を把握することが不得意である。なぜなら機械論には「要素還元論」の方法が伴うからである。要素還元論とは、人間が解明すべき対象を観察する際、その対象を分析しやすい要素に分解して、それらすべての要素を調べ上げれば、その対象の全体が分かる、とする科学上の方法論である。

　この方法論の長所は、私たちが知りたい対象を要素に分解して、その要素の詳細が解明されることであるが、その短所は、対象を部分の要素に還元するために、要素と要素の関係性を調べる努力が不十分で、解明すべき対象の正確な全体像が見えにくいことである。それは特に生命システムでは、「全体は部分の総和ではない」からである。例えば西洋医学においても、外科、内科、精神科を初めとする多くの要素に分けて、人体の仕組みや機能を解明しようとする。しかし人体を全体として統合する近代医学はいまだに存在しない。

　このような個別の部分に囚われて、部分の関係性で繋がった全体観が軽視される傾向は、機械論や要素還元論の特徴であり、特定の要素に還元して偏った世界の理解を生む可能性があり、言わば「分断の思考」と呼ぶことができると私は思う。私たちは「要素」ではなく「全体」の中に生きているのであり、分断の弊害はさまざまなところに現れる。最大の弊害は、要素に分割すると全体の機能を失う、生物や自然などの生命的存在に表れる。つまり人間の心身や自然の生命を扱う医学や生態学においては、細分化する「分断の思考」のみでは対象を把握することはできない。「分断の思考」の社会的な弊害は、組織においてはセクショナリズム、そして個人においては利己主義として表れる。

　組織においても個人においても、どのような主体も他者との関係に依存して存在する。それにもかかわらず、他者との関係性を軽視するとき、その主体は

交流し学び合う「関係」という、豊かな資源を自ら拒絶するのである。それは利己的な行動を選択しているように見えるが、意図に反して自己の利益を制限する罠にはまっている、一つのパラドックス（逆説）である。それは他者との関係性にうといことから生じる、現代の機械論的な世界観の弊害である[20]。

6. 時を無視する機械論

デカルト主義の機械論で認識できる対象は、世界の全体ではなく一部に過ぎない。その機械論では「可逆的」で「時」に左右されない対象を扱ってきた。例えば「運動の法則」はいつ実験をしても、同じ結果が得られるので、過去にさかのぼっても成り立つその法則は時間に関して「可逆的」である。これまでに述べたように機械論は、生命的存在や自然を認識するには不十分であるし、生命の「不可逆的」な現象を扱うことにも無理がある。なぜなら時間の経過は生命や自然の現象に不可欠の要素だからである[21]。つまり自然の生命が生まれて、心身共に成長するには、時間の経過が必要である。生命現象において時間は一方向に流れるのみであり（不可逆性）、生命は繰り返すことはできず一回性の存在である。

したがって生命に係わる現象では人工的に時間を制御することはできない。ところが機械論の世界では時間を制御することが可能である。生命の世界では、春夏秋冬や年月の時間の流れの中で「万物は流転」するが、機械的な世界では時間は制御可能である。たとえば水田で米を育てるには半年間必要だが、工業製品の製造時間を半分に短縮することは可能である。**つまり生命あるものの世界では、一定の時間の経過そのものが必要なのである。**そのような自覚に立って、時間（の経過そのもの）を重視する考えは「プロセス主義」と呼ばれることがある[22]。

---

[20] ゲーム論によってもそのようなことが、理論的に明らかにされているようである。

[21] 熱力学第二法則の「エントロピー増大」の概念に示されるように、現代の物理学の世界観は不可逆性が基礎にある。

[22] この分野の研究として確率過程を重視する進化ゲーム論などがある。

142　第2部　近代の克服と世界観

　人間の社会には「時が解決する」とか「果報は寝て待て」というような、時の経過を重んじる生活の知恵があった。しかし現代社会では「時を待つ」発想が貧弱になり、私たちはもっぱら所要時間を短縮することに精を出してきた。それは効率に偏重する機械論的な発想であり、また機械論の制御可能な時間感覚に支配された姿でもあろう。しかし人間や自然の生命の発達は、時間の経過そのものが必要なのであり、機械のように時間を自由に制御することはできない。

　機械論の制御可能な時間感覚が、私たちの「生命の時間」を侵害する。人間が経験によって学ぶことや、人間の成長に関わる教育において、機械論的時間感覚の弊害が強く表れる。人が経験から学ぶには時間が必要である。人びとが議論を重ねて学び（変化し）ながら、合意に到達するには時間が必要である。

　そのような「時間」が現代社会で軽視されている。例えば、受験競争において試験問題を短時間に解く要求は、思考力というよりも記憶力に頼る学習に偏りがちである。人間が心身共に成長するためには、記憶力のみではなく、人間としての全体的な能力が必要であり、さらに個性に応じた多様な発達が必要である。それは日々の経験のプロセスの中でしか達成できない。つまり時間の経過が必要なのである。

第3節　二元論の起源

　前節では機械論の世界観の短所を述べた。ここではその機械論の本質にある「二元論」を議論の対象にしてみよう。それは「人間と自然の関係」を考える上で、私たちが克服すべき最大の障害だからである。また機械論の限界を克服して、生命論の見方を促進するためのポイントでもある。本書では生命論の世界観を展開する基礎として、関係論を議論するが、その関係論と対照的なものの見方として、二元論や二分法について本節で考えてみよう。

1.　二元論の弊害

　私たちの自由な思考を二元論が妨げる。このことについて説明したい。人

間と自然の関係については、世界のさまざまな地域の異なる文化によって、それぞれの異なる見方があるだろう。その中で人間と自然を二元論的にみてきた、西洋キリスト教文化の影響は大きい[23]。そこでは「自然」は野蛮な存在であり、「人間」はそれを飼い慣らすべき存在である。人間が科学によって自然を解読して利用し支配する、そのような思想に立つ近代文明の基礎はデカルト主義である。そこには人間と自然を峻別する二元論の思想が根底にある。それは二元論に基づく人間中心主義である。

　しかし現在、人びとは環境問題に直面して、自然支配の思想に疑問を抱き、再び「人間は自然の一部」であると考えるようになった。しかし私たちは簡単には二元論の思考の習慣から脱却することはできない[24]。たとえば、過去の自然支配の態度を反省して、その反動であろうか、人間による自然の利用そのものを罪悪視する傾向が現代社会にある。すべての生き物は、他の生き物（自然）を「殺して」、命をつなぐ存在である。それにも係らず、それを自然支配や自然破壊の表れであると捉えて、自然の利用を罪悪視する見方が少なくない。自然の利用を否定的に捉えて、人間と自然の「分断」を「自然保護」の理想とする。序章に挙げた白神山地の入山禁止にはそのような思想がうかがえる。人間は自然の一部である、と私たちは考えているにもかかわらず、このように人間と自然を分離する二元論に囚われることが多い。

　「自然支配」の思想の根源は二元論にあるにも係らず、「自然保護」の思想もこのように二元論思考の表れになる可能性が大きい[25]。それは人間と自然は不

---

[23] リン・ホワイト『機械と神』みすず書房 1972 は、環境問題の歴史的根源はユダヤ・キリスト教的世界観にあるとしたが、多くの反対論も発表された。例えば岡島成行「環境問題に宗教はどうかかわるか」加藤尚武編『環境と倫理』1998、pp.176-177。

[24] オギュスタン・ベルク『地球と存在の哲学』筑摩書房 1996、p.22 では以下のように述べている。「私たちの文明は、環境重視主義という表現に要約されるような形で、近年再検討の対象にされてはいるが、それにもかかわらず今なおきわめて広い範囲で二元論的存在論に根拠づけられている」。

[25] 鬼頭秀一『自然保護とはなにか』筑摩書房 1996、p.120 では以下のように述べている。「自然からの収奪の思想とは表面的にはまったく逆の自然保護の思想も、人間と対立したものとしての自然を想定しているという意味で、いわば西洋近代の産物であった。『自然破壊』と『自然保護』という一見逆の方向性をもった概念も、人間と自然の二分法的な対立図式の中で考えられた、西洋近代に特徴的な考え方ではなかったのだろうか」。

可分である、という「関係」の自覚が欠けているためである。人間と自然の結びつきの認識に基づいて、両者が共存・共生する世界を構想することが必要である。二元論によって人間と自然を分離・分断することは、両者の望ましい関係を阻害するだけでなく、自然の一部である人間自身の「自然」を否定することにもなる。なぜなら、人間が自然に依存することを否定するのは、人間から食べ物を奪うことであり、自然と交流することを否定するのは、人間の「内なる自然」（第6章で説明する）の否定である。

二元論の弊害をもう一つ挙げよう。私たちは現在諸々の「環境問題」に直面しており、「環境にやさしい」ことが求められている。しかしそれは「環境の問題」であり「環境が問題」なのだろうか、あるいは「問題は環境にある」のだろうか。そうではなく問題は人間にある。問題は人間にあるにも拘らず、また問題は私たち一人ひとりにあるにも拘らず、環境に現れた「人間問題」を「環境問題」と呼ぶことにより、私たちは無意識にスリカエの責任逃れをしている[26]。

環境問題の責任は人間にあることを、私たちは一応認識している。しかし「環境問題」を口にして、「環境のために」とか「環境にやさしく」と考えることで、それを他人事のように感じて、自分自身の（利害の）問題として真剣に考えない、という傾向があるのではないか。人間と環境は不可分の関係性で結ばれた存在であるにも係らず、両者は自分と環境の二元論的な別々の存在である、との錯覚が私たちの意識の中にあるのではないだろうか。

2. 認識作用に始まる二分法

私たちは自分では気がつかないが、二元論で思考し議論する傾向がある。それは人間に宿命的といって良いかも知れない。開発と環境保護、人間と自然、精神と肉体、文化と自然、文明と未開、唯物論と唯心論、性善説と性悪説など、

---

[26] 例えば、中島正博「都市環境管理と市民参加 多様な活動主体必要に」『中国新聞』2002年2月10日。「環境問題」と言うと、本文に書いたような語弊がある。しかし「環境破壊問題」と呼べばまだマシかもしれない。

二分法は無数に存在する。なぜ二元論が生まれるのだろうか。それは人間の認識活動とその方法が原因である。認識する対象を二分法的あるいは対照的に把握することは、人間の思考にとって不可避である。なぜなら人間が自分自身のまわりを見る時、観察する対象の「差異」に気づくことから、認識が始まるからである。

　自分と他人、男と女、こちらとあちら、黒いか白いかという具合に、目に見えるものの差異や、その差異を区別する境界が人間の認識活動を助ける。このように何かを認識するということは、必然的に差異による区別を伴っている。その差異を人間は「言葉」で表現する。認識活動によって二元論が生まれる原因は、人間に特有のこのような認識の方法にある。二分法にはじまる「分割」を繰り返すことによって、世界が次第に詳細に認識されてゆき、人間の世界認識（コスモロジーつまり宇宙観）が形成されてゆくのである[27]。

　このように二分法の認識は避けられずごく自然であるが、問題は人間が二元論に囚われることである。つまり二分した両者は関係し合って存在しているにも係らず、あるいは明確には二分できない境界領域[28]があるにも係らず、どちらか一方のみにこだわって、例えば「白」を絶対化し、それを主張して他方の「黒」を凌駕し、あるいは否定しようとするのである。私たちは例えば、唯物論か唯心論か、性善説か性悪説かなどと、いずれかの一方を主張する衝動にかられることが多い。どうしてそのようなことが起きるのだろうか。

　そこには人間による言語や文字の使用、そして人間の心理的な思いこみ、さらには自分の考えに対する固執、などの要因があるように思う。先ずは言語の

---

[27] 山内昶『タブーの謎を解く』筑摩書房 1996、pp.128-129 では以下のように述べられている。「この二項をさらに次々に二項分割してゆくという細胞分裂方式で、部族をはじめ、自然、労働、家屋等々を分類し、組織するコスモスの概念図式、すなわちコスモロジーを作りあげていたわけである。…ヒトが本来的に二元論者であるのは確からしい」。

[28] 養老孟司『人間科学』筑摩書房 2002、p.228「死もまた自然の現象であり、したがって生死のあいだに明確な線を引くことはできない。しかし社会的に認められた死は、きわめて明確に生とは区分される。多くの誤解は、自然の区分は与えられたものであって明確であり、人為的な区分は恣意的であいまいだという一般論から生じる」。

146　第 2 部　近代の克服と世界観

機能の限界を私たちは自覚すべきではないか。認識作用に伴う対象の差異は、「黒か白か」というように、人間の言語によって表現される。認識の対象が特定の言葉（抽象的概念）で表現されると、言葉で表現した対象の実体を離れて、その現実の実体が抽象的な概念として、つまり言葉のみによって文字や会話で操作される。実体は言葉で表現できない微妙かつ豊富（さまざまな黒や白や灰色）な内容を備えているが、言葉で表現された時から単純化されそれが抜け落ちてしまう[29]。逆に抽象化と単純化をしなければ言葉で表現することは出来ない。

　これはホモロクエンス（話す人）の言葉による抽象化と単純化であるが、人間以外の動物が持たない言葉の力であるとともに、人間の持つ言葉の限界でもあろう。人間を特徴づける言語能力が原因となり、結果として「人間と自然」という言葉の上で、二元論の認識を私たちに強制していることは、原因と結果が一貫している。そのような抽象化に支えられた二元論の認識により、世界の分断化が促進される。単純化と抽象化は言葉による思考と伝達を容易にして、さらにその言葉は人びとの記憶や記録として留めやすい。人間は、複雑性よりは単純化を好むために、また一度思いこんだ二元論的概念に

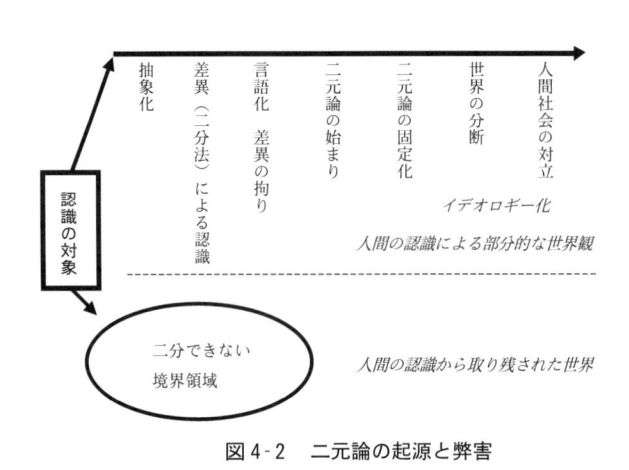

図 4-2　二元論の起源と弊害

---

[29] オギュスタン・ベルク『地球と存在の哲学』筑摩書房 1996、p.28 では以下のように述べている。「私たちは各人が『存在者』として異なる顔を持っているにもかかわらず、全員が人間『存在』である。ある楢の木が別の楢の木と形が違っていても、ふたつの存在者は同一の『楢の木』という存在を表している」。このようにベルグは「存在者」と「存在」という言葉を使って、それぞれ実体と抽象化された概念を区別している。

固執するために、さらに人間は思想的存在であるが故に、思想や概念によって人びとが二元論のいずれかに分断されてしまう。ここに人びとや社会を分断するイデオロギーの悲劇が起きる。人間は「言葉の囚われ人」とはこのことである。

　世界はもともと分割されてはいない。世界は二分できるほど単純でないにも係らず、人間の認識や言語化に必要な単純化の代償として、言葉の上で世界が分断されてしまうのである。つまり認識作用をはじめとする人間の営みにおいて、言葉を使用する人間の能力が二元論の認識や思考を促進する。差異による世界の認識を進めて、世界の分類や分割が進む。ところが、機械論の世界観においては、分割された部分間の関係性に疎いために、世界の分断化に陥る危険性を抱えている。そして差異へのこだわりやその思い込みによって、あるがままの世界を全体として認識できないのである。そのような差異へのこだわり、部分的な見方への固執、イデオロギーによる絶対化などが、人びとを二者択一の対立や主義主張で分断する、人間社会の悲劇へと導くのである。

3. 二元論の克服へ向けて

　二元論は、人間が言語による認識をすることから起きる、不可避的の結果だろうか。二元論の認識と思考方法が人間に宿命的であり、「差異へのこだわり」が人間の傾向であるならば、二元論に囚われて世界を分断する人間のこの重い問題は解決できるのだろうか。

　その解決のためには先ず、二元論の認識やイデオロギーが生成される過程に潜む問題を自覚することが必要であろう。すなわち認識作用における抽象化と単純化によって、世界の認識が形成されるために、その認識は一面的であり完全なものではない、ということを先ず自覚しなければならない。その理解に立って、次に世界の部分的ではなく全体的な認識に近づく努力が求められる。

　差異にこだわる思い込みが、人間に共通の傾向であることを自覚するならば、異なる考えや多様性を尊重する開放的な態度が大切であることが分かる。そのようにして、二元論による世界の分断、その結果として人間や社会の分断という、人間の負の傾向性を克服することは可能であり、そのためには生命論

の世界観が解決のカギを握っている、と私は考えている。また、世界を分割する言葉の限界を超えて、世界を全体的に捉えることは可能だろうか。そのような思考パラダイムとして、分断の機械論を補完する「生命論の世界観」、すなわち要素と要素の関係性を重視して、全体を捉える認識の枠組みについて次章で考えたい。

　本節では二元論の重い課題を強調してしまったが、必ずしも私たちは悲観的になる必要はないと思う。二元論が肥大化した現代社会がある一方、そうではない伝統的社会も存在している。つまり多様な文化が、いわば文化的遺伝子のプールとして、人類の発展の可能性を提供してくれる。また、人間社会には二元論やイデオロギーに囚われる不幸はあるが、私たち一人ひとりは日々の生活において、必ずしも二元論による分断に縛られているわけではない。人びとの考えの差異に囚われず、全体的に捉え認識し判断することもしているからである。

第4節　人間と自然の二元論

　二元論の発想は人間と自然の関係にも及んでいる。つまり私たちは人間と自然の二元論に陥ることが多い。その二元論の問題が先鋭化するのは、開発と環境保護が対立する時である。つまり「開発か環境保護か」という、選択肢が限定された二者択一の思考である。さらに自然保護を論じる環境倫理の議論においても、二元論的思考の傾向が見られる。つまり人間のための自然保護か、自然生態系のための自然保護かという、人間と自然のどちらを中心にするのか、という二元論である。

1.　人間と自然

　「人間は自然の一部である」と人びとは口では言うようになった[30]。しかし、そのような人間観・自然観は、まだ社会や文化の基礎にはなってない。現代社

---

[30]「人間は自然の一部である」と言葉で話すことと、行動で表現することはまったく異なる。

会は依然として、自然から人間を除外する自然観の上に立っている。そのような自然観が形成されたのはそれなりの理由がある。その理由を自覚しなければ、人びとが口で言う人間観・自然観と、現実のギャップを埋めることはできないだろう。

　人間はなぜ「人間と自然」を分けて二元論の発想をするのか、またなぜ人間を除外して「自然」を定義するのか。それは人間が世界を認識して、人間の言葉で世界を表現するからであろう。人間を含めてすべての生き物は、世界を認識する際に自己と他者を区別する。自己と他者の区別はすべての生き物によって行われる。そこで自己である人間と、他者である自然の山や川や海を区別する。「山」「川」「海」などの言葉を用いて、人間が認識する対象を名づけて、人間同士の意思の疎通が可能になる。しかし、山・川・海…等を例えば「自然（nature）」と総称するかしないかは、それぞれの社会の文化による。古来の日本では「自然」と総称しないで、人間も含んで「天地万物」とか「森羅万象」と表現していた。個々の他者は山・川・海…として存在していたが、人間以外のすべての存在から人間を区別する「自然」は存在しなかったのである。**言葉の上で二元論の発想が一般化したのは、西洋文化を取り入れた明治時代以降の現象ではないだろうか**[31]。従って「人間と自然」の二分法の発想は、日本語にたとえ存在したとしても、古来の日本文化には支配的ではなかったと思う。

　「人間と自然」の二元論的認識の別の理由は、他の動物と比較して人間の脳が格段に発達したために、自然の脅威を克服し自然を利用する知識を人間が手に入れたからであろう。知性を獲得した人類は火や道具を発明して、自然に手を加えて、周りの環境を改変して、狩猟採集時代から現代に至るまで、人間に都合の良い生活環境を創造してきた。**人間は常に現状に満足せず、外界や自然に働きかけて、変化・発展を志向する存在である**。人間が類人猿から進化したのは、そのような知恵と能力を獲得したことが原因かも知れない。だから人間は自然環境に「埋没」することなく、自然環境に働きかけて自然資源を獲得・利

---

[31] これについては第6章第2節において外来語の"nature"の訳語に関わる問題として説明している。

用する装置、つまり農耕文明や工業文明を作り出したのである。このように自然（あるいは山野河海）は人間に脅威や恵みをもたらす存在であり、人間が働きかけるべき他者として認識されてきた。

そのように他者と認識された自然と自己としての人間を、そのまま二元論の認識に留めるか、あるいは人間と自然の間の関係性を理解して、両者の不可分性を認識するかは、それぞれの社会の文化によるだろう。一神教のキリスト教文明は「人間と自然」を対立的に捉える傾向があり、他の汎神論的で多様な伝統文化は、人間と自然のつながりを大切にする。前者が二元論的であり、後者が不可分論・関係的な認識であると大まかに言えるだろう。

世界各地の伝統文化[32]には、人間と自然の共生の知恵が豊かに内包されている。キリスト教文明圏においても、生活の知恵あるいは伝統的な文化として、「人間と自然」の共生の知恵が、それぞれの地域で受け継がれてきた[33]。人間と自然の共生について考える際、それぞれの社会の自然観の背景を理解しておくことが大切であろう。

2. 開発と自然保護

「開発と環境」に係わる考え方にはどのような二元論の証拠があるだろうか。第1に挙げたいのは、現代社会で頻繁に見られる「開発か、環境保護か」という二者択一の強制である。その際の「開発」は特定の人びとの利益を優先する論理であり、「環境保護」は特定の自然環境を優先する論理の主張である。そこには人びとの自然観のみならず、社会の利害関係も絡んでいるので、本当は「開発か、環境保護か」と二分できるほど状況は単純ではない。

---

[32] 例えば、福井勝義編『地球に生きる4 自然と人間の共生』雄山閣1995など。
[33] カール・ハーゼル『森が語るドイツの歴史』築地書館1996、p.263は以下のように述べている。「ドイツ人には森への愛情があるといわれています。…森への思いやりという心の持ち方もまた、持続性や森の維持や保護育成などを考えた森の管理や経営と、そうしたことを森の所有者や社会に期待した十九世紀の所産です。…そこでは来るべき世代の人々が必要とするものについて優しい愛情をもって考えるということが、ずっと以前から育まれていたのです」。

しかし対立的な議論やイデオロギー論争は単純化する傾向があるので、結局、開発か環境保護かの二者択一の構図になることが多い。そうすると、それぞれ開発至上主義、環境絶対主義とでも呼ぶべき、一種の教条主義の対立になりやすい。人間と自然の二元論思考が、いずれかを主張する二つの教条主義のグループを生み出す。

　「環境保護」にも時として二元論の思考が表れる。それは「人間か自然か」という二項対立である。人の手の加わらない自然を維持することが理想的な「自然保護」である、と考えられる。人の手の加わらない状態を維持するには、強制的な人為的規制によって、自然への人為を排除することが必要である。人為的に人為を排除していることを自覚すれば、人為のあるなしの意味が曖昧になる。その自然に対する人為の影響がなくても、生態系自身の遷移によってその自然は「変化」することを考慮すれば、自然保護によって何を保護し維持しようとするのか不明確になる。そのような例を以下に紹介する。

　現在の自然環境保全法に基づく原生自然環境保全地域では、特定の自然の状態を保護するために、地域指定がなされる[34]。一般に人との係わりが皆無の自然は日本にも世界にほとんど存在しないが、地域指定がされる前の自然も、地域住民と多少の「係わり」があるのが普通である。その「係わり」を含むさまざまな生物の相互関係で、その自然が維持されている。自然保護制度には人為による介入を排除する、という生態学的な前提があるために、地域指定をすると原則として人為が排除される。ところが、人の手の入らなくなった自然は植生の遷移が進み、制度によって保護しようとした「特定の自然」は変化して、その地域にはなくなってしまう。皮肉にも地域指定によってこのような結果になった地域がある[35]。自然保護制度の本来の目的と矛盾する結果である。人の手の加わらない自然を維持する「自然保護」の前提が、人間と自然の関係の現実（＝真実）と矛盾しているために起きた結果である。同様の例は、人手の

---

[34] 例えば畠山武道『自然保護法講義』北海道大学図書刊行会 2001、p.224 による。
[35] 荒川康「自然環境をめぐる問題化の位相」として、環境社会学会 2002 年 6 月第 25 回セミナーにおいて、多田羅沼自然環境保全地域の事例が報告された。

入った里山にしか棲まないギフチョウの例がある[36]。

このことから分かるように、人為の排除で自然が保護できるかどうか疑問である。私は、自然から人為を排除する「自然保護」をすべて否定するわけではない。ここで述べたように、人為を排する自然保護[37]の結果が思わしくないことや、自然保護によっても自然破壊に未だブレーキがかからない世界の現状から、**これまでの自然保護の思想や発想を根本的に再検討すべきである**と思う。それではどのような自然保護が望ましいのか。生命論の関係性を大切にする世界観を次章で紹介して、それに基づき人間との係りを視野に入れる自然保護について、後続の章で述べたい。

先の章で述べたように、近代以前の伝統的社会においては、自然利用の人為が加わりながらも、世界で自然は持続的に利用され保たれていた。そこには、自然への人為をどう考えるべきか、保護すべき自然に対する人為の有無をどう考えるのか、という疑問への答えが含まれている。その答えは具体論として後の節でさらに議論する。とりあえずここでは、手つかずの不変の原生的自然の維持が理想的な自然保護、とする現代の「自然保護」の考え方に疑問を表明しておこう。

3. 人間中心主義か否か

環境倫理をめぐる議論においては、「人間と自然」の二元論を前提にした議論が多いように思う。人間はこれまで自然を利用あるいは保護してきたが、何れにおいても人間の利己的な動機（人間中心）に基づいている、という反省から、環境倫理学では「人間中心主義」からの脱却が模索されてきた。これまでの「自然保護」に見られる人間と自然の関係は、人間の利己的な「人間中心主義」に基づいており、それをいかにして思想的に超えるか、という課題に関す

---

[36] 人が里山から遠ざかり雑木林が自然化したために、ギフチョウが減って希少動物になった。
[37] 特に発展途上国では、人為を排除する自然保護の施策が講じられても、自然は人びとの生活と密接に係っているので、自然から人為を実際に排除することは不可能なことが多い。

る議論である。ある論者は「生態系中心主義」[38] を唱え、別の論者は「動物の権利」[39] を唱える[40]。すなわち人間を中心にするのではなく、生態系を中心にすべきであると考え、人間の権利を最優先するのではなく、動物の権利や自然の権利を平等に認めるべきであると主張する[41]。

このような思想には大きな問題がある。「人間中心主義」に反対するこれらの主張に共通する問題は、人間と自然（動物）を独立した「個」の実体[42] として捉えていることである。また具体的な個々の人間や自然から離れて、言葉に

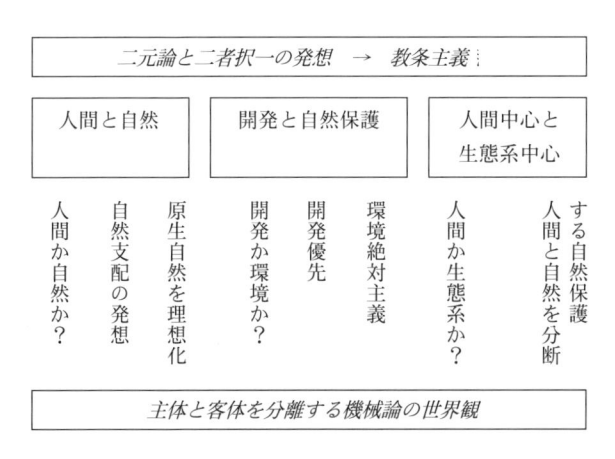

```
┌─────────────────────────────────────────────┐
│    二元論と二者択一の発想  →  教条主義      │
└─────────────────────────────────────────────┘
┌──────────┐  ┌──────────┐  ┌──────────┐
│ 人間と自然 │  │開発と自然保護│  │ 人間中心と │
│          │  │          │  │ 生態系中心 │
└──────────┘  └──────────┘  └──────────┘
  人  自  原  開  開  環    人  人  す
  間  然  生  発  発  境    間  間  る
  か  支  自  か  優  絶    か  と  自
  自  配  然  環  先  対    生  自  然
  然  の  を  境          主  態  然  保
  か  発  理  か          義  系  を  護
  ？  想  想  ？              か  分
         化                   ？  断
┌─────────────────────────────────────────────┐
│    主体と客体を分離する機械論の世界観        │
└─────────────────────────────────────────────┘
```

図 4-3　人間と自然の二元論

---

[38] 例えば、J・B・キャリコットは「動物開放論」(1980) を主張したが、生態系全体の価値を論じたために、「環境ファシズム」との批判を受けた。鬼頭秀一『自然保護とはなにか』筑摩書房 1996、p.70 による。
[39] ピーター・シンガー『動物の権利』技術と人間 1986、あるいはパオラ・カヴァリエリ＆ピーター・シンガー『大型類人猿の権利宣言』昭和堂 2001 など。
[40] 人間中心主義と生態系中心主義の議論は、別の観点から第 6 章第 4 節で行っている。
[41] 「平等」という観念が生まれるのは、個と個の関係を前提にしているからである。もし生物同士が平等であれば、食物連鎖も生態系も成り立たない。個を基準にした「平等」という関係とは別に、「循環」という関係がある。平等の概念は独立した個の概念に囚われている。関係性の場においては、個と個は生かし生かされる、という循環の関係の中で成立している。第 6 章第 3 節の共生の議論を参照されたい。
[42] 独立した実体とは、デカルトの定義した実体と同じ。本章第 2 節の注を参照。

よってそれらを抽象化するために、現実の人間と自然の豊かな関係性が捨象されてしまう。その抽象化が「人間と自然」の二元論を一層強化している。人間を中心にするのか、自然生態系を中心にするのかと発想し、人間に対立する形で自然や動物の側の権利を主張している。二元論の発想においては、何かを中心におけば、他を中心から外さなければならない。あるいは両者が対立する権利主体の「個」として捉えられる。それは主体と客体を分離して認識する機械論の世界観である。

　この二元論は近代文明とともに強化されてきたが、それは天地創造の一神教における神・人間・自然という序列の世界観によっても促進された[43]。二分法の源をさらにたどれば、先に述べたように、言語による世界認識という、人類共通の特徴が原因である。近代化以前の世界においては、汎神論的な自然観もキリスト教と共存[44]しており、人間・自然の二元論の認識は現在ほど強くなかったと思われる。

　近代化とともに肥大化した機械論の世界観を背景にして、人間が自然を支配しようとする近代文明が発展した。自然は人間が自由に操作し利用できる対象物と考えられたのである。その結果起きたことは改めて説明するまでもない。人間による自然破壊がしっぺ返しを引き起こし、人類の生存と存続の未来を危うくしている。今までの過ちに気がついた人間は自然保護を唱えて、人間の行為から自然を守るために、人間と自然を分断しようとする。しかし、それは自然支配と同じ二元論の発想である。「自然支配」も「自然保護」も根本の二元論の発想は変わっていないようだ。

---

[43] 例えば、リン・ホワイト『機械と神』みすず書房1972、pp.87-88では以下のように述べている。「人は神の自然にたいする超越性を大いに分けもっている。キリスト教は古代の異教やアジアの宗教（おそらくゾロアスター教は別として）とまったく正反対に、人と自然の二元論をうちたてただけではなく、人が自分のために自然を搾取することが神の意志であると主張したのであった」

[44] 細谷広美「生きている山、死んだ山―ペルーアンデスにおける山の神々と人間の互酬的関係」鈴木正崇編『大地と神々の共生』昭和堂1999、p.192では以下のように述べている。「現在ペルーの人口の大半はカトリック教徒となっている。…カトリック教徒を自称しつつも、人びとが暮らす自然環境と結びついた山の神信仰は脈々と受け継がれてきた」。

第5章　関係性と変化の世界観—生命論

第1節　生命論の世界観

　人類の歴史における社会の発展の中で、人間と自然の関係がどのように変化してきたか、これまでに第1章から第3章を通して述べてきた。その関係は近代化以前と以後で大きく変わった。前章ではそれを「近代化」による分断の現象と捉えて、人間と自然に限らず、すべての関係性の「分断」を推し進めてきた、機械論の世界観の問題を指摘した。機械論は世界の一面の真実であるが、それですべてを理解し判断することはできない。機械論の欠点を克服するのは「生命論」であると私は考える。「開発と環境」も「人間と自然の関係」も、その根底の生命の営み（生き方）のレベルから考えなければ、将来への新たな展望は開けない状況にある。

　本章では、その生命論の世界の見方、すなわち世界観について紹介したい。「生命論とは何か」と問われても、包括的に答えることは容易でない。さしあたり私は、生命ある存在、そして生きた存在が形成するシステム、すなわち生態系や人間社会、などがもっている特質を見極めて、それを大切にする考え方であると定義しておく。従って、生命論はさまざまな観点から論じることができるだろう。本節では生命論の世界観を4つの観点から説明したい[1]。すなわち、第1に世界は生命的プロセスであること、第2に世界は関係性の場であること、第3に世界の時間的な変化、第4に世界を認識する方法、第5に世界を評価

---

[1] 生命論の世界観を筆者が考えるに際して、日本総合研究所編『生命論パラダイムの時代』第三文明社 1998 に触発された。本章の内容も同書に負うところが大きい。

156　第2部　近代の克服と世界観

する基準である。

1. 生命的プロセス
(1) 生命的存在について

　世界は生命的なプロセスである、とここでは考える。そして生命論とはその認識から生まれる考えである。すなわち宇宙は生成[2]する存在であり、自然という生命システムを生み出す生命的存在である。ここで生命的存在とは、宇宙に働く"Mother nature"（母なる自然）としての力、つまり万物を生み出す力をもつ宇宙、という広い意味で使用したい。宇宙は地球を生み出し、地球上で生命を生み出し、生態系を生み出し、人類を生み出し、これらの生命システムは進化を続けてきた。その進化はこれからも続く。その生命的存在とは唯一神を意味するのではなく、私たち人間を含む個々の生命であり、生態系であり、山野河海であり、地球であり、生死を繰り返す星であり、さらには宇宙までのすべてであり、その総体である[3]。つまり生命的存在として、生命そのものと生命

宇宙

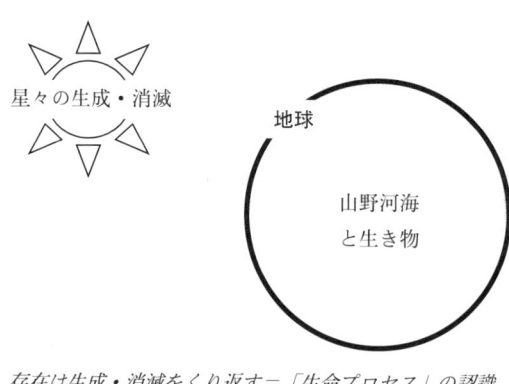

星々の生成・消滅

地球

山野河海と生き物

存在は生成・消滅をくり返す＝「生命プロセス」の認識

図5-1　世界は生命的プロセス

---

[2] 生じて形を成すこと。物が発生すること（広辞苑）。
[3] ここでは生成する存在を「生命的存在」と呼び生命を広く考えている。狭い意味による「生命」は細胞を持ち子孫を残す存在であるが、そのような生命はそれを生み出す環境（非生命）に支えられており、生命と非生命は不可分である。例えば、地球にしか海（水）がないことは、地球にしか生命がないことと同じである。従って、「生命」を狭義にのみ捉えることは、言葉に囚われて、思考の可能性を制限することになると思う。

を生む場の両方を含めて考えたい。

現生人類が出現して以来、長い狩猟採集時代を経て、農業文明や工業文明を築いて現在に至った。現生人類が生まれてから今日までの歴史は、止まることのない変化のプロセスであった。決定論に基づく機械論的世界観と異なり、このように**生成・変化を続ける生命的存在として、この宇宙と世界を理解することが生命論の世界観である**。

現在も人類は歴史的な発展（進化）プロセスの途上にあり、私たちの身近な社会もやはり生成・進化・発展を続けている。特に現代の世界の国々や地域の社会システムは急速な変化を経験している。**この社会システムにおける社会制度、社会組織、都市や地域の社会など、人間が形成する社会的存在も、生成し変化する生命システム（生命的存在）とみなすことができる**。

生命論の世界観は、既存の社会制度に固執するのではなく、生成・発展という社会の変化を積極的に受け入れる。そして決定論的な将来の社会の「設計図」を人びとに強制するのではなく、生命システムの「自己組織化」（後で説明する）プロセスの中で、新しい時代の社会システムを創造することが、生命論の世界観の表現であり実践である。このように、**生命システムが現出する生命的プロセスとして私たちの世界を認識することが、生命論から社会を捉える**ということである。

(2) 世界観について

ここでは生命論の世界観について基本的な概念を述べたい。世界観とは世界をどのようにみるかという見方であるが、その見方によって私たちの認識する内容が変わる。たとえば、私たちの意識や見方によって、周囲のものが目に見えたり、見えなかったりするのは、日常的に経験することである。そのように私たちの見方によって、人間の考えや行動が影響を受ける。そしてそれぞれの特徴を持つ社会が形成される。その世界の見方というのは必ずしも、人によって明確に意識されているわけではなく、**それぞれの社会の文化として、多くの場合は無意識的に人びとの思考様式を規定しているものである**。

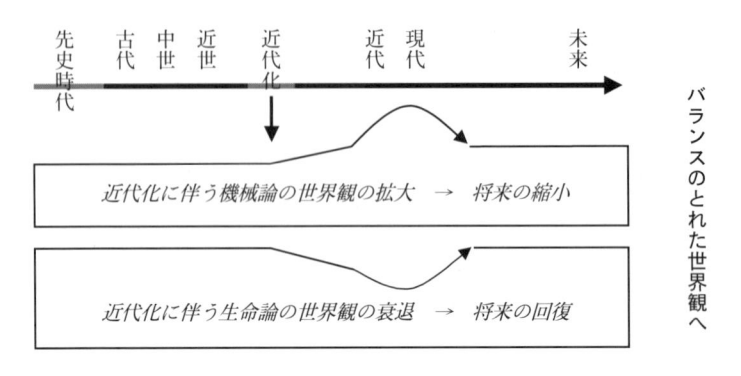

158　第 2 部　近代の克服と世界観

```
先史時代  古代  中世  近世  近代化  近代  現代        未来
─────────────────────────────────────────────→
                    ↓
      ┌─────────────────────────────────────┐
      │  近代化に伴う機械論の世界観の拡大  → 将来の縮小  │
      └─────────────────────────────────────┘
      ┌─────────────────────────────────────┐
      │  近代化に伴う生命論の世界観の衰退  → 将来の回復  │
      └─────────────────────────────────────┘
```
バランスのとれた世界観へ

図 5-2　近代化による機械論と生命論の世界観の盛衰

　現代の工業文明の社会では、デカルト主義に代表される機械論の世界観が肥大化している。その問題点については第 4 章で述べた通りである。生命論も機械論も世界の見方に関する名称である。本章に述べた生命論がすべて新しいものであると主張するつもりはない。生命論あるいは機械論[4]と呼ぶ、呼ばないに係わらず、そのような見方や考え方は、古今東西の人びとの生きた知恵であった。人類の歴史において、それぞれの個人や社会の世界観として、生命論的な見方も機械論的な見方も、意識的にあるいは無意識的に、現在まで存在してきた。一個の人間の内にも、強弱を伴いながら両方が存在している。いつの時代にも機械論と生命論は併存し共存してきたが、機械論の世界観が肥大化したのは、歴史的には近代以降のヨーロッパからであり、地域としては現代の先進諸国だろう。その機械論によって一方に偏った社会にバランスを取り戻すべく、生命論の世界観を強調することが、今の時代に必要である。

---

[4] 機械論の考え方を推し進めたのは、ルネ・デカルトが代表的であるが、機械論的な思考方法はデカルト以前から存在する。そもそも二元論は人間の認識方法そのものに起因することは、前章で述べたとおりである。

2. 関係性の場
(1) 生命論は関係性の見方

先述したように世界は生命的存在であり、したがって世界は「関係性の場」[5]である。生命論の世界観はこの関係性を最も大切にする。機械論は前章で説明したように要素還元論[6]に基づいているため、世界を構成する要素間の関係性が重視されない。それに対して生命論においては、世界は「関係性の場」であり、すべての存在はその環境との「関係」によって成り立っている[7]。たとえば生態系の食物連鎖に見られるように、生き物は競争・寄生・共生などの関係の上に生きている。またヒトも、家族、学校、職場、地域など、さまざまな社会における関係の上に生きているので、その存在はヒトの間つまり「人間」と定義されている。逆に言うと、人を含めてすべての生き物は、その生物の社会や環境との関係性無くして、存在できないのである。人間と自然・環境の関係を考える上で最も大事なことは、人間と自然・環境は無数の糸で結ばれており、不可分の関係にあるという事実である。

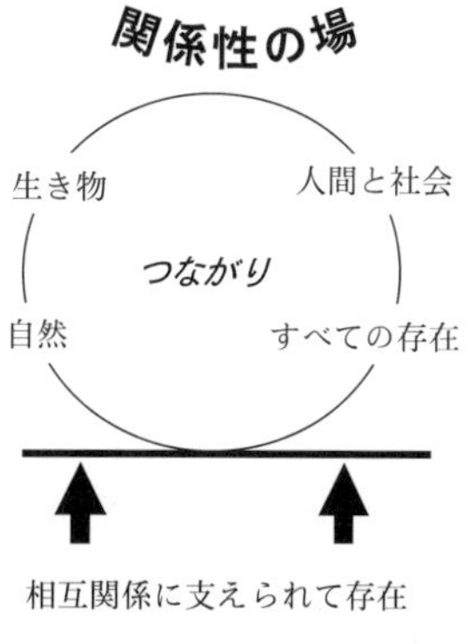

(2) 要素還元論とシステム論

関係性はさまざまな局面で考えることができる。機械論の表れである要素還元論においては、特定の要素に還元して全体を論じるために、全体を構成するその他の要素が軽視されて、観察する対象の全体性が損なわれる。たとえば経済学では人間を「経済人」と定義して、社会における人間の行動を経済的動機に還元して説明しようとする。つまり経済的動機だけで人間の行動が説明できると仮定する。経

図5-3 世界は関係性の場

---

[5] 世界を関係性の場としてみる世界観は、仏教の「縁起観」として確立されている思想である。
[6] 世界の複雑で多様な事象を単一なレベルの基本的な要素に還元して説明しようという立場。
[7] 世界をより正しく理解するために、近年「複雑系」の理論が発展している。それは「関係性」を重視する生命論の見方の重要性が、科学や社会で増していることの現れであろう。

済以外の価値や感情も人間の行動に影響するので、「経済人」という要素に還元することは常識的に無理があるし、そのような機械論的な人間観は一面的に過ぎる[8]。人間をより全体的に捉えることが必要である。

つまり人間や社会を全体として観察して理解する考え方が必要である。要素還元論の欠点を克服するべく、対象を全体として把握するためには、**システム論的**[9]な思考方法が有用である。**システム論とは、全体の構成要素が互いに関係をもって繋がった、一つのシステムと考えて対象を把握する方法である**。それは関係性を重視する生命論の世界観と近い考え方である。社会を構成する諸々の組織をネットワークと見なして、社会全体の機能を考察することも同様である。

(3) 主体と客体の不可分

主体と客体の「関係性」も大切な問題である。なぜなら「人間と環境」あるいは「人間と自然」という、主体と客体の関係は本書の大切なテーマだからである。機械論では主体と客体を分離する二元論の前提に立っている。すなわち人間主体は、観察される対象(客体)と相互の影響がない状態で、対象を客観的に観察できるとする前提である。しかし**ミクロの世界を観察する量子力学の分野では、主体と客体の二分論が破綻することが分かっている**。たとえば、電子を使って観察する主体の行為が、観察される対象の電子に影響を及ぼし、客体の電子の状態を変化させる。つまり主体と客体の分離が成り立たないのである[10]。

ではマクロな社会現象において主体と客体の相互関係は無視できるだろうか。たとえば社会調査を行う場合、主体の観察行為が、観察される客体の人間

---

[8] これはもちろん要素還元主義の全面否定ではない。要素に還元して調べて、それを寄せ集めても表現できないことが、生命システムには多いけれども、機械的なシステムは要素還元主義が有効な分野である。

[9] 例えばフォン・ベルタランフィ『一般システム理論』みすず書房1973では、還元論アプローチとは逆に、無生物・生物・精神過程・社会過程のいずれをも貫く一般原理の同型性の根拠を究明し、それを定式化した。

[10] 例えば、松井孝典『宇宙からみる生命と文明』日本放送協会2002、pp.25-27を参照。

第5章　関係性と変化の世界観―生命論　161

集団の行動に影響することがある。そこでも客体のありのまま、すなわち厳密に客観的な対象の観察はできないので、主体と客体を分離する機械論（二元論）の前提は成立しない。人間社会を含めて、**特に生き物の世界は無生物よりも強い「関係性の場」があり、厳密な意味での主体・客体の二元論は成立しない。**主体・客体は明確に二分できる実体、つまり二元論の存在ではなく、相互に影響を及ぼしあう相互規定の関係である。機械論的な主体と客体の二元論が成り立つのは、両者の関係性が無視できる程度に小さな場合であろう。

対象を観察し認識する際に、私たちは客観主義の立場にこだわり過ぎていた。**主体と客体を分離する、客観主義的な認識の限界を自覚する必要がある。**また逆に、**主体が客体に積極的に係わるなかで、客体の理解を深める認識法を大事にすべきであろう**[11]。

主体と客体の不可分に関連して、生命論の世界観からみる「環境保護」に言及しておきたい。結論的には、人間と環境を「分断」するのではなく、人間と環境の「係わり」による環境保護のあり方を、生命論の世界観は示唆していると思う。それは、これまで支配的であった機械論の「分断による環境保護」の思想に対する反省である。生命論の「係わりによる環境保護」の具体的な展開については、本書の中心的な課題として、後の第6章、第7章、第8章においてさらに述べる。

3. 生成と変化

(1) 時間の流れと変化

生命論の世界観においては時間の流れと万物の変化が重要な視点である[12]。

---

[11] 鶴見和子『鶴見和子・対話まんだら中村桂子の巻　四十億年の私の生命』藤原書店2002、pp.47-48では以下のように述べている。「方法論としてのエンドというのは、自然の事物をそれが生きている脈絡、自然そのものの中で観察する。それが野外観察で、これは伝統的なやり方です。ところがもう一つのエキソというのは、自然の一部を切り取ってきて、それを実験室の中に持ってきて、実験装置を使って、その中で観察する。これは実験的方法で、エキソなのね。外側から見るということ。この違いが、社会学でも自然科学でも大事なことではないかと思う…」。

[12] 最近は生命論の認識を促す著作が増えている。例えばレオ・バスカーリア『葉っぱのフレ

生きたシステム（生命系）を扱う世界では、時間は不可欠の要素であるが、生命の関わらない物理的な世界では、時間は無視することができる。つまり力と加速度のニュートンの法則は、過去・現在・未来において同じように適用できる[13]。この物体の運動において時間による変化はない。この物理法則は、過去・現在・未来の時間の経過と無関係であり、従って可逆的である。

しかし生命系の世界、たとえば人の一生では、時間は過去から現在に一方向に経過しており、過去の行いと現在の行いの結果は異なり、不可逆的である。また人間社会の歴史も不可逆的である。つまり**生きたシステムにおいては、時間は過去・現在・未来へと、矢のように一方向へ向かう流れである**。古代ギリシャのヘラクレイトスが「万物は流れる」と言うように、すべての存在は、時間と共に生成・変化してゆくものである[14]。

先に述べた主体と客体の分離による客観主義の欠点は、時間の流れによる変化という要素を考慮すると、いっそう明らかになる。端的に言うと、観察される客体も観察する主体も、時間と共に不可逆的に変化しているので、完全な客観主義の観察は不可能であろう。たとえ観察される客体が同じでも、観察する主体そのものは、経験を積みながら時間とともに成長・発達するので、観察に

ディ』童話屋、1998 は以下のように述べている。「世界は変化しつづけているんだ。変化しないものはひとつもないんだよ」。「"いのち"というものは永遠に生きているのだ」。

[13] 例えば昨日も今日も、ある物体の運動はニュートンの法則に従い、同じ条件の下で同じ動き方をする。しかし、さらに複雑な物理現象を扱う熱力学の第二法則は、時間について不可逆性が現れることを示す。つまりエントロピーは閉鎖系において不可逆的に増大する。I. プリゴジン『確実性の終焉—時間と量子論、二つのパラドクスの解決』みすず書房1997、p.15 では以下のように述べている。「アルバート・アインシュタインはしばしば『時間は幻にすぎない』と繰り返した。…物理学の基本法則で記述されてきた時間は、過去と未来の区別を含んではいない」。「自然界は、時間的に可逆な過程と不可逆な過程の両方を含んでいる。しかし、不可逆過程の方が通例なのであり可逆過程は例外にすぎない、と言っても不当ではないだろう」。

[14] これは生命システムの特徴を表現したものであり、変化しにくい機械的な存在もあるので、「変化」を絶対化してはならないだろう。生命論は機械論を否定するものではなく補完するものである。生命論は機械論のパラダイムチェンジではなく、言わば「パラダイムエクスパンション」と私は呼びたい。つまりパラダイムの拡大である。

よって認識される内容は、主体と共に変化し発展するに違いない。主体の観察する見方や価値観も変化するので、厳密な客観主義の観察は不可能であろう。

(2) 静的構造と動的プロセス

時間は機械論にとって大事な要素ではないが、生命論では世界認識の大切な要素である。つまり機械論では、時間とともに大きく変化しない静的な構造が認識の対象として相応しい。例えば人間の身体は、人体解剖図で示されるような構造から成っている。しかし生きた存在としての身体に注目すると、新陳代謝によって日々動的に変化するプロセスが見えてくる。また生きた存在は、生まれ、成長し、老いて、死んでゆく変化のプロセスである[15]。**機械論では世界を静的な構造と見なすが、生命論では世界は時と共に動的に変化するプロセスである**。静的な構造は世界の現実の一側面であり真実であるが、それがすべてなのではなく、機械論のみでは世界の認識は不十分である。

人間社会や生態系などの生きたシステムを扱うときには、時間とともに変化するプロセスを大切にしなければならない。たとえば人の身心の成長には一定の時間（年月）が必要である。機械的な製品のように製造時間を短縮することはできない。また教育においてもプロセスが重要である。時間の経過やプロセスの中で人は経験を積まなければならない。人が生きかたを学び精神的に成長するには、試行錯誤をして経験を積んで、心の中で納得するための時間とプロセスが不可欠である。例えば、学習のある段階に到達するまでに、試行錯誤の習得プロセスを経験した人と暗記に頼った人の間では、その人の学習の理解と発展性は大きく異なるであろう。

機械論が肥大化した現代の世界に生きる私たちは、「時」の大切さを忘れがちではないだろうか。つまり時を待ち、時の経過を大切にする姿勢である。それは、時間を短縮し節約することにつながる、「時は金なり」のことではない。現代の効率主義の風潮に慣らされた私たちは、すべてを速くやり終えることが良いことだと思い込んでいる。だから「速く、速く」は私たちの口ぐせである。

---

[15] 日本総合研究所編『生命論パラダイム』第三文明社 1998、pp.44-45 の「静的な構造から動的なプロセスへ」を参考にした。

しかし「急いては事を仕損じる」や「拙速を慎む」などと言って、人間の知恵は時間をかけてゆっくり仕上げる大切さを教えている。特に一人ひとりの成長や社会の合意づくりなど、人間や社会の変化・発展に係わることは、学びのプロセスが不可欠であるために、積極的に時間を費やす姿勢も必要ではないだろうか。最近の「スローライフ」や「スローフード」の背景には、このような生命論に通じる思想性があると思われる。

(3) 確実性と不確実性

時間と変化に関わるもう一つの側面として、確実性と不確実性の問題がある。ニュートンの法則が決定論であるように、科学はこれまで決定論すなわち確実性を強調してきた。工業生産のような機械的なシステムは、確実性が高い科学技術に支えられて発達してきた。それに比べて、自然の天候や生態系に依存する農林漁業は不確実性が高い。

自然、生命、社会などの生きたシステムが係わるほどに、将来の不確実性は大きくなる。機械は病気にならないが、生身の命は、いつ、どのような病気や災厄に見舞われるか予測できない。農林漁業に限らず、人間の生業における技術の発達は、収穫や生産の確実性を増すための努力でもあった。そのような確実性を増す努力が、人間のすべての営みにおいて、人類の長い歴史の中で行なわれてきた。

機械論の世界観に立って科学や技術で確実性を増すこと、つまり「思いどおりの世界」を築くことに人間は精を出してきたが、その傾向は特に近代以後に著しい。そのような近代の傾向が加速度を増した先に、現代社会の諸問題がある[16]。生きたシステムをも思い通りにできるという、自然支配に通じる、世界と自然に対する人間の錯覚は、私たち自身を不幸にする。それは例えば、さま

---

[16] 養老孟司『考えるヒト』筑摩書房 1996、pp.142-143 は、「思い通りの世界」や「意識万能」の世界を築く社会の傾向の危険性を指摘している。養老は以下のように述べている。「世界が意識万能に近づけば近づくほど、無意識の反乱には、より適した世界となるはずである。したがって、すべての都市社会に出現してくるように見える、さまざまな病理的な兆候、犯罪の多発、麻薬の蔓延、性や暴力に係わる事件の続発は、無意識の反乱とも見ることができる」。

ざまな化学物質を生み出して、自然破壊という形で私たちにしっぺ返しをもたらして、地球環境問題をも引き起こした。

　私たちは人間社会さえも、思い通りにしようとすることがある。時と共に変化する社会の現実を無視して、過去に描いた「青写真」を実現しようとする強引さは、時に大規模公共事業の挫折として象徴的に現れる。青写真を作成して、それを決定論的に実施しようとする行政の仕組みには、科学万能主義という社会の本質的な問題があるのではないか。**生きたシステムの不確実性を前提にして、社会変化を織り込みながら、既存の計画ではなく人間や自然の現実を優先して、柔軟に計画に対処する発想と仕組みが必要であろう。**

(4)　自己組織化

　それでは将来の不確実性に人はどう対処したらよいのだろうか。生きたシステムの未来は、「どのようにするか」という可能性において、開かれている。つまり未来は「開放系（未決定）」であり、決定論的なユートピアや唯一の正解などというものは存在しない。生命システムのプロセスは「自己組織化」（詳しくは後述）による生成・創造である。つまり生態系の自然がおのずから組織化・発展するように、社会システムも人びとの活動によって、自己組織化の力が働いて創造される。また人間は現状を認識し将来の可能性を予測する、という認知能力を備えている。人間は行動して周囲への影響をみずから観察し認知する。また行動の反応が自然や社会から人間にフィードバックされる。認知能力によってそのようなフィードバックを取り入れて、進路の軌道修正を図りながら、人間社会は可能性の世界の中で自己を形成（組織化）するのである[17]。

　最近は開発プロジェクトにおいて住民や受益者の「参加」が求められる。都市の公園づくりを始めとして、まちづくりにも市民参加が求められている。市民の特徴は多様な価値観をもっていることである。その市民がまちづくりの

---

[17]　ヘイゼル・ヘンダーソン『地球市民の条件』新評論 1999、p.184 では次のように述べられている。「人体が絶え間ないフィードバック（気温やストレス、聴覚、視覚などの諸感覚に基づく情報）によって健康を維持するのと同様、社会もまたフィードバックを利用し、それに基づいて構造を作り替えていく限りでのみ、成功する」。

ワークショップなどで意見や要望を表明すると、その志向するところは多種多様で、最初は収束点がまったく無いように見える。しかし話し合いを何度も重ねるにつれて、参加者の一人ひとりは他人の意見に学びながら、自分の考えを変化・発展させてゆくのである。このようにして参加者が構成する社会（ワークショップ）は、まさに自己組織化のプロセスによって、収束点の見えない状態から出発し変化して、十分な時間をかけた後に合意形成にたどり着くことができる。

これはあらかじめ描いた計画の「青写真」を、そのまま実現するという機械論のアプローチではない。生命プロセスのもつ「自己組織化」を活用しながら社会システムを形成することが、不確実性に対処するために有効な一つの方法であろう。それは公共でも私的な事業でも同じである。「自己組織化」は生命論のアプローチに含められるが、そのような特別な名称で呼ばれなくても、人間の知恵として人類の長い歴史とともに活き続けてきた。しかし機械論の世界観が肥大した現代においては、生命論のアプローチを努めて意識的に活用するべきである。近年「住民参加」が強調されるのも、生命論の観点から理解できる。また公共部門の社会実験も、生命論的なアプローチの一つと考えられる。

(5) 多様性を志向する生命系

生命論の世界では「万物は変化」するが、どの方向に変化するのだろうか。生命システムは時間とともに変化するが、その変化の方向が大切な問題である。それは生きたシステムの一つとして、生態系を観察すれば分かりやすい。たとえば自然植生の遷移では、単純な草原から複雑な森林へと変化する。また動植物の生殖が雌雄の間で行われるのは、生命が多様性を志向するためであると理解されている。誕生以来46億年間の地球の変化は、分化と複雑化の歴史であった[18]。すなわち自然の変化や進化の方向は、多様化であり複雑化であった。多様性こそは自然の最も強い表現力である[19]。

---

[18] 例えば、松井孝典『宇宙からみる生命と文明』日本放送協会 2002、pp.56-58 を参照。
[19] 例えば宮脇昭『森はいのち』有斐閣 1987、p.91、あるいは日本総合研究所編『生命論パラダイム』第三文明社 1998、p.204 を参照。

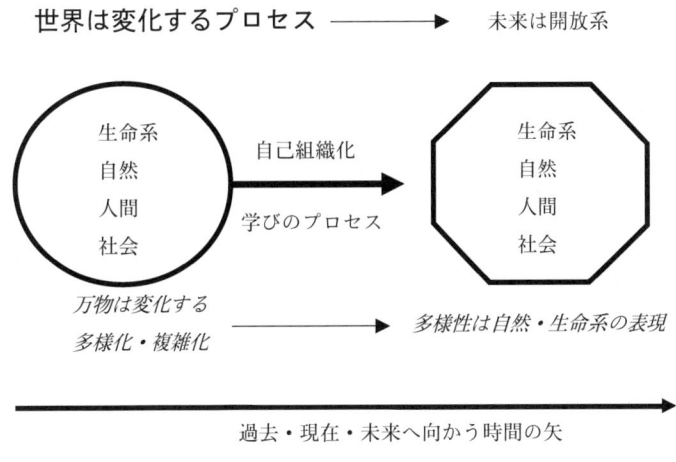

```
世界は変化するプロセス ────→  未来は開放系

        生命系                    生命系
        自然      自己組織化      自然
        人間                      人間
        社会     学びのプロセス   社会

    万物は変化する            多様性は自然・生命系の表現
    多様化・複雑化  ────→

            過去・現在・未来へ向かう時間の矢 ──→

              図5-4　万物は変化する
```

　生命に「目的」があるとすれば、複雑化の目的は何であろうか。自然はなぜ多様化・複雑化を志向するのだろうか。その答えのヒントを私たちは生態系に見つけることができる。それは生命システムの安定性（持続性）の獲得であり、生き残り戦略ではないだろうか。単純な生態系から複雑な生態系へ変化するほど、生態系の遺伝子のプールは大きくなり、さまざまな外的インパクトに適応する能力が高まる。その結果、生態系の安定性が高くなり、外的インパクトによって生態系が崩壊することを免れる。

　人間社会においても同様である。たとえばモノカルチャー経済[20]よりも、多様な産業が活動する経済の方が、リスク分散の効果によって安定性や持続可能性が高い。文化の多様性もやはり人間社会の「強靱さ」を作りだす[21]。このよ

---

[20] 農業や工業において多様な生産物ではなく、限られた種類の生産物に頼る経済のあり方。
[21] 山崎正和『二十一世紀の遠景』潮出版社2002、p.180では次のように述べられている。
　「『文化の強さ』という言葉を使いましたが、その根源はどこにあるのかといえば、私は都市の文化の多様性、いいかえれば異質性の共存にあると考えています。…異質性の高い文化は、その統一性を確保するために、説得の必要性が大きくなるからです。つねに他人を説得しなければならない文化は、いわば鍛えられた文化です」。

うに生命システムは複雑性・多様性を志向しており、多様なシステムの方が安定性・持続可能性が高く、したがって生命システムとして強靭であることを認識すべきであろう。

モノカルチャーによって効率性を追求する場合、人間は多様性よりも画一的な社会を作り出す傾向がある。その結果、人間社会においても自然生態系においても、持続可能性が低く生命システムとして脆弱な社会になる危険性がある。現代社会は経済効率を優先し過ぎる傾向があり、それが人間疎外を初めとするさまざまな問題を生み出している。

4. 認識の方法と言語

(1) 包括主義

生命論による世界認識の方法として、「包括主義」あるいは「全体論(ホーリズム)」を強調しなければならない。機械論による世界認識は要素還元主義であり、その欠点を補うために包括主義が必要である。つまり認識対象をその構成要素に分割するのではなく、生きたままの対象全体を認識するのである。抽象化によって分割されない現実世界の全体を、私たちの認識の対象にしなければならない。

私たちが認識したい対象は現実の世界であり、その世界には大小の差はあるがそれは「現場」である。例えば報告書は現場そのものではなく、報告者にとって報告に値しないものを分割し除去して、報告者の視点で必要なものを現場から抽出してまとめたものである。報告書を否定するわけでは全くないが、報告書によって十分な世界の認識はできない。それを補完するものとして「現場主義」[22]という認識方法を強調したい。それは抽象化によって分割されない、全体としての「現場」そのものに私たちが接して、全人的に係わって現実を理解し認識することである。

---

[22] 現場にはすべてがあり、それが分割されない全体である。しかしそれを認識するには自分が関わらなければならない。現場の全体と関わることはできないので、自分が関わる対象を選択することは避けられない。しかし可能な限り多くの人びと(対象)と全人的に関わることで、現実のより正確な認識が可能になる。

その「現場」とはあらゆるケースが可能であろう。それは職場であり、地域社会であり、現実社会のすべてである。自然科学においても社会科学においても、実験やフィールドワークによって、現場から学ぶ姿勢を大切にしなければならない。**現場こそは生きた現実であり真実である**。この「現場主義」は特に新しい世界認識の方法というわけではなく、昔から当たり前のように人びとが実践してきた人間の知恵である。生命論的世界観の包括主義の実践として、「現場主義」を強調することは、対象を分割する機械論的世界観が肥大した現代において特に重要であろう。

(2) 認識する主体と客体の関係

生命論による世界認識の方法として、認識する主体（人間）と認識される客体（対象）の関係をどのように考えるべきだろうか。さきに関係論の観点から、主体と客体の不可分性について述べたが、ここでは社会的な側面から考えてみよう。その不可分性を社会的な観点からみると、主体側から世界（対象）を「他者」と考えるのではなく、**主体である「自己」を含んだ存在として世界（対象）を見る視点**[23]が、生命論の認識方法として必要である[24]。その具体的な応用の一つは、**現場と係わる「現場主義」であり「フィールドワーク」**である。研究室というタコ壺に閉じこもったり、首都の官庁オフィスで書類事務に精を出したりするのではなく、現実の対象の世界と係わり交流することで、世界をより良く理解できるという態度である。

「自己」を含んだ存在として世界を見る視点は社会変革の見方にもなる。つまり自己変革が社会変革につながるという根拠を提供するし、さらに宮沢賢治が「世界ぜんたいが幸福にならないうちは個人の幸福はあり得ない」[25]というような世界認識とも通底している。

---

[23] この認識は本書第6章で紹介する「自己同一化」とも関わる。すなわち世界（他者）は自己と別の存在ではなく、世界と自己を不可分の存在と認識することである。

[24] 日本総合研究所編『生命論パラダイム』第三文明社 1998、pp.54-55 の「他者としての世界から自己を含む世界へ」を参考にした。

[25] 宮沢賢治「農業芸術概論」『宮沢賢治全集10』ちくま文庫 1995、pp.15-26。

(3) 言語による認識・伝達の限界

　言語による認識方法の限界を補う必要がある。人間は言語を世界認識の主要な道具にするため、前章で説明したように、抽象化と分節化によって、観察対象を分割して認識する傾向から逃れられない。たとえば、認識対象は黒色か白色か、大きいか小さいか、などという単純化・抽象化・分節化である。それではどうすれば、対象の全体的な認識が可能となり、言語に起因する人間の弱点を克服できるだろうか。**認識する対象を言葉で余すことなく表現するのは難しい。**もともと言語は表現する対象の実体を抽象化する手段であり、抽象化によってその実体の多くの特徴が抜け落ちるからである。それは言語表現の宿命である。「言葉に余る」また「言葉に尽くせない」のは私たちの経験することである。実体を言葉に還元して実体の実像と全体性を見失う、という意味において、それは要素還元論の欠点と共通である。すなわち言語に偏った認識方法は、機械論の世界観の範疇に入るだろう。

　言葉による認識や伝達の後、やはり言葉を使って思考し記録するために、どうしても人間は「言葉の囚われ人」となる。ホモロクエンス（話すヒト）である人間は、「言葉に囚われる」原因から永久に逃れることはできない。その結果、人間は**二元論**に囚われたり、**分節化された差異**に囚われたりするのである。そこに、**二者択一**や**教条主義**によって人と人が分断される、人間社会の不幸の根本原因がひそんでいる[26]。

　環境保護と開発優先の二つのグループに地域社会が分断されることは、私たちはこれまでによく経験してきた。また人間と自然環境との対比において、「人間中心主義」と「生態系中心主義」の立場に分かれた議論が行なわれてきた。これらは二元論に囚われた典型的な二者択一の発想であり、それぞれの立場に拘る結果、対立は容易に解決しないのである。

---

[26] このような言葉の問題以外にも、人と人が相互理解することを妨げる要因はあるだろう。程度の問題はあるにしても、人と人が相互理解することは、大変に困難な目標である。しかしその困難な現実を前にして、「相互理解は不可能である」とする認識は、人間の可能性の諦めであり、人間社会の発展を阻害する結果をもたらす。あくまでもより良き相互理解を目指して努力することが、可能性を信じて努力する人間の証であろう。

(4) 対話による相互理解

　私たちが対象を認識する場合、言語の欠点や限界を克服する方法はあるのだろうか。言語能力は種としてのヒトの特徴であり、ヒトが「人間」になるための条件である。音声言語や文字も手話の表現も、人と人のコミュニケーションにおいて、抽象化したシンボルを扱うことに変わりない。人間にとってその言語は認識・伝達の最も有力な手段である。従って言語には抽象化という限界はあるものの、人間は言語の力を活用せざるを得ない。

　その前提にたって考えると、言語の限界を克服する認識方法は、人と人の間に必然的に存在する相互のギャップを埋めるべく、あくまでも「対話」を続けることが最も大切だろう[27]。対話では、言葉を駆使して、言語伝達の限界と可能性に挑戦し、言語だけでなく非言語の伝達手段も使用できる。それには認識対象に私たちが全人的に係わることである。言語という道具だけでなく、人間の能力を総動員して係わり、体験的に対象を認識することである[28]。つまり対話には言葉以外の表現も含まれている。たとえば感情や表情を含む身体表現もコミュニケーションの手段である。従って対話は、単に言語による機械的な操作のみではなく、人が人の心を動かす生命的な活動と言えるだろう[29]。私たちの身近な経験として、他人と直接対話することにより、相手に対する誤認識や悪感情が解決した例は多い。

　つまり人間の脳が「思考」する認識のみならず、人間の身体が「感じる」認識への拡張であり、生命全体による認識と伝達への拡大であると言える。それ

---

[27] 「対話」は人と人の相互理解の不可欠の条件である。対話を欠いては、どんなコミュニケーション論も無用の長物であろう。
[28] 非言語による認識については、日本総合研究所編『生命論パラダイム』第三文明社 1998、pp.59-62 の「言語による知の伝達から非言語による知の伝達へ」を参考にした。
[29] 人間にとって言語は最も重要な認識と伝達の手段であるが、機械論の限界を越えるためには、このような非言語的な認識・伝達の手段を強調しなければならない。「対話」の場面では言語のみならず多様なコミュニケーション手段が駆使できる。言語操作による論理をあつかう理性だけでなく、感性も大切な認識・伝達の手段である。人間の脳に偏った認識・伝達から、他の五感を含む身体機能にまでその手段を拡張できる。視覚や聴覚を含む芸術的な表現も可能であるし、触覚のスキンシップも可能である。

は機械論から生命論の世界認識への拡張である。万物の霊長としてのヒトという存在ではなく、感性を活かすことによって、自然生態系の一員として、人間以外の生き物とも共通の存在基盤に立つこともできる。それは機械論を生んだデカルトの「我思う故に我あり」から、生命論に立った「我感じる故に我あり」への拡張でもある[30]。

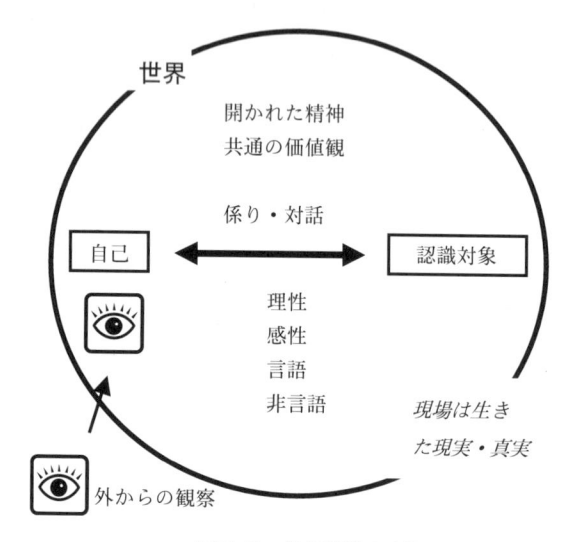

図 5-5 世界認識の方法

ここに述べた対話が有効に機能するためには、人間の精神的な態度にも言及しておかなければならない。**その第1は「開かれた精神」である**。つまり対話にのぞむ双方の間には、より良い相互理解を志向して、相手に学ぶ態度が必要であり、いつでも自分の考えを変化・発展させる、という「開かれた精神」が必要である。従って、教条主義は共通の敵である。また理性的な話し合いが成り立つためには、互いが平等な立場に立つことも大事である。つまり権力の上下関係を前提にした対話では、相手に学ぶ心、相互理解の希求、真理への探究

---

[30] 鶴見和子『鶴見和子・対話まんだら石牟礼道子の巻 言葉果つるところ』藤原書店 2002、p.202 を参照。

心、などは阻害されてしまう。その第2は対話が成立する最小限の「共通の価値観」である。言うまでもなく、まったく同じ価値観を共有する人びとは存在しない。ここで「共通の価値観」というのは換言すれば、対話のための「共通の土俵」と言っても良いだろう。一方は開発利益の追求のみを最高の価値とし、他方は自然環境の保全のみを最高の価値とする場合、両者の対話は成立しないであろう。教条主義的な一方通行の主張がなされるのみである。そのような「すれ違い」の「対話」は世の中に余りにも多い。この「共通の土俵」は第1に述べた「開かれた精神」とも重なるところがある。「開かれた精神」がなければ「共通の土俵」を設定し、「共通の価値観」に立つこともできないからである。本書の第7章第2節「開発と環境保護の一致」の前半に述べることは、この第2の課題に関する私の主張である。

5. 評価の基準

　私たちは社会で何を評価の基準にするべきか、生命論の世界観を具体化するために、それを再検討することが必要だろう。工場では商品をより安く、より速く生産することが高く評価される。近代化の過程ではそのような数量（物質）的な評価を追求してきた。それは、より安くより速くという効率性の追求である。量的な効率性を追求するためには画一性が有利である。つまり大量の商品を安価に生産・流通・販売するためには、工業においても農林業においても画一性が有利である。これまでの経済至上主義の社会では、生産現場で画一性を尊重する価値観が促進されて、それが今でも社会に深く浸透している[31]。

　数量（物質）的な評価が優先されて、人間が機械の歯車のように扱われる社会の中で、人びとはついに「私は機械ではない、人間だ」と叫び始めた。それは「心の時代」への欲求である。機械と異なり人間には「心」がある。たくさんの量の仕事をこなした後、それでどんな意味があったのか、と問うのは心で

---

[31] 現代社会では人びとの価値観が多様化しているため、消費者の価値観を探り生産を多様化する動きも同時に進行している。

ある。心が求めるのは「意味[32]」である。数や量の世界では「効率」が評価されるのに対して、人間がよりよく生きるためには「意味」が大切にされなければならない。つまり生命論の世界では「意味」を問うことが評価において重要である。

たとえば製品の組立工程において二通りがある。一つは、一人で製品全体を完成する方法（ボルボシステム）であり、もう一つは、各人は流れ作業で製造の一部のみを受け持つ方法（フォードシステム）である。前者の方法においては、製品の全体を完成することによって、労働者は達成感を獲得し、製品への責任を感じて、仕事の「意味」を確認することができる。しかし後者の方法においては、どの労働者も製造しているのは製品の部分のみであり、全体を完成しないので十分な達成感を得にくい。その結果、仕事の「意味」も十分に実感できないことがある。労働者が製造工程の一部のみを担当する後者の方法では、仮に作業の効率は高くても、労働者が仕事を通して獲得する意味や生きがいは、前者に比べて劣るのではないか。前者は生命論の世界観における「意味」を評価する考え方であり、後者は機械論の世界観における「効率」を評価する製造方法である。両者の評価基準は異なっている。

人間は行為に「意味」を求め、さらに人生に「生きがい」や「生きる意味」を求める。それも生命論の世界観である。近代化の過程で私たちは欲望を解放して、物質文明のなかで数量的な所有の拡大を追求してきた。そして機械論はそれを達成するために貢献してきた。そのような社会を反省して今、数や量ではなく「生活の質[33]」を求める時代になっている。その「生活の質」の追求と

---

[32] 菅野盾樹は『哲学の木』講談社 2003、p.76 で以下のように述べている。「人間は意味を糧として生きている動物である。いや、人間以外のあらゆる生物たちも、彼らなりの意味をいのちの養分としている。生命と意味とは深部で結びつく」。

[33] 盛岡清美ほか編『新社会学辞典』有斐閣 1993、p.834 によれば以下のように述べられている。「大量生産・大量消費型社会から経済のソフト化（情報化とサービス経済化）を伴う都市型の高度消費社会への移行を前提として、人々の関心も『量』から『質』に転化する。…。生活の質とは、生活者の生活評価意識（満足感、安定感、幸福感）を規定している諸要因の複合を意味する。諸要因の一つは生活者自身の意識構造に求められ、いま一つは生活環境自体に求められる。この概念のわかりにくさは環境に係る意識要因と環境要因を併せ持つ点である…」。

は「生きる意味」を大事にすることである、と本章では考えておきたい。ここで言及した「生きる意味」や「生活の質」については、次章においてさらに具体的に考えたい。

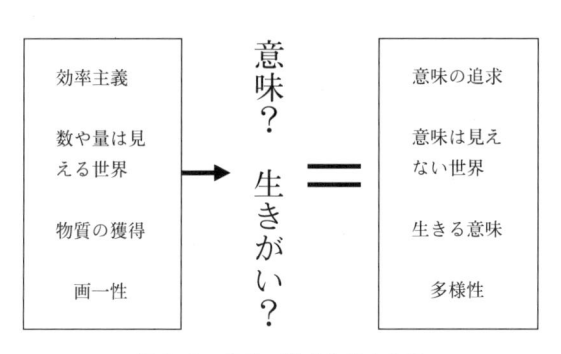

| 効率主義
数や量は見える世界
物質の獲得
画一性 | 意味？
生きがい？ | ＝ | 意味の追求
意味は見えない世界
生きる意味
多様性 |

図5-6　意味の追求と効率主義

人びとが人生や生活に求める意味や価値は多様である。したがって価値観の多様性が尊重される社会でなければ、人間の「生きる意味」は抑圧されるだろう。ここに、冒頭に述べたような、「効率性」ばかりを追求する近代化の価値観が行き詰まり、「意味」を促進する生命論の多様性が求められる理由がある。それに対して画一性が有利な機械論の世界観では適応できなくっている。多様性は生命の最も強い表現力である。価値観が多様化する現代社会はその表われでもある。意味を求める人びとの志向は、すでに消費活動にも表われている。人びとが商品に求めるものは、単なる性能や効率のみではなく、商品に付随する自分にとっての意味や価値である。人びとの価値観の多様化に伴って、商品の種類も極めて多様化している。

第2節　生命プロセスと社会発展

これまでに述べた生命論の世界観に基づいて、人間社会の変化や変革のあり方について述べる。生命論の世界観は社会の変化や変革について何を提供できるだろうか。ここではプロセス、自己組織化、相互進化という、生命システムの変化の見方に沿って、人間社会の発展や変革にそれらが提供する意義を考えたい。

1. プロセスの重視
(1) 時間をかけて学ぶこと

　生命論の「プロセス」については、世界の「変化」の観点から先に述べた。ものごとのプロセスに注目して、それを大切にする「プロセス主義」は、大変豊かな内容を含んでいる。ここでは社会的な観点からプロセス主義について述べたい[34]。プロセスに注目することは、生命システムは不可逆的に変化を続ける存在であること、「万物は変化する」ので不変の実体は世界に存在しないこと、従って現実の変化するプロセスそのものが実在であり最も大切である、との認識に基づいている。

　ここで「万物は変化する」との認識はもちろんニヒリズムではない。それは、機械論的な世界観、つまり世界の静的な構造に囚われて、それが一時的であるにも係わらず、それに拘る人間の傾向性を正すことが目的である。また逆に、変化に囚われるのではなく、変化する現象の奥に存在する、ダイナミクスの本質を理解することが大切である。その本質とは、例えば生態系や生命システムが志向する多様性やホメオスタシス[35]、社会システムが表現する自己組織化や相互進化といった原理のことである。

　「プロセス主義」あるいは「プロセス・アプローチ」とはプロセスを大切にすることである。すべては変化する世界にあって、あらかじめ設計された決定論的な理想社会やユートピアなどは存在しない。**人間と社会が日々変化する現在の瞬間の連続こそが、究極の真実であり最も確実な存在であるから、それを大切にしなければならない**。私たちのユートピア、つまり「青い鳥」はどこか遠くの世界にいるのではなく、私たちの身近に存在する。だからこそ、現在の瞬間の今を、そしてその連続であるプロセスを大事にしなければならない。

　人間や社会は生きたシステムであり、人間が学習するには試行錯誤のプロセ

---

[34] 例えば、中村桂子『生命誌の窓から』小学館 1998、pp.102-107 の「過程を大切にする社会」を参照。

[35] 沼田真編『生態学辞典』築地書館 1974、p.364 によれば、ホメオスタシスとは「外界の諸変化に対して生存を維持するため生物体が生理的形態的状態を一定に保つ性質」。

スが必要である。機械は設計してその通りに作れば完成するが、生き物は時間をかけて学び成長する創造のプロセスが必要である。それは、時間を節約するのではなく、時間を費やして学ぶ必要があるという意味で、時間を大切にすることである。たとえば親が子供に「速く、速く！」と急がせることは、時間を大切にしているように見えるが、大事なのはその逆である。私たちは知らず知らずのうちに、効率主義に支配されている。急がせるのではなく、時間をかけて学ぶプロセスの大切さを自覚しなければならない。

(2) 目的と手段の一致

現在が最も大切であるという意味においては、将来の目的よりも現在の手段の方が大切である。たとえば政治的イデオロギーが優先する際に、「目的は手段を選ばない」立場が肯定されたり、一般にも「嘘も方便」と言ったりすることがある。しかし目的は手段に優先し優越するものではなく、目的が正しければどんな手段でも正当化されるのではない。現在こそが最も確実な真実（存在）であるから、プロセスすなわち現在の手段こそが大切であり、その意味ではプロセスにおける手段こそが目的であるとも考えられる。未来のゴールが目的なのではなく、現在の行為のプロセスの中に目的が含まれている。現在の積み重ねの後に、将来の結果が生じるのだから、将来の目的と矛盾する手段を現在選んでしまうと、道理から言えば将来の目的を実現できないことになる。

ちなみに平和学の創始者ヨハン・ガルトゥングの著書『The Way is the Goal: Gandhi Today』[36]（＝過程が目標である）および『Peace by Peaceful Means』[37]（＝平和的手段による平和）のタイトルは示唆的である。プロセスこそが大切という、プロセス主義の思想がガルトゥングの背景になっている。平和を実現するためには暴力的な手段でも正当化されるのではなく、あくまでも平和的な手段によって平和を実現しなければならないという考え方である。つまり前述のように、プロセスの中に目的が含まれているのである。

---

[36] Johan Galtung, *The Way is the Goal: Gandhi Today*, Gujarat Vidyapith, Peace Research Centre, Ahmedabad, India, 1992.

[37] Johan Galtung, *Peace by Peaceful Means Peace and Conflict, Development and Civilization*, International Peace Research Institute, Oslo, SAGE Publications, 1996.

「すべては変化する」ことを前提にするのもプロセス主義の主張である。たとえば、社会環境が変化したにも係わらず、一度決めた計画の実施に固執する行政の態度は、機械論的な決定論の世界観に支配された姿である。それは政府の「お上」の意識と無縁ではないだろうが、そもそも「お上」の立場は試行錯誤や学びを大切にする、生命論のプロセス主義とは相容れない。

また良い意味で「時を待つ」という姿勢は、時間の経過を大切にし、「時」を重視する考えの表れである。また「時が解決する」、「果報は寝て待て」、「冬は必ず春となる」などの人生の知恵は、すべては変化することや時を待つ必要性を示唆して、一時の悲観的な状況に囚われてはならないことを私たちに教えている。

プロセス主義はこのように人びとの知恵として長い間実践されてきた。それは特に新しいことではない。機械論的な世界観に支配されがちな傾向や、現代社会の私たちの考え方を正すために、今改めて強調することが必要なのである。それをわざわざ生命論とかプロセス主義と呼ばなくても、生命の存在である人間の知恵として、先に挙げたことわざや慣用句にもなって、生命論は昔から自覚的に実践されてきたのである。

プロセスに特に注目した哲学者はアルフレッド・ノース・ホワイトヘッド（1861〜1947年）である[38]。ホワイトヘッドはデカルトの二元論を批判して「有機体」や「関係」などを議論した。そして、彼の思想の流れは今日の生態学的な思想へと続いている。

2. 自己組織化と社会
(1) 自己組織化とは
「自己組織化[39]」は自然界に広く見られる現象である。「自己組織化」の定義

---

[38] 例えば、ゲルノート・ベーメ『われわれは「自然」をどう考えてきたか』どうぶつ社 1998、pp.382-400 による。
[39] 筆者の自己組織化の理解はプリゴジンによるところが大きい。プリゴジンによれば生命は非生命から必然的かつ自己組織的に発生したものである。また自己組織化とは、非生命の物質から生命が形成されるプロセス、おのずから生命の秩序ができるプロセスである。例えば、日本総合研究所編『生命論パラダイム』第三文明社 1998、p.256 による。

は、渾沌とした状態のなかから、おのずから秩序や構造が生まれることである。もう少し正確に言えば、「ゆらぎ」を介して特定の傾向が増幅され、やがて新たな秩序が形成される過程が自己組織化である[40]。たとえばアリの集団は全体の20％が働き、残りの80％は怠けていると言われるが、その集団を働きアリの集団と怠けアリの集団に分けると、各集団は再び働きアリと怠けアリが同じ割合でおのずから分化する。これはアリの生態に見られる自己組織化の例である[41]。

　「生命プロセス」における自己組織化は、機械論における決定論の「設計制御」と対照的に、ここでは考えている。つまり人間社会は、「青写真」による設計と制御で決定論的に形成されるものではなく、自己組織化により生命システムの生成プロセスのなかで、おのずから形成されると考えるのである。そこでは未来の可能性は、事前に決定されていない「開放系」である。あるいは将来像として「唯一の正解」があるのではなく、またそれを「神」が命ずるのでもない。さまざまな主体による選択プロセスの中で、人間社会（＝生命システム）が生成し発展するのである[42]。

　(2)　設計図を拒否する生命システム

　人生や社会システムを全て人為的に設計することは不可能である。生命システムは機械とは異なるので、設計どおり完全に制御することも、将来の動向を予測することも不可能である[43]。**人間や社会組織は主体性を保ちながらも、**

---

[40] 河本英夫「自己組織化」『哲学の木』講談社 2002、pp.431-434 による。

[41] 日本総合研究所編『生命論パラダイム』第三文明社 1998、p.35 による。

[42] 例えば、間宮陽介「都市の形成」宇沢弘文・茂木愛一郎編『社会的共通資本―コモンズと都市』東京大学出版会 1994、p.177 では以下のように述べている。「プロセスを経て都市を形成していくということはあらかじめ定められた設計図に合わせて都市を段階的に作り上げていくということではない。建物、街路、公園、地区、ランドマークなどの都市の要素は、それらが置かれている都市の状況や文脈しだいで都市に対して異なった影響を及ぼす」。

[43] 生命の遺伝子は設計図のように見なされているが、実際には設計図ではない。遺伝子自体が適当に自分を修正して、環境に対して臨機応変に対応している。本庶祐・中村桂子『生命の未来を語る』岩波書店 2003、p.37 による。

外的な諸要因の影響を受けつつ、おのずから形成されるものである。生命プロセスである社会システムにおいては、人為的な設計による「唯一の正解」は拒否されるだろう。そこでは試行錯誤（学び）のプロセスが必要だからである。市民参加の活動においては特にその認識が大切であろう。

　デカルト主義は人間による自然の支配を追求してきた。その機械論が指向する対象は、自然に止まらず、人間社会にも向けられた。つまり人類は歴史上、「革命」によって世界を「理想」に沿って改造しようとした。たとえばマルクス主義的ユートピアは決定論であり、イデオロギーに基づいた青写真（理想社会の設計図）であった。しかし革命によって人間社会をその青写真に合わせようとするのは、人間よりもイデオロギーを優先する過ちであり、正しいのは人間に合わせて青写真を変更し、作り直すことである。イデオロギーを主張する機械論的な思考は、いつの時代でも人間がもつ傾向性の一つであろう。前章の二元論に関する議論を思い出して欲しい。

　「唯一の正解や既定のゴール」を絶対化する発想は、二者択一や教条主義を生む恐れが強い。ゴールではなくプロセスを大事にして、自己組織的に社会の形態をおのずから形成・発展させることができる。それが生命プロセスに学ぶ生命論の世界観の表現であり実践である。たとえば「ペレストロイカ」という「ゆらぎ」を契機に進展した、旧ソ連の崩壊と新体制の成立は、自己組織化のプロセスであったと言えるだろう。旧ソ連の崩壊という青写真は存在しなかったのである。

(3) ビジョンと「ゆらぎ」で生成する社会

　社会変革に必要なのは社会の決定論的な設計図ではなく、将来へのビジョンと「ゆらぎ」[44]である。社会の発展プロセスの中に、人間が将来ビジョンと制度的ゆらぎをインプットして、生命プロセスの自己組織化を社会的エネルギー

---

[44]「ゆらぎ」とは「エネルギーや物質の流入・流出があり、安定していないシステムの状態。すなわち『非平衡状態』においてみられるシステムの秩序・構造の動揺のことである。…生物学では突然変異によって生じる生物種などが典型である。…ゆらぎを通してシステムは進化するといえる」。日本総合研究所編『生命論パラダイム』第三文明社1998、p.33による。

として、人間社会の未来を選択するのである。

　たとえば、環境共生社会のビジョンを示して、環境税という「ゆらぎ」を社会に導入すると、企業や市民の対応による自己組織化の社会エネルギーが働いて、社会システムが進化する可能性が考えられる。制度的な修正を加えながら、漸進的に社会システムが改善される。そこに必要なのはプロセス重視の思想である。ゴールの目的（計画や設計図）を絶対化するのではなく、プロセスにおける学びを生かしながら、漸進的に柔軟な修正を図る自己組織化が大切である。**青写真を強制する急進主義は機械論であり、学びによる自己組織化を尊重する漸進主義は生命論である**。例えば公共部門において、新しい制度を試験的に実施する社会実験（＝ゆらぎの導入）を行って、社会の反応を観察することは、プロセスから学ぶ試みである。

　自治や市民参加は自己組織化の表れであろう。他律的に社会を運営するのではなく、自律的に自己を統治することが、人間社会としてより発達した生命プロセスであると思われるが、その自己組織化がうまく機能するには自治の社会制度が必要である。「内発的発展」[45]と呼ばれる社会発展のあり方も、自治と同様に自己組織化の表現と見なせるだろう。内発的発展は地域固有の文化や人びとの可能性の発現を強調する。機械論による外発的な決定論とは異なり、おのずから秩序を形成する自己組織化と、地域自体の可能性を開発する内発的発展は、共通する多くの要素があると思われる。

3.　相互進化と社会
(1)　相互進化とは

　「相互進化」とは進化に関する新しい考え方である。従来のダーウィンの自然淘汰説は、「環境の変化が生物の進化を促進する」という環境から生物への一方向の考え方に立つが、**環境と生物が互いに影響を与えながら相互に進化し、両者がともに全体的な進化を遂げることを「相互進化」と呼ぶ**[46]。私たちは環

---

[45] 例えば、鶴見和子・川田侃『内発的発展論』東京大学出版会 1989、pp.44-50 を参照。
[46] 日本総合研究所編『生命論パラダイム』第三文明社 1998、p.57 による。

境を所与のものとして考えやすいが、環境も生命と同様に進化している。相互進化は、主体と客体が不可分の存在であるという、生命論の表現でもある。相互進化のプロセスは、生物とその環境の関係に止まらず、自然環境と人間社会、国家の制度と社会運動などの社会現象においても観察される。

　機械論の世界観は世界の静的な構造に着目するため、世界や環境は主体（自己）に与えられた制約条件である。これに対して生命論の動的な視点から見れば、世界や環境は主体と互いに働きかけ合う存在である。すなわち世界の変化が主体の変化を促し、主体の変化が世界の変化に影響を与える、相互作用の生命的プロセスである。生態系においてこれは「環境作用」と「環境形成作用」と呼ばれる。関係性の上に成り立つ生命論の世界観の基本的な視点である。

(2)　「育自」と「共育」

　またこの相互進化の視点は、世界の変革のためには主体も変わらなければならないという、社会変革の原理にもなる。これは環境がすべてを決定するという一方的な「環境決定論」でもなく、その逆の人間の作る青写真が決定する言わば「人間決定論」でもない。その二者択一でなく両者を包含するのが相互進化である。

　相互進化を想像させる現象は私たちの身近に観察できる。たとえば育児は時に「育自」とも呼ばれ、子どもを育てることは親自身が成長するプロセスでもある。また教育は「共育」とも呼ばれ、生徒と教師が共に育つプロセスでもある。これらは個体の発達・発展のプロセスであり、生物学的な形態の進化とは異なるが、変化・発展は主体と客体の相互関係で進展するという、生命プロセスに関する共通の理解である。それは生命論の世界観の表現である。

(3)　人間と自然と社会の相互進化

　人と自然の関係においても相互進化が見られる。たとえば地域社会と里山の関係である。近代化によって生活様式が変化したため、農業や生活の資源採取の場として里山が利用されなくなった。それが大きな原因となり、里山の植生遷移（林相の変化）が進んで、その過程でアカマツなどが枯れて倒れている。このようにして荒れる里山の保全を目指して、都市住民が里山の保全活動を始めた。そのような活動が全国に広がり、大きな環境運動を形成している。この

ように自然生態系と人間社会が相互に働きあい、両者が共に変化するという関係は、生命システムにおいては一般的な現象であろう。

　人と人の社会関係においても相互進化が見られる。開発事業の計画・実施において、住民の参加を組み込んだ「参加型開発」が、世界で広く推進されている。この参加型開発も相互進化のプロセスと見なせるだろう。

　ここでは政府の開発事業に対する住民の参加、という形で考えてみよう。政府が開発計画を立案して、その具体化に際して受益住民が参加する。事業の実施段階においても、種々の場面で住民が参加する可能性はある。第三世界の開発事業においては、完成後の所有権の設定とも関連して、建設の資金・資材・労働力を分担し、完成後の施設を維持管理するなど、住民のさまざまな参加が可能である。首都に位置する政府は地域事情を十分に知らないので、地域住民の参加によって事業計画が地域の実情を反映したものに改善される。

　ただし住民の側は参加の意識も利害関係も一様ではなく、彼らの意見は簡単にはまとまらない。しかし集合的な決定をするためには、住民自身が学びながら変化しなければ、望ましい合意には至らない。このように政府側も住民側も共に、計画段階から参加することによって、それぞれの学びと進化のプロセスが展開する。実施段階への参加においても、住民側が自分たちの労働や資金も投入することによって、自分たちの施設であるから大切に利用・管理しよう、という事業の「オーナーシップ」の意識が住民の間で高まる。例えば、第三世界における生活用給水の整備事業では、このような住民参加のプロセスは非常に大切な要素である[47]。

---

[47] 例えば、中島正博「適正技術と受益者参加－民生向上を目指す開発のためのアプローチ」『アフリカレポート』アジア経済研究所 1989年 No.9 pp.32-37。

第6章　生命論の展開—生きることは共存すること

第1節　存在の目的

　人間の存在の究極の目的は、自己の固有の可能性を実現して、社会で自己の役割を果たすという自己実現である。環境保護の行動は、押し付けられた「道徳」ではなく、自分の生活を犠牲にすることでもなく、「生活の質」の向上を目指す自己実現の生き方である。社会、環境、自然において私たちの役割を果たすことは、関係性の世界に生きることであり、それはまさに生命論の実践である。

1.　人間存在と生きる意味
(1)　他者不在の世界

　生命論の世界観として第5章で述べた最も大切なことは「関係性」である。生命論は関係性を大切にする。近代化の過程で傷ついた関係性の修復が「共生」の基本的な要件である。個人を尊重する個人主義思想の普及は、人類の歴史において大きな進歩であり、それ自体は正しい価値であろう。しかし第4章で述べたように、**個人主義の広がりとともに、他者との関係を大切にする価値観が衰退し希薄になりつつある。**

　そのような現代の社会は「他者不在の時代」[1]と呼ばれている。他者との関係性を軽視して、自己の利益のみを求めると、必然的に利己主義が拡大するだろ

---

[1] 「他者不在」とは、他者との共存を視野に入れない、あるいは他者とのコミュニケーションを軽視する状況のこと。

う。そして人間関係や社会関係が希薄になり、自分自身が孤独や虚無感に苦しめられる。**利己主義に囚われた狭い自我は、自己の殻に閉じこもり、外の世界との関係性が衰えてゆく。それは自己のパワーを失くしてゆく「ディスパワーメント」である。**利己的自我は利己（自分のため）にならない、という逆接が生じる。

利己主義は他人を傷つけるが、利己主義の社会のなかでは、いつかは利己的な自分自身が傷つくのである。これはまさに「因果応報」であり、人びとの関係性を軽視する報いであり、世界は「関係性の場」であることを示している。

(2) 環境問題の根源的な問い

生命論の「関係性」を基礎にして、人間社会や自然との関係の観点から、「人間の存在」について考えてみたい。私たちはこの世界に何のために存在するのだろうか。これは、私たちが環境問題について考える際に、避けることのできない問いである。なぜなら環境問題の根源に目を向けると、私たちは自分の生き方を問題にしなければならないからである。すなわち拡大する自分の欲望を満足させるために、カネやモノの獲得に精を出すのか。そのような生き方で自分は幸せだろうか。またそのような生き方を続ける限り、環境問題は深刻化するばかりではないか。これらは現代の物質文明のなかで誰もが抱く疑問だが、多くの人びとはその問いを棚上げにしたままであろう。実は、その問いに対する答えのヒントは、前章で述べた生命論の世界観に含まれている、と私は考えている。

生命論の世界観において述べたように、私たちが求めているものは、数量的なカネやモノではなく、むしろ「生活の質」[2]**である。**カネやモノは生活に必要ではあるが、必要以上の量を追求しても止まるところがない。物質的な資源や富は限られているので、その奪い合いは他人を犠牲にしなければならず、結局は自分の生きる社会までも犠牲にしてしまう。貧富の格差拡大による治安の悪

---

[2] 「生活の質」については前章に定義を紹介した。別の視点からは例えば、山脇直司『経済の倫理学』丸善株式会社 2002、p.114 を参照。

化はその例である。それでは「生活の質」とは何だろうか[3]。それは質であるから、カネやモノなどの量では計りにくい概念である。量では計りにくいが、**人の「生きがい」であり、人の「生きる意味」の充実でもある**。ここではそれを生命論から考えてみよう。人は「意味」を求める存在[4]である。人は「意味が分からない」ことに不満を覚え、生きる意味を見失うことは最も耐え難い[5]。

(3) 生活の質の追求

人はどのようにして生きる意味を見出すのだろうか。そのカギが生命論の世界観が大切にする「関係性」である。**人間は、自己と他者の関係性の中に「意味」を見出す**。つまり人と人の間におけるさまざまな関係性こそが大切である。その関係性が意味の源泉になる。たとえば、自分が社会に認められること、自分の行いが他人から喜ばれること、自分が他人を愛し他人から愛されること、あるいは卑近な例として、上司に認められることや自分の店にお客が来ること、これらはすべて自己と他者との好ましい関係である。人が自己の存在の意味を見出して、充実感を味わい、幸福感を覚える状況である。さらに人は自分だけで元気になることはできない。人は他人から元気をもらい、人との交流の中でエンパワーされる。これは私たち自身の経験に照らして十分に納得で

---

[3] 「生活の質」を定義することは難しい。正確に定義しようとすると、前章の注にも紹介したが、内容が複雑になる。定義よりも例が参考になるだろう。たとえば、広井良典『生命の政治学』岩波書店 2003、p.261 は以下のように述べて、生涯学習がこれからの時代の中心的な価値になると予想している。「"衣食足りて"物質的な意味での欲望ないし需要が基本的に満たされた社会においては、広い意味での『知的な探求』あるいは『知的好奇心の充足』ということが、人間にとっておそらく最大の悦びになる」。これも生活の質の充足の例であろう。

[4] 前章の「評価の基準」を参照にされたい。

[5] V・E・フランクル『宿命を超えて、自己を超えて』春秋社 1997、p.103 では以下のように述べている。「人びとは、豊かな社会の中、福祉国家の中で、より不幸になります。現代社会が欲求を満足させ、さらには欲求を生み出すことを追求していることこそが、実存的空虚さの、無意味感の社会学的背景になっているのです。けれども、そのような欲求追求の中にあって、一つの欲求だけは、しかも人間の根本的欲求であるものだけは、満たされないままなのです。社会によって顧みられないままなのです。その欲求とは意味欲求であります。言いかえると、ある程度の物質的な豊かさに並行して、実存的な欠乏があらわれるのです」。

きるだろう。

　このように人間の生きる意味の源泉は他者との関係性である。人びとは社会のなかでそれぞれの役割（＝関係）を果たすことによって、生きがいを感じて生きる意味や価値を見いだすのである[6]。逆に、職場で窓際に追いやられた人たち、定年退職をして社会とのつながり、つまり職場の役割がなくなった人は、深刻な喪失感を覚える。これも、社会で役割を果たすことの深い意義を物語っている。社会における自分の役割を果たす、すなわち自分以外の他者に貢献することで、充実感や幸福感、そして何よりも生きる意味を獲得する存在、それが生命的な存在としての人間である。

(4) 自己実現

　最初の問いに戻ろう。私たちは何のために存在するのだろうか。その答えは、私たちが社会で自分の役割を演ずることである、と言えるだろう。しかし、社会で役割を演ずるだけであればロボットにもできる。ロボットにはロボットの役割があるが、人間の役割は何だろうか。他者が自分に対して望む役割のみを演ずるのは全体主義であろう。人それぞれの個性が尊重されるべきである。

　したがって人間の存在の究極の目的とは、自己の固有の可能性を実現して、社会で自己の役割を果たすという「自己実現」[7]であり、それが「生きる意味の獲得」[8]であると考えたい。自己の個性を表現するという個の目的と同時に、それによって社会で自己の役割を果たす、という社会との関係性で自己を実現する目的を併せ持つ。

　つまり、人は、それ自身のために、そして世界（他者）のために存在することになる。これは次に説明する人間存在の「内在的価値」と「関係的価値」に対応する。この二つの目的（あるいは価値）は不可分である。なぜなら、すべ

---

[6] 社会との相互作用がなければ、自己を認識できないという生き物としての宿命でもあろう。
[7] 「自己実現」とは、一時的な目標の達成ではなく、自己の存在意義を生涯をかけて実現することであり、人間の一生に関わることであると考える。
[8] 第5章第1節の「評価の基準」において、人間は生きるうえで「意味」を求めることを述べた。その注釈には「人間以外のあらゆる生物たちも、彼らなりの意味をいのちの養分としている」ことを紹介した。その認識は本節の議論においても重要なポイントである。

ての存在は個性をそなえ固有（内在的価値）であり、その固有の能力によって、世界に貢献（関係的価値）できるからである[9]。

(5) 内在的価値と関係的価値

人間存在のこの自己実現に関する定義は、自然も含めすべての存在に一般化することができる。つまり**すべての存在の究極の目的は「自己実現」にある、と考えることができる**[10]。本書では第1章からこれまで、「人間と自然の関係」を考えてきたが、人間の存在と同様に「自然の存在」についても、自己実現の概念を適用することができる。

例えば、山川草木の存在は、すべてそれ自身のために、そしてその環境を構成する他者のためである。山も川も草も木もそれ自身が表現する内在的価値があり、同時に生態システムの関係性（相互作用）で表現する価値もある。そのようにして、山川草木はそれ自身の存在を主張している[11]。山も川もそれ固有の姿かたち（個性）を表現し、山は草木の生育場所を提供し、そして川は水を流して山と里と海をつなぎ、私たちにも水を供給する役割を果たしている。これは自然の存在の内在的価値と関係的価値に対応する。

この存在論が自然と環境の保全の理論的根拠である[12]。つまり**自然はそれ自体の内在的価値があるから保全の対象であり、同時にその自然は、私たち人間**

---

[9] この詳しい説明は、本章第4節における「多様性」と「個」に関する議論で改めて行いたい。
[10] アルネ・ネス「自己実現—この世界におけるエコロジカルな人間存在のあり方」ドレングソン・井上共編『ディープエコロジー』昭和堂 2001、pp.45-74 では以下のように述べられている。「『自己実現』とは何か…『それぞれが固有にもつ可能性を実現すること』と答えるのもよいだろう」。「存在の究極的な目的は何かという問いに答える際、『自己実現』がそのキーワードとしての役割を十分に果たせることは確かである」。
[11] 草木が生態系の中で、共生や寄生を演じたり、自己表現をしたりして、食物連鎖の中でも役割を果たし、子孫を残して最後に死んでゆくのも、彼らの自己実現ではないだろうか。
[12] アラン・ドレングソン「パラダイムの転換—技術主義から地球主義へ」ドレングソン・井上共編『ディープエコロジー』昭和堂 2001、pp.101-140 では以下のように述べられている。「ホワイトヘッドによると…個々の存在はそれ自身のためにこの世に存在するのであるが、同時に他者のためにも存在するのである。独自の価値であるが、他者にとっての価値でもあるのだ。それは本質的価値（そのもの固有の価値）であると同時に使用価値（他者を利することができるという価値）でもあるのだ」。

を含む環境にとって必要である（関係的価値）から、保護や保全の対象である。これは、自然保護はその自然のためであり、人間のためでもあり、さらにその自然の環境のためでもある、という根拠になる[13]。

2. 生命論の実践
(1) 自己実現の方法

「人間の存在」に関する議論を定式化してみよう。人間は「自己超越」、「自己拡大」、「自己同一化」、「自己実現」のプロセスを経験する[14]。まず、それぞれの言葉を説明しなければならない。人間は意味を求め、それに向かって「自己超越」する存在であり、この人間の自己超越こそが、人間を人間ならしめるものである。V・E・フランクル[15]の説明によれば、「自己超越とは、人間が、自分を無視し忘れること、自分を顧みないことによって、完全に自分自身であり完全に人間であることです。つまり、なんらかの仕事に専心することや、なんらかの意味を実現することによって、あるいは、一つの使命またはある一人の人間、つまり伴侶に献身することによって、人間は、完全に自分自身になります」。ここで、「超越」すべき「自分」とは狭い殻に閉ざされた自分のことである。

たとえば、**何らかの目標に意味を見出して、その目標の実現に努力することも自己超越である**。その「目標」は現在の自分を超えたところにある。または、自分以外の他者に共感して、他者のために尽力することも自己超越である。さらに、座右の銘や箴言によって、狭い自我の枠を超えようと、自分を励ますこ

---

[13] 「自然保護」は純粋に自然のために行うものであると思っている人が多い。そのような人は「自然保護」が現実に人間のために行われると、「自然保護」は人間の偽善的な目標であると考える傾向がある。したがって「自然保護」は自然のためだけではなく、むしろ人間の必要に迫られて行われている活動であることを認識するべきである。

[14] アラン・ドレングソン＆井上有一共編『ディープエコロジー 生き方から考える環境の思想』昭和堂 2001 を参考にした。

[15] V・E・フランクル『宿命を超えて、自己を超えて』春秋社 1997、p.106 による。

とは誰もが経験する。それらの言葉に大きな意味を見出して、それが自分の支えになるのである。師匠に教えを乞うことも自己超越であり、それは道を究める際の常道であろう。

　また、他人との約束を果たすために、自分の限界を超える努力をすることもそうだ。そして何かを学ぶことでさえ、自己超越の一つであろう。このように何らかの意味や価値のために自己超越することは、それを意識するしないにかかわらず、人間の精神的な本能のようなものだと私は考えている。しかし逆に、その意味や価値が見いだせない場合、人間は深刻な空虚感にさいなまれる。

　次に、「自己拡大」とは、狭い自我の枠を超えることによって、すなわち自己超越によって大きな自我を獲得すること、あるいは自己の「境涯」を高めることであると言える[16]。それは「エンパワーメント」と言い換えることもできるだろう。

　そして「自己同一化」とは、自己と自己以外の存在を同一視するようになることである。たとえば他人の喜びや悲しみを自分のことのように感じること、自分が住み働く社会を自分の一部のように大切にすること、その結果、逆にその社会に対して自分が帰属意識を持つこと、または自分の慣れ親しんだ自然を自分の一部のように感じることである。さらには長年愛用した道具や愛読した書物を、自分の一部のように捨てがたく感じることも、自己同一化ではないだろうか。

　これらはすべて自己と自己以外のさまざまな存在との「関係性」が強いために、それらの存在と自己が一体のように感じられるのである。自己拡大と自己同一化は似た概念であり、自己拡大の結果、自己同一化が実現すると言えるし、また自己同一化の結果、自己拡大が実現するとも言える。

　「自己超越」、「自己拡大」、「自己同一化」はすべて、狭い自我の枠を超えること、つまり自己と他者の境界や分断を乗り越えることであり、それはすなわち自己と他者の「関係性」を肯定して、積極的に取り入れる生き方であろう。そ

---

[16] 結局は自己のためになることは、「情けは他人のためならず」と言われることからも分かる。それが、社会は関係性の場、エコロジカルな関係、web of life などの認識である。

して、そのための必要条件は、私たちが自分の心を開き、他者を尊敬し、他者の身になって考え、他者との共感[17]を大切にすることであろう。それは他者との「分断」を乗り越えるために必要な態度である。

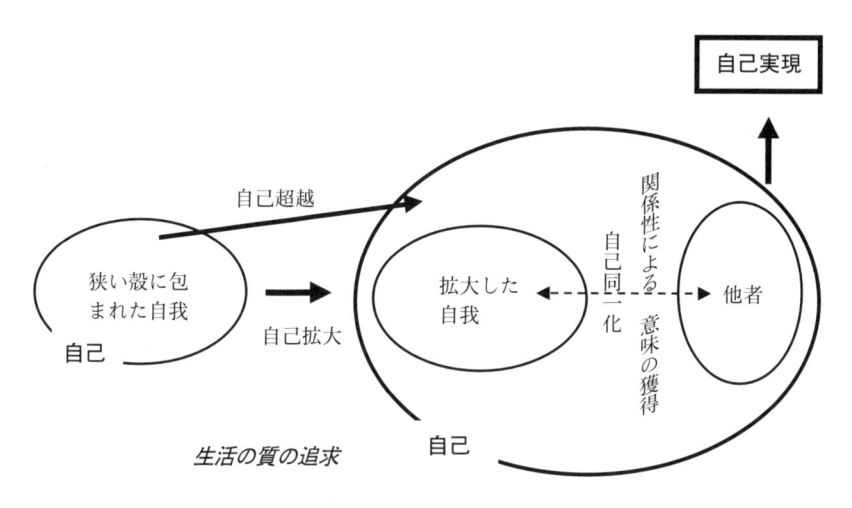

図6-1　自己超越から自己拡大、自己同一化、そして自己実現へ

したがって人間存在の究極の目的としての「自己実現」とは、「自己超越」、「自己拡大」、「自己同一化」によって、個人をより「大きな存在」へ結び合わせ、自己が成長・発展するプロセスである。そのより大きな存在とは、家族、他人、社会、自然、環境かもしれないし、自分の目標や社会的な目標であるかもしれない。あるいは思想や宗教かもしれない。

そのような「自分より大きな存在」[18]と一つになりたい、または大きなもの

---

[17] ゲアリー・スナイダー「土地に根ざして生きる」アラン・ドレングソン＆井上有一共編『ディープエコロジー』昭和堂2001、pp.194-210では以下のように述べられている。「相互の結びつき、はかなさ、必然的な無常、苦痛…を身近に知覚することは、共感するこころの覚醒につながる。」
[18] 例えば、鶴見和子著『鶴見和子・対話まんだら　石牟礼道子の巻　言葉果つるところ』藤原書店2002、p.208を参照。

にあこがれる、というのは人間を人間ならしめる「精神的な本能」かもしれない[19]。より充実した「生活の質」や「生きる意味」を獲得できるのは、狭い自我に囚われた利己的な目標ではなく、自己を超えるより大きな存在に貢献（コミット）する場合であろう。

環境問題は人間の生きかたの問題でもあることは先に述べた。もし「人間は自然の一部」であるならば、自然や環境もやはり自己同一化するべき「大きな存在」であろう[20]。したがって環境保護の行動は、何も自分の生活を犠牲にすることではなく、自己超越をして自然や環境と自己同一化する、自己実現の態度と位置づけられる。つまり環境保護は押し付けられた「道徳」なのではなく、自己の「生活の質」を高めるための生きかたである[21]。環境保護の実践の観点からこれは特に大切な点である。

「生活の質」を環境保護の根拠にすることによって、開発との対立に望ましい状況が生まれる。すなわち、環境保護は人間の「生活の質」を高めるためであるから、同様に「生活の質」を高めるための開発や発展と、対立を超えて共通の話し合いの「土俵」に立つことができる。もし環境保護が道徳の実践であれば、開発とは異なる基準が適用されて、両者の話し合いによる合意は難しくなるだろう。ところがそうではなく同一の基準が見つかったのだ。「生活の質」を共通の基準にして、環境保護と開発を一致させ、両者を統合する可能性が見えてきたといえるだろう。

(2) 自分より大きな存在

ここで「自分より大きな存在」とは、人間が成長するために、また自分自身

---

[19] もし自己超越（つまり自己を向上すること）が人間の本能であるとすれば、自己超越は人間の宿命であるとも言える。したがって自己超越を放棄することは、人間であることを放棄するという自殺行為に匹敵するだろう。

[20] 例えば、鶴見和子『対話まんだら　石牟礼道子の巻』藤原書店 2002、p.208 において以下のように述べている。「…自分より大きなものは自然よね、自分を育んでくれた自然。それと自分がともにあり、ともに生き、死んだらまたその中へ帰っていく」。

[21] 中村桂子『生命誌の窓から』小学館 1998、p.104 では、「地球環境問題の解決は、我慢の生活をするという発想からではなく、一人一人がよりよい生活をするという考え方から生まれると思うのです」と述べている。

を超えるために必要とする、「他者」の存在である。たとえば自分のエゴを超えて献身する他者、自己超克の規範となる他者（たとえば尊敬する人物）、人びとの幸福や平和という社会的な目標など、それらはすべて「大きな存在」である。しかし、近代の個人主義は、超越的なものに対する人間の自己主張という意義をもっており、基本的に自分以上の「大きな存在」を認めたがらない。自分の外の他者との関係を軽んじる現代人は、「生きる意味」の真空状態の中で苦しむことになる。

　他者を自己と同一視して他者に貢献する努力によって、人間は自分の自己中心性を克服することができる。それで始めて自己拡大が可能になる[22]。その他者が自分にとって「大きな存在」であれば、それだけ自己の「生きる意味」（幸福感）も充実し、大きな自己を形成することができるだろう。従って「大きな存在」を大切にする生き方とは、その反面、自分の小さなエゴを省みない、自己超越を実行することである。

　生命論の世界観で説明したように、「主体と客体は不可分」であり、主体にとって環境は「自己を含む世界」とみなすことができる。それは「自己同一化」の別の表現である。自己と他者は無関係で独立した実体ではなく、強い「関係性の場」で結ばれており、「他者あっての自己」であることを示している。世界（外界）との関係こそが、人間の「生きる意味」の源泉である。世界とのつながりを軽視し、希薄な人間関係のなかで生きる現代人は、「生きる意味」をも軽んじようとしている。

　現代社会で個と個の関係性を軽視する世界観によって、「個」の存在自体が危機に直面しているのではないだろうか。個人の尊重が個人の生きる意味の喪失、という結果を招くのは大きな逆説である。**この問題を解決する最大の条件は、生命論の世界観の関係性を大切にすることである。したがって自己超越は生命**

---

[22] それはいわば「利他」の行動が、自分のためになることである。従って自己超越から自己拡大に至る人間の成長プロセスの理解は、自分の幸福のためには（それを「利己」と呼んでも支障ない）、他者あるいは自分より大きな存在への貢献が必要である、ということの自覚であると言えるだろう。すなわち利他＝利己を理解することである。

論の実践なのである。

　社会活動家に自己同一化の例を見ることが多い。他人のために献身している人たち、社会的目標のために尽力している人たちは、何らかのできごとに自己を重ね合わせている場合が多い。それは被爆した友人であったり、戦争の犠牲になった友人であったりする。従って、反戦という社会的目標は他人事ではないのである。そのような例は私たちの周りに多くある。そのような他者に共感し同苦することが、私たちの自己超越を促し自己拡大を可能にして、自己実現を達成するのである。

第2節　人間と自然は不可分

　人間と自然の共生の基礎は、両者の不可分性を自覚することである。いくつかの観点から人間と自然の不可分性を考察したい。歴史的な観点、生物学的な観点、生命論の世界観、相補性の観点、人間自身の内なる自然、そして自然環境と自己同一化する人間の感性、などの見方から、人間と自然が不可分であることの理解に到達したい。その不可分性は「自然は私の一部」との感性に凝縮されるように思う。

1.　「自然」は変化する

　二元論の自然観が現代社会で支配的である。その機械論の自然観を克服するために、生命論の観点から自然をどのように考えればよいだろうか。生命論では、世界のすべては変化する存在である。山川草木などの自然も生命的存在として変化する。

(1)　「自然」は二元論の原因

　「自然」とは何を意味するのだろうか。日本では古来「おのずから」という意味で、「じねん」と読む「自然」の言葉が使われていた。明治時代になって外来語の"nature"の訳語として、「しぜん」と読む「自然」の言葉が使われた。古来の日本語としての「じねん」と、"nature"を意味する「しぜん」の両方が、「自然」の言葉に含まれている。**この言葉の多義性が「自然」の理解や、「自然**

保護」について混乱を招いている[23]。ちなみに広辞苑（1998年）で「自然」の意味を調べると、以下の通りである。

① （ジネンとも）おのずからそうなっているさま。天然のままで人為の加わらないさま。あるがままのさま。（ひとりでに）の意で副詞的にも用いられる。
② （ア）人工・人為になったものとしての文化に対し、人力によって変更・形成・規整されることなく、おのずからなる生成・展開によって成りいでた状態。
　（イ）おのずからなる生成・展開を惹起させる本具の力としての、ものの性。本性。本質。
　（ウ）山川・草木・海など、人類がそこで生れ、生活してきた場。特に、人が自分たちの生活の便宜からの改造の手を加えていない物。また、人類の力を超えた力を示す森羅万象。
　（エ）精神に対し、外的経験の対象の総体。すなわち、物体界とその諸現象。
③ 人の力では予測できないこと。

古来の日本語の「じねん」は広辞苑の①の意味である。それに対して、明治から出現した"nature"の訳語としての意味は②が該当する。「自然保護」や「自然破壊」における「自然」は上記②（ウ）が該当する。また②では、「人為」や「人工」と対立する概念として「自然」が定義されている[24]。この対立が保

---

[23] 林智ほか『サステイナブル・ディベロップメント』法律文化社 1991、p.121 では「自然」という概念の使われ方を調べて、その概念の多様さを検討している。
[24] 馬橋憲男『熱帯林ってなんだ　開発・環境と人びとのくらし』築地書館 1991、pp.147-148 では以下のように述べている。「たとえば環境や自然の保護です。ボルネオのジャングルに住む先住民の人たちにはこうした言葉はありませんでした。…彼らはそもそも人間自身を自然の一部と考えており、人間の都合で勝手に自然をこわしたりできないものと考えているからです。この自然と共生する精神は彼らの毎日の生活やちょっとした動作やしぐさにも生きています」。

護すべき「自然」や、保護する手段に影響する。すなわち人為の加わらない自然が「本当の自然」であり、人手から分断することが「保護」の手段である、という認識が生まれる。本書の序論で問題提起をしたことである。また人手が加わらない本来の自然、原生の不変の自然、という「理想的な自然」のイメージがこの②の理解から生まれる。逆に、たとえば庭や鉢植えなどの人手の加わった自然は「本当の自然」ではない、というような誤認識も生じる。現代の私たちの自然観にはこのようなイメージがあるが、それは果たして正しい自然観であろうか[25]。生命論の世界観から検討してみよう。

(2) 自然は歴史的な存在

自然の第1の特徴は、「万物は流れる」ように、変化を続けることである[26]。それは山川草木の季節に応じた変化であり、生き物が生まれて成長・老化・死滅する変化である。生態系の生き物の種が移り変わる生物相の遷移も、自然が長期にわたって示す変化である。また環境の変化に応じて、生物の種も進化する。このように自然生態系は、空間と時間の両面にわたって、動的に変化を続ける存在である。生命論の世界観ではすべての存在は変化するプロセスであり、動的な変化のなかでこそ生命系は正常に維持される。逆に、変化のない静的な停滞は、回転の止まったコマが倒れるように、不安定な状態である。

自然の第2の特徴は生態系で観察される多様性である[27]。それは生態系の遷移プロセスで生物相が表現するように、空間と時間の両面にわたって、多様性

---

[25] 例えば、鈴木正崇「大地から神へ」鈴木正崇編『大地と神々の共生』昭和堂1999、p.9には以下のように述べられている。「明治になってnatureが自然と訳されたときから問題は錯綜し、そのなかからしだいに西洋風の対象化される自然の概念が卓越してきた」。稲本正『ソローと漱石の森』NHK出版1999、p.280において「しぜん」「じねん」「nature」などを議論している。

[26] 加藤尚久「環境問題を倫理学で解決できるだろうか」加藤尚久編『環境と倫理』有斐閣1998、p.9では以下のように述べている。「自然の中には永遠の秩序があるという考え方が、自然主義の根底にある。…しかし、自然そのものが根本的に歴史的な性格をもつという発見が20世紀後半では続いており、いまでは『自然に永遠なし』というのが自然観の根底に置かれざるをえなくなっている」。

[27] 例えば、E・O・ウィルソン『生命の多様性』岩波書店1995を参照。

を増すという自然の傾向性である。生物が雌雄の生殖で子孫を残すことも、自然界が多様性を増大する傾向の表れであろう。多様性を増大させる自然のこの傾向性自体も、自然は変化を続ける存在であることを証明している。このように変化することは自然の本質である。

　そもそも地球は46億年前に「火の玉状態」で誕生したが、その後、さまざまな物質が生まれ、地球の構造が分化する方向で、地球は「進化」してきた[28]。つまり地球という自然は、海や大気、地殻やマントルなどが生成し、生命の誕生の後、生物が多種多様に進化したように、多様性や複雑性を拡大してきた壮大な歴史的存在である。地球上の生態系も歴史的な存在である。つまり地球の気候は寒冷期や温暖期が交代しながら変化しており、従って、それぞれの土地固有の原生自然さえも変化してきた。まして短期的にみると、自然生態系は生物相が多様化する方向で遷移する。また生態系のそれぞれの種も歴史的な存在である。すなわちすべての生物種は地球の歴史とともに進化してきたのであり、私たちの周りの一つひとつの生き物はその進化の歴史を背負って生きている。その進化の歴史の物理的な証拠がゲノムである[29]。つまりゲノムには生き物の進化の歴史が記録されている。

　人間との係わりから見ても自然は歴史的存在である。すなわち土地・川・森林などの地球上のほとんどの自然は、人類の歴史を通して人間活動の影響を受けてきた。古代文明の影響で砂漠化した土地（例えば黄土高原）はまさに人類の歴史の産物である。現在、不適切な方法による農業や牧畜で不毛化している土地にも、同様に人為が自然の歴史に刻み込まれている。私たちの身近な森や川や里山も、人間の歴史の産物である。それらは遠い昔から、私たちの祖先が

---

[28] 例えば、松井孝典『宇宙からみる生命と文明』NHK2002 を参照。
[29] 本庶祐・中村桂子『生命の未来を語る』岩波書店 2003、p.29 で中村は以下のように述べている。「ゲノムは歴史の産物としてここに存在するという見方― DNAという物質ではあるけれども歴史の産物としてみる見方―が必要になってきたと考えています。しかも私のゲノムは、全体として存在し、私を支えているわけです。たまたま今、私はここに存在している、そういう歴史的な存在としてあるわけです。全体としてあり、歴史的な産物であり、したがって再現性というよりは一回性のものである。」

自然に人為を加えてできたものである。砂漠化や森林破壊のように人間活動が自然を破壊した例もあるが、多様化する自然と人間活動が相互依存してきた、里山のような例も歴史上無数に存在する。

　このように自然は多様性を志向しており、歴史とともに変化を続ける存在である。ところが私たちは自然を固定的なイメージで捉えることがよくある。たとえば自然保護の対象やその方法の議論では、原生的な自然を「本来の自然」あるいは「理想的な自然」と考えて、人手の加わった自然の価値を低く見なす傾向がある[30]。そのような本来の自然を守り維持することが、最も重要な「自然保護」であると考えられている。そのような本来の自然は存在するのだろうか、あるいはその本来の自然を人間と分断することで維持できるのだろうか。そのような自然観は、世界を静的、固定的、決定論的にみる機械論の世界観の反映ではないだろうか。

　地球上の自然は、それ自体が変化する存在であり、さらに人間との相互関係のなかで変化してきた。このような意味において、地球と地球上の自然は歴史的な存在である。つまり「本来の自然」という（不変の）実体があるわけではない。したがって本来の自然とか理想的な自然という、不変の存在を守ろうとする「自然保護」は虚構であろう。不変の自然は「非自然」であるから、そのような自然保護による自然は、本節の冒頭に示した「自然」の定義と自己矛盾する、人為的な自然であり、不自然な自然の維持であり、厳密には実現不可能な自然保護になるだろう。

　「原生的」な自然を守ることが必要な場合もある。しかし厳密な意味での、つまり人間の影響のない原生自然は、深海を除いて地球上にはほとんど存在しな

---

[30] 宮脇昭『森はいのち』有斐閣 1987、p.89 では以下のように述べている。「従来、『理想的な自然環境とは』と問われれば、人間生活とは無関係な山の彼方の遠いところの姿の様に答えられていた。…そのような画一的・一時的な自分本位のドグマから脱却しなければならない。少し離れてみれば、人間の生活、それを支えている都市や産業立地も、実は大きな意味での自然環境と共存し、自然環境を基本にし、理想的な自然環境の枠のなかでのみ持続的な発展が維持される。したがって、人間本位の従来の自然と対決した、あるいは断絶した考え方を超越しなければならない」。

い。否、現在は深海でさえ人間の排出したゴミが漂っているし、南極のペンギンでさえも食物連鎖の結果PCBに汚染されている。それにも拘わらず、人間の影響のない「原生自然」を求める「自然保護」は、人間と自然の関係を無視し排除できると考えており、人間による影響を否定して人間と自然を峻別する二元論の発想である。

現実は自然に対する人間の影響は避けられないにも係わらず、その自然から人為を除こうとする「自然保護」は、意図に反して人為的な自然を作り出す営みにならざるを得ない。それは先の「自然」の定義とは矛盾する。したがって、「自然」の定義として本節の冒頭に紹介した、人為と対立する自然の概念は、人間が住む地球上の現実と矛盾していると思う。人為と対立する自然の見方は、厳密に言えば非現実的であると言わざるを得ない。このような問題を引き起こすもととなる二元論について次に考えてみよう。

2. 人間と自然の不可分
(1) 相互規定の自覚で二元論を克服

近代化後の人間は、機械論的自然観を背景にして、人間が支配する対象とみなして、自然を操作し利用してきた。その誤りに気づいた私たちは、自然との関係を修復するべく、謙虚さを込めて「人間は自然の一部」であると言うようになった。人間もれっきとした動物であり、私たちの身体を見れば、それは人工物ではなく、生物としての自然物である。

しかし、私たちが口にする「人間は自然の一部である」ことと、いまだに私たちの思考を支配する「人間と自然の二元論」は明らかに矛盾する。人間と自然の関係の問題を解決する根本には、この二元論の自然観を克服することが必要である。「人間と自然」の二元論は、目に見える現象の世界に囚われた一面的な認識であり、私たちは、その現象の背後に隠れた、目に見えない関係性を自覚し、認識する必要がある。

二元論を克服するカギは、生命論の世界観における関係性の自覚である。人間と自然は「関係性の場」で結ばれており、生命論の世界観から見れば、それは不可分の存在である。たとえば、自然の恵みを食べて人間の身体は形成さ

れ、人間は自然に働きかけて環境を改変し形成する。第3章第1節で述べたように、人間と自然環境に限らず、生物とその環境の間、つまり主体と客体の間には、環境作用と環境形成作用が働いており、それは関係性の場で相互規定する作用である。また人間も含めて生物の進化は、生物とその環境の両者の相互作用のプロセスである。そのような関係性の存在を自覚すれば、人間と自然の二元論は目に見える現象世界の一面の認識であり、包括的な認識ではないことが分かる。

(2) 二者択一から相補性へ

二元論の表れとして「人間か自然か」、「開発か環境か」、という二者択一の発想が代表的である。たとえば、人間の生存はすなわち自然の搾取である、という人間と自然が対立する見方である。そのような二元論の発想から「環境至上主義」や「原生自然至上主義」[31]が生まれる。それは開発(人為)を否定して、環境(自然)を選択する、という二者択一である。そのような環境至上主義は究極的には人間否定に結びつく。環境至上主義は人間と環境の二元論の発想であり、人間の外に「環境」という絶対的な存在を設けている。その絶対的な環境が選択されれば、当然人間は排除され否定される。あるいは環境が常に優先されて、人間がそれに従属する。それは「環境保護」をイデオロギー化、つまり絶対化して、「人間」に対して常に「環境」を優先することである。それが行き過ぎであることは、常識的に誰の目にも明らかである。

それでは「開発」を優先させればよいのか、と言うともちろんそうではない。そのような「開発か環境か」という二者択一を伴う二元論の発想は、関係性の上に成り立つ現実の世界に反している。現実は単なる開発と環境の問題ではない。「開発か環境か」の対立は、人間と自然の関係のように見えるが、第3章で議論したように、自然に関与する人びとの利害を含む社会関係の表れである。つまり「開発」の利益を選択する人たちと、「環境」の価値を選択する人たち、つまり人間と人間の対立である。

---

[31] 例えば、鬼頭秀一『自然保護を問いなおす』筑摩書房 1996、pp.103-113 において、自然保護における「原生自然＝ウィルダネス」の概念の起源を分析している。

それでは開発と環境のバランスをとればよいのかというと、それもプラス・マイナスのトレードオフ[32]の発想であり、依然として二元論の発想である。二元論の発想はゼロサムゲーム[33]である。そのような機械論の発想では、人間と自然の共生の世界は見えてこないし築けない。二元論の発想から脱却して、人間と自然が関係性でつながった「相補性」[34]の発想へと、考え方を拡大しなければならない。つまり、「人間も自然も」互いにプラスになるように、人間と自然が相補う関係性を探すのである。同時に、人間と自然の二元論から不可分論へ、私たちの見方も発展させなければならない。それは二元論から不可分論に発想を転換するというよりも、二元論も一つの世界（あるいは見方）であるが、その背後には不可分論の世界もある、というように世界観の拡大が求められている。つまり二元論か不可分論かという二者択一ではないのである。

　不可分の世界でどのようにしてゼロサムが解決するのだろうか。「人間も自然も」互いにプラスになるように、つまりゼロサムではなくwin-winの関係を目指すのである。その方法は、共生する自然生態系から学ぶこと、また人間の創造的な知恵によらなければならない。詳しくは後の章で述べるが、人間と自然の分断ではなく、より現実的な人間と自然の係わりの自然保護が求められる。それではつぎに人間と自然が「不可分」であることを確認したい。

(3) 「内なる自然」は不可分性の証

　現代文明において人間はあまりにも自然から離れてしまった[35]。それも災いして、本節の最初に示した「自然」の定義やデカルト主義のように、「人間と自然」を対立あるいは対置させる、人間観や自然観が現代社会では一般的である

---

[32] トレードオフとは、片方を良くすれば他方が悪くなる、というような関係のこと。
[33] ゼロサムゲームとは勝つか負けるかというような、プラスとマイナスを足してゼロになる関係。
[34] 二者択一のような矛盾する関係ではなく、相互に補い合う関係のこと。
[35] しかも面倒なことには、人間は自身の自然性を隠そうとする傾向がある。それは人間の脳の働きである。養老孟司『人間科学』筑摩書房2002、p.104は以下のように述べている。「都市とは逆に、衣服の内側すなわち人体は自然の産物である。自然の産物だからこそ、それはタブーとなる。だから人間だけが衣服を着用し、あたかも自分の身体が人工物であるかのように見せるのである」。

ように思う。山川草木の自然は人間の外に存在するが、実は人間の内にも「自然」が存在する[36]。つまり人間自身が自然の存在である。それを「内なる自然」と呼ぶが、内なる自然[37]を自覚することは、外なる自然との「自己同一化」の基礎になるだろう。

「内なる自然」とは具体的に何か。それは先ず私たちの身体である。生物学のDNA研究によって人間の「内なる自然」が確認される。地球上には多様な生物種が存在するが、異なる種の生物体内で同じ機能をもつDNAの構造は、互いに似ていることが分かってきた。生物種の間でDNAが共通しているので、異なる種のDNAを相互に比較して、生物進化の過程をたどることも可能である。そのようにして人間と他の生物が祖先を共有していることが分かる。人間の内なる自然、つまりDNAという物質（実体）によって、人間と他の生物が自然のなかで、同じ仲間であることが確認できる[38]。

ほ乳動物として母親の胎内から生まれた、私たちの身体はまさに自然物である[39]。さらにその身体のもつ五感は、人間以外の動物と共通しており、やはり自然の働きである。山野河海などの自然界を「外なる自然」と呼ぶならば、身体とその五感の働きは人間の「内なる自然」と呼ぶに相応しい。しかし、問題になるのは発達した人間の脳の働きである。これこそは、人間と他の生物を明確に区別する、種としての人間の特性のようにみえる。しかし、脳の働きの中でも喜怒哀楽の感情の作用は、他の動物とも共通部分があり、実際にそれを共

---

[36] 鶴見和子『鶴見和子・対話まんだら中村桂子の巻 四十億年の私の生命』藤原書店 2002、pp.180 を参照。

[37] 「内なる自然」の議論は、例えば以下の文献を参照。養老孟司・森岡正博『対談生命・科学・未来』ジャストシステム 1995、p.224。人間の自然性と非自然性（意識）の議論は、養老孟司『考えるヒト』筑摩書房 1996 や養老孟司『人間科学』筑摩書房 2002 などが参考になる。

[38] 本庶祐・中村桂子『生命の未来を語る』岩波書店 2003、p.19 で中村は以下のように述べている。「DNAの発見は、生きものの間の根っこ、共通性を示して、多様性と共通性をつないでくれた」

[39] 動物や植物などの自然の命を食べて、私たちの身体が作られることも、私たちが自然であることを示している。

有できることを、私たちは家畜やペット動物と共に体験できる。したがって、その感情の働きでさえ「内なる自然」と呼んでよいだろう。

　脳の働きのなかでも人間に特有なものは、ホモサピエンスたる知性であろう。知性の働きによって、人間は自然に働きかけて道具や人工物を作りだし、その人工物が時に自然破壊を引き起こす。ところが人間以外の生物にも、生きるための知恵は豊かである。生態系をつぶさに観察すると、生き物の驚くべき知恵[40]を発見できる。従って人間の知性でさえ「内なる自然」と言えるだろう。このように考えると、人間はすべての面において、自然としての存在なのかもしれない。だからこそ「人間は自然の一部」なのだろう。

　ただし最後に、他の生物と大きく異なる知性は、ホモロクエンス（話すヒト）として、抽象的（あるいはシンボル的）言語を豊富に操る能力である。その言語やシンボルを操作して人間は思想や科学を生み出した。第4章で述べたように言語能力が二元論を促進し、人間と自然の分断を促進し、人間の「内なる自然」を否定[41]する傾向をも生んだのである。

　先に「自己超越」について説明したように、人間は向上を目指す存在である。その志向性が「外なる自然」に現れる災害、つまり人間を脅かす現実を克服させようとする。すなわち、人間の知性は自然の脅威を克服し、自然の煩わしさを避ける努力を続けてきた。「人間は自然の一部」であるが、人間は自然の脅威を克服しようとする傾向性を持っている。それにも係わらず、人間の存在は「内と外の自然」に支えられており、人間の知性も内と外の自然を前提とする

---

[40] 人間はいくら頑張っても100才までしか生きられないが、植物は数百年以上も生きることができる。その植物も生きるためにさまざまな知恵をめぐらしているに違いない。生きるという最も基本的な寿命において、人間の知性が植物にかなわない面もある。

[41] 人間を定義するホモ・ロクエンスなどの言葉は、すべて人間が他の生物と異なること、すなわち自然の中の人間の優越性を強調している。さらに内なる自然の象徴である人間の生物的な本能を、私たちは隠そうとするのである。キース・トーマス『人間と自然界』法政大学出版局 1989, p.35 は以下のように述べている。「たとえば、ポリス的動物（アリストテレス）、笑う動物（トマス・ウィリス）、道具をつくる動物（ベンジャミン・フランクリン）…などと人間を規定したのがそれにほかならない。…こうした定義の共通点は、《人間》と《動物》という両極のカテゴリーをまず仮定し、必ず動物を劣ったものとみなすところにある」。

能力である。したがって人間は自然の一部であり、人間と自然は不可分である[42]。

3. 自然は私の一部
(1) 不可分性と自己同一化

人間と自然の「不可分性」は人間と自然の共生の源泉である。「人間は自然の一部」であるが、同時に「自然は人間の一部」であると認識することも、その不可分性の表現ではないだろうか。人間がその一部でしかない「大自然」は、人間が支配する対象などではないことを教えてくれる。それは過去、自然に対して尊大であった人間を謙虚にさせるが、同時に主体性の弱い存在として人間を矮小化するかも知れない。「人間は自然の一部」は私たちに理解しやすいが、「自然は人間の一部」という表現は論理的に理解しにくい。

「自然は人間の一部」という認識は、人間と自然の共生について別の視点を提供する。これは先に説明した「自己同一化」の見方でもある。自然を自分の一部のように感じることであり、人間（自分）と同じように自然を大切にする気持ちが生じる。なぜなら、自分の一部である自然の破壊は、とりもなおさず人間自身の破壊に他ならないからである。環境破壊によって人間の生存を脅かすことは人間破壊でもある。人間は誰でも自分自身が大切であり、だからこそキリスト教の黄金律[43]が有効なのである。

文学の世界では人間と自然の一体性をうたう作品は多い。フランスの歴史

---

[42] 日本総合研究所『生命論パラダイムの時代』第三文明社1998、p.255では以下のように述べている。「忘れてはならないのは、ブリコジン博士の『われわれは自然から分かれて、なおかつ自然の一部である』というコメントです」。また、オギュスタン・ベルグ『地球と存在の哲学―環境倫理を超えて』1996、p.237では以下のように述べている。「換言すれば、自然への帰属と、私たちにおいて自然を超越するもの（すなわち文化）への帰属という私たちの二重の帰属が、自然に対する自由と文化に対する自由という私たちの二重の自由の条件になっている。根本的に、人間存在は自然的であるが、しかしまた文化的でもあり、文化的であるが、しかしまた自然的でもあるからなのだ」。

[43] 「人からして欲しいと思うことのすべてを人々にせよ」というキリスト教の倫理の原理。

家ジュール・ミシュレ[44]の作品『山』には、泥浴体験をめぐって人間と大地の交感が表現されている。また宮澤賢治[45]は自然や環境との「自己同一化」とみなせる詩を残している。哲学者オルテガ・イ・ガゼット[46]が、人間と環境の間の一体性を強く確信した文章を残していることもよく知られている。宮澤の「水や光や風ぜんたいがわたくしなのだ」とか、オルテガの「われはわれとわれの環境である」との表現は、「私は自然の一部」というよりも「自然は私の一部」に近い感覚ではないか。宮澤もオルテガも、「人間」という一般化された主語ではなく、「わたくし」や「われ」という一人称で書いたことは、個人の主観として表現する内容に相応しいのかもしれない。それを一般化すれば「自然は人間の一部」になるのだが、それを知覚できるのはとぎすまされた感性なのだろうか。

　私たちが自己同一化できる対象は、自分と一体であるような大切な存在である。そのようなものに私たちは、特別の愛着を感じて、**自分の身体の一部ではないけれども、「自己」の一部のように感じる**。ここでは「自己」というのは、

---

[44] ジュール・ミシュレ『山』藤原書店・大野一道訳 1997、pp.76-77 では以下のように述べている。「大地はもっと上のほう、胃の所まで私を埋めつくした。私はほとんど完全に被われてしまった。…人類がそこから生まれたわれわれの揺りかごである大地は、再生のための揺りかごでもないだろうか。…次の十五分間、自然の力が増大してきた。私はその中に深く没入し、思考は消え去っていくのだった。唯一残っていた思いは、ハハナルダイチというものであった。…最後の十五分間には、大地が被っていなかったもの、私が自由に動かせたもの、つまり顔が私には邪魔になった。埋まっている体が幸せで、それが私だったのである。…いな私と大地のあいだにあっては、結婚以上のものであった！むしろ本性の交換とでも言えるようなものだったろう。私は大地だった。そして大地が人間だった」。

[45] 宮沢賢治『新校本宮澤賢治全集第三巻詩II校異篇』筑摩書房 1996、p.544 では以下のように述べている。「あ、何もかももうみんな透明だ　雲が風と水と虚空と光と核の塵とでなりたつときに　風も水も地殻もまたわたくしもそれとひとしく組織され　じつにわたくしは水や風やそれらの核の一部分で　それをわたくしが感じることは水や光や風ぜんたいがわたくしなのだ」。

[46] オルテガ・イ・ガゼット『オルテガ著作集1 ドン・キホーテをめぐる省察・現代の課題』白水社 1998、p.32 では以下のように述べている。「最近の生物学は、生命のある有機体を、身体ならびにその特別な生活環境によって構成される一つの統合体として研究している。したがって生命の発達のプロセスは、単に身体がその環境に順応することにあるだけでなく、環境がその身体に順応することにもある、ということになる。…われはわれとわれの環境である。私がもし私の環境を救わなければ、私自身を救わないことになる」。

自分の身体だけではない、という見方を含んでいる。物理的な自己の範囲は身体であるが、それはものの見方の内の物理的な側面に過ぎない。それは機械論の世界観である。人間の主観的な「自己」が存在できない理由はない。例えば、私の大学の研究室は私の自己の一部である。それは私の身体ではないが、私という自己を形成するのに不可欠の存在である。従って**私の研究室という環境は私の一部なのである**。また周りの自然と私が自己同一化すれば、その自然は私の一部であろう。それは主観的すぎる、との理由で否定されるものではなく、一つの存在論として正当性はあると思う。

人間は自然の一部　　　　　　　　自然は私の一部

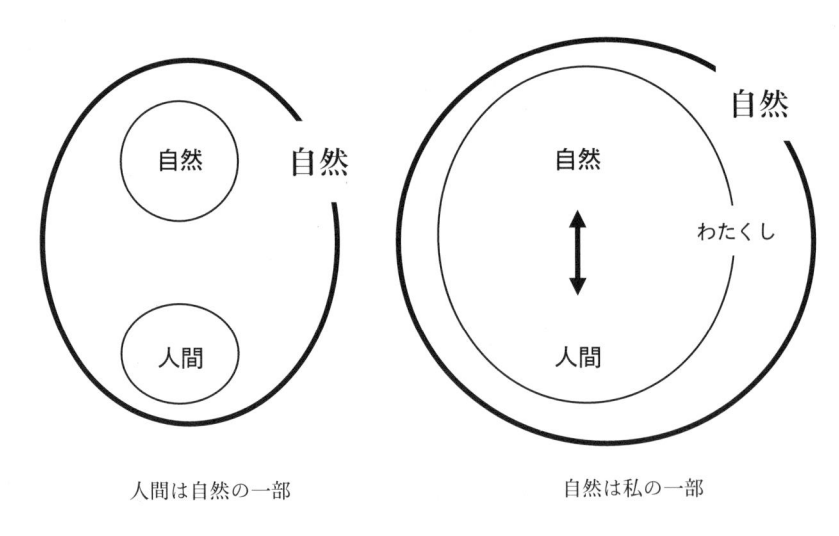

図6-2　「人間は自然の一部」および「自然は私の一部」

上記の見方に共通するものとして、ある生態学の見方を加えておこう。生態学者今西錦司（1902～1992年）は、部分的な自然を解明する要素還元主義に対抗して、自然を全体として捉えるホーリズムの（全体論）立場に立った[47]。機

---

[47] 今西錦司『自然学の提唱』講談社 1986、p.25 では以下のように述べている。「動物も植物も、私にいわせたら、自然の一部分ではあっても、それだけでは自然の全体像を表すことができない。自然は全体で一つの自然なのである。自然を構成している部分にはいろいろあっても、全体としての自然は一つしかない」。

械論の世界観に真っ向から対立する今西にとって、生物と環境は一体であり、環境はあくまで生物主体の延長と考えて、「**環境とは生物が生活する生活の場であり、生物そのものの継続であり、生物的な延長である。また生物とその生活の場としての環境とを一つにしたようなものが、それがほんとうの具体的な生物である。**」[48] としたのである。ここで「生物」の一つの種である「人間」を、上記の「生物主体」と考えるならば、前述したような「自然は人間の一部」との表現ができるだろう。さらに「生物主体」の視点から環境を考えることは、先に宮澤やオルテガが、一人称で自然や環境を表現したことに通じるだろう。このように「二にして不二[49]」という、二元論に止まらない人間と自然の不可分性を理解する知恵も、人間は確かに持っているのである。

(2) 「内なる自然」が求める共生

人間の「内なる自然」の自覚によって、私たちも自然の存在であることが分かる。つまり「人間は自然の一部」という自覚である。類人猿から進化したヒトの「内なる自然」の存在は当然であろう。その内なる自然は「外なる自然」(＝自然界)を求める。外なる自然を求めるヒトの願望が、現代社会の自然保護や共生への志向であろう。

都市化した現代社会は自然の要素を極力排除しようとしている。その結果、

---

[48] 丹羽文夫『日本的自然観の方法—今西生態学の意味するもの』農山漁村文化協会 1993、p.41 による。丹羽は今西の自然観について以下のようにも述べている (p.29-30)。「機械論者たちの唱えるいわゆる生物—環境二元論に対して、環境と生物が二つながらまず存在しているのではなく、生物あっての環境であり、環境あっての生物ではないといった今西独自の一元論的嗜好を窺うことができる。環境とは何よりも＜生物が生活する生活の場＞なのであり、＜生物そのものの継続＞であり、＜生物的な延長をその内容としていなければならない＞のである。それゆえ＜生物とその生活の場としての環境とを一つにしたようなもの＞が、それが本当の具体的な＜生物＞という主張も導かれてくるのである」。

[49] 二つのように見えるが二つではないこと(つまり一つであり不可分であること)。東洋には「レンマ」という知恵がある。山内昶『タブーの謎を解く』筑摩書房 1996、pp.228-229 では以下のように述べている。「西欧のロゴスは排中律と矛盾律によって排除と敵対の論理を構築するが、東洋のレンマは容中律と揚棄律によって包摂と共生の論理を展開していたからである」。

山川草木の自然は私たちの身の回りから激減してしまった。人間が作り上げた都市の人工システムは、表面的には確かに自然生態系から、かなり遊離しているように見える。しかしその人間と自然の二元論的認識に惑わされることなく、私たちの足もとでざわめく外なる自然に対して、私たちの内なる自然の感性の扉を開きたい[50]。その外なる自然が私たちの内なる自然を呼び覚ましてくれるだろう。そして内と外の自然、つまり人間とその周囲の自然の「対話」が実現する。その交流のベースは「生命感覚」[51]の共有ではないだろうか。それは第1章で述べた縄文人の自然観に通じるのかもしれない。その交流に支えられた自己同一化、すなわち「自然は私の一部」の感覚によって、外なる自然も私のように大切にしたい、という人びとの思いが強くなるのではないか。そして人間と自然が共生できる可能性が高まるだろう。

(3) 分断からの解放

　人間と自然の二元論を克服することによって、私たちは「分断」から解放される。つまり、私たち自身が「精神的分断」から解放され、そして人間社会が「社会的分断」から解放される。私たちの「精神的分断」からの解放とは、人間と自然あるいは人間と環境の一体性の認識と感覚の獲得である。それは私たちの生命論的世界観の回復であり、自然と共生する思想的な基礎でもある。さらに [自己超越→自己同一化→自己拡大→自己実現] という「生活の質」の向上の条件である。

　人間社会の「社会的分断」からの解放とは、「人間か自然か」あるいは「開発

---

[50] 例えば、岸由二「足もとの自然に『生きものの賑わい』を求めて」赤瀬川他著『都市にとって自然とはなにか』農山漁村文化協会 1998、pp.49-70 を参照。

[51] 私たちも動植物もみんな「生きている」という感性であるが、現代それが希薄化しているように思う。やなせたかし作詞《僕らはみんな生きている》の歌詞「ぼくらはみんないきている、いきているから歌うんだ。ぼくらはみんないきている、いきているからかなしんだ。手のひらを太陽に透かしてみれば、真っ赤に流れるぼくの血潮、カエルだって、みみずだって、あめんぼだって、みんなみんな生きているんだ。友達なんだ」。この歌詞に表現されているような「生命感覚」は、現代社会では忘れられつつあるが、自然との共存・共生において、大切な感性ではないかと思う。

か環境か」という二者択一を迫られて、**賛成派と反対派に社会が分裂することからの解放である**。むろん「関係性」の自覚や生命論のみで、私たち自身と社会が分断から即座に解放されるわけではないが、そのような生命論の世界観は、さまざまの「分断」から人間を解放するための必要条件であろう。

次ぎに、自然との一体感は人間の生き方を変える基礎になるだろう。その一体感に支えられた人間は、自然の支配ではなく自然と共生する生き方を志向するはずだ。人間と自然の一体感は自己が自然の一部である、さらに自然は自己の一部であるとの理解や感覚から生まれる。その結果、**自然を利用するだけでなく、自己の一部である自然環境に対する責任を引き受ける生き方を選択す**る。ただし人間は社会的動物であるから、そのような自覚や理解のみによって、個人の生き方を社会の中で今すぐ180度方向転換できるわけではない。なぜなら、人間と自然環境の関係は人びとの社会関係の表れだからである。

自然環境の危機に直面している人類は、自然環境と人間の「相互進化」のプロセスによって、自然と共生し共存できる人間に「進化」することを迫られている。具体的には人間社会における「自己組織化」のプロセスによって、社会や経済活動の在り方を変えなければならない。その社会関係の調整によって、人間と自然の関係も変わるのである。第7章と第8章でさらに具体的に考えたいと思う。

第3節 「共生」の意味

「人間と自然の共生」という理念の意味を考えてみよう。「共生」の言葉はレトリックとしてあるいはファッションのように頻繁に使用されている。「共生」の意味[52]を論じる人びとはいるが、納得できるものは見当たらない。「人間」と

---

[52] 例えば、岡本裕一朗『異議有り！生命・環境倫理学』ナカニシヤ出版 2002、p.226 では、「『自然との共生』とか、『自然との調和』と言ってみても、その内実は何も明らかではない。動植物と交わりながら、田舎生活をすることだろうか。産業文明を止めて、農業生活へ復帰することだろうか。それとも、ひまな時間に『エコツーリズム』を楽しむことだろうか」と共生の考えに表面的な疑問を投げかけている。

は関係性の中で生きる存在である。天地万物や森羅万象を総称して「自然」と呼ぶが、具体的な自然はさまざまである。山・川・大地・海などの自然物や、動植物などの生物も含まれる。それらを合わせて生態系と呼ぶこともできる。その「人間」と「自然」はどのような関係だろうか。その自然や生態系と人間との「共生」とは何を意味するのだろう。

1. 生態系の共生
(1) 生態系は相互作用

　生態系の生物とその自然環境はどのような関係だろうか。生物とその環境は相互作用の関係にある。つまり環境が生物に及ぼす「環境作用」と、生物が環境に及ぼす「環境形成作用」である。生物が環境に及ぼす影響は一般に「環境破壊」とは呼ばない。しかし植物が土中に根を張り、水を吸収し、地上に延びて争って光を求める営み、動物が森の木の皮を剝ぎ、森の動植物を捕獲する行為、それは明らかに環境と自然を改変している。それは生態系の相互作用として、生物の当然の営みなのだろう。人間が自然環境に及ぼす改変（影響）は「自然破壊」と見なされるのに、人間以外の生物が自然環境に及ぼす影響は、なぜ「自然破壊」と見なされないのか。

　それは生物の活動は「自然の営み」だからである。人間はその自然から除外され、生態系の相互作用の一つとして、人間の行為が自然の営みとは認められていないのである。しかし、人間を自然から除外するのは二元論であり、その二元論の前提のもとでは、人間と自然の「共生」の関係は成立しない。なぜなら「共生」は相互依存そして不可分の関係であり、それは二元論とは矛盾するからである。ところが、私たちは「人間は自然の一部」（つまり一元論）であると言いながら、自然と共生することを志向している。私たちの思考の前提（二元論）と私たちの志向（一元論）が矛盾している。現在の社会の「人間と自然」に関する議論には、このような矛盾する考えが混在しているように思われる。

(2) 見える共生と見えない共生

　「人間と自然の共生」を考える前に、生物界における「共生」の本来の意味から考えてみよう。生態系の生物同士は共生しているのだろうか。よく知られて

いるように、生態系は食物連鎖の世界である。食物連鎖は、異なる種の間で生き物が食い食われる、弱肉強食の生存競争の世界である。その食い食われる関係は、私たちの目には残酷に映る。生きとし生けるものは、自らの生存のために闘っている。しかし、もし生物の個体や種が「弱肉強食」の関係のみであれば、生物界の多様性は減少の一途をたどったであろう。ところが、生態系は逆に多様性を増す方向性で変化する。それは何故だろうか[53]。

　ここで私が強調したいのは、**自然界の共生を理解するためには、「見えない世界」に私たちの目を開かなければならない**、ということである。その理由について説明しよう。私たちが目にする生態系は生存競争の世界である。自然生態系の生存競争の現象は、生き物が食い食われるという、共生とはほど遠い、外見は「破壊的」な食物連鎖の営みである。しかし、**生態系のさまざまな生物の間の生存競争は、その生物を含む生態系全体が存続するための、実は「共生」の仕組みの一部になっている**[54]。言い換えれば、**生態系全体の生き物が共生・共存するための生存競争である**。これが矛盾しないのはレベルが異なるからである。すなわち共生は全体のレベル、競争は個のレベルであって、異なるレベルの営みである。

　たとえば草食動物と肉食動物の生存競争が分かりやすい。もしある土地で

---

[53] 宮脇昭『森はいのち』有斐閣 1987、pp.127-128 では以下のように述べている。「植物の社会では、生活形・階層の異なった個体の間で見かけ上は限られた養分・光・水分・空間の奪い合いをしているが、ほんのわずかな時間的・空間的すみわけを通して実は共存関係が成立している…自然林のように高木層・亜高木層・低木層・草本層からなりたっている多層群落では、高木と低木・草本層とは共存している。…それらが競り合いながらも少し我慢して共存させられている多層群落の自然林のような状態では、動的共存関係が成立している。見かけ上は競争であるが、実は共存関係が成り立っている。…生物社会でもっとも手ごわい競争相手とは、同じ生活形・職能・生育経歴のものである。ただ、自然界では、もっとも手ごわい相手はもっともすばらしい共存者である。互いに競争しながら共存している状態が健全な社会の状態であり、自然の森の姿である」。

[54] 同、p.107 では以下のように述べている。「地球上のすべての生物は一見いがみ合うように見えるが、実はその根底では時間的・空間的に共存関係が成り立っている。極端な例をいうと、ヘビとカエルの間にも共存関係が成り立っている」。このような競争的あるいは闘争的な共存は人間社会にも言えることであろう。

肉食動物が増えすぎると、その餌食になる草食動物は一時的に減ってしまうだろう。草食動物が減ると、獲物を確保できない肉食動物は、飢えて固体数が減ることになる。つまり増えすぎた肉食動物は減少して、安定的に生存できる固体数に、最終的には落ち着く。その結果、草食動物も固体数を安定的に維持できるようになる。このように生き物は食い食われながら生存競争をしているが、結果的に生態系は全体として、すべての種が他を生かし他に生かされている。その全体は他者を生かし自己も生かされるという「共生」の関係である。

　森林研究の世界的な権威、高橋延清（通称どろ亀さん）が、北海道の樹海を歌った詩を以下に紹介したい[55]。詩の中で「何一つ無駄がない」ことは、森の自然界の完全な「共生」の姿に他ならない。

「森の世界」	一種の生きものが	美もあり　愛もある
森の世界には	森を支配することの	はげしい闘いもある
何一つ無駄がない	ないように	だが
植物も　動物も　微生物も	神の定めた	ウソがない
みんな　つらなっている	調和の世界だ	
一生懸命生きている	森には	

　生態系で私たちの「目に見える世界（現象）」は生存競争であるが、このように結果として全体の共生が成立している[56]。その「全体の共生の関係」は「目に見えない世界」である。それは「広義の共生」あるいは「高いレベルの共生」と表現したらどうだろうか。目に見えるのは生態系の存在であり、その全体が共生の表現であると言えよう。**その生態系が壊れず多様性が持続されていることが、生態系全体に高いレベルの共生の仕組みが存在する証拠であると考えら**

---

[55] 高橋延清『樹海　夢、森に降りつむ』世界文化社 1999、p.29-30 による。
[56] 例えば、エリッヒ・ヤンツ著『自己組織化する宇宙』工作社 1986、p.403 では以下のように述べている。「たとえば捕食者―被食者関係では、被食者という実在物はこわされるが、その進化プロセスは続き、すでに見たように動的観点からすれば、両種とも恩恵をこうむる。プロセス共生という概念は、相互進化の概念に直接結びつくものなのである」。

れる。

　生態系には花と昆虫のような目に見える「共生」もある。それは先の「広義の共生」に対して、「狭義の共生」[57]あるいは「個別の共生」と表現するのが相応しいだろう。その共生でさえも両者が仲良くしている関係ではない[58]。目に見えるのは、両者それぞれの「利己的な」生存の努力であり、生存の手段において相互の利益が一致する（win-winの）関係である。

(3)　生態系の多様性と共生の仕組み

　生態学の教えによれば生態系は多様性を指向する。たとえば森林の生態系は全体として、多様性を増大する方向へ遷移する。多様性が増大するということは、異なる種が増えることであり、それは生態系が共生を志向していることを示している。個体レベルでは生物は競争の関係にあるが、全体の生態系レベルでは共生を志向していると考えられる。あるいは生きるためには共生が必要ということでもあろう。

　「共生」とは生存するための「相互の利益が一致する仕組み（関係）」が成立している状態である。生態系において「共生」とは生き物が互いに仲良くすることではなく、生き物がそれぞれ自己の目的を実現しながら、他者にも貢献している状態（自己実現）である[59]。相互の利益になる仕組みを創って、生態系

---

[57] 同、p.402では以下のように述べている。「…寄生虫の除去といったサービスの基本的相互利用が見られる場合、こうした（相互利用の）関係を狭義の意味での＜共生＞と呼ぶ。共生においては、各システムは個々の自治をある程度まで犠牲にする。かわりに環境内に生まれる上位システムに参入することで、あらたなレベルの自治を獲得する。…こうして共生はヒエラルキーをもつ組織機構を形成するにいたる…」。

[58] 鶴見和子『鶴見和子・対話まんだら中村桂子の巻 四十億年の私の生命』藤原書店2002、p.144では以下のように述べている。「いっしょにいるものが相手のことを思っていっしょにいるかというと、けっしてそうではない。自分が一生懸命生きていると、結局、結論としていっしょにいる方が新しいことができるということになって、結局、共生系ができてきたんです。どこを見ても、いっしょに仲よくやろうねというところはない」。さらに生物の間には、相利共生、片利共生、寄生などさまざまな形があるが、「近年これらすべてを合わせて、生物全体を共生系と見る見方が生まれている」と述べている。

[59] これは先に「自己実現」で言及した「内在的価値」と「関係的価値」の生態学的な説明として理解できる。

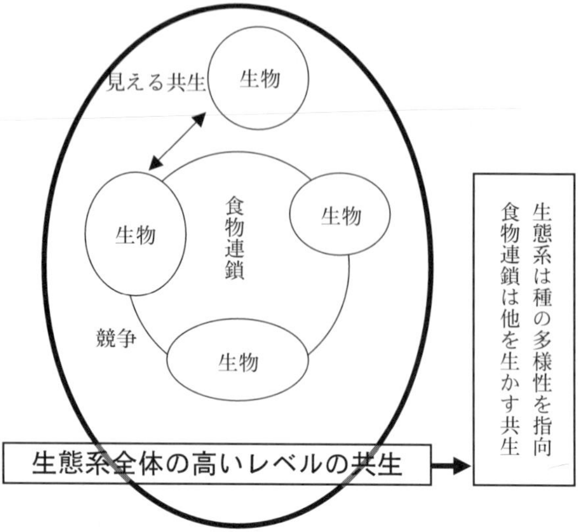
見える共生
生物
生物
食物連鎖
生物
競争
生物
生態系全体の高いレベルの共生
生態系は種の多様性を指向
食物連鎖は他を生かす共生

図６-３　生態系の見える共生と見えない共生

全体とそれぞれの生物の種や個体が生存できる状態のことである。

おそらく**生き物は、他者に貢献（関係的価値）する生き方の中に、自己の個性（内在的価値）を主張しながら、みずからの生存を確保する可能性や場所（ニッチ）を見つけだして、広義と狭義の共生の仕組みを発達させたのだろう。**前掲の高橋氏の詩は、森の中でさまざまな共生が発達した姿を表現したものである。生物の多様性が全体として拡大する、という生態系の傾向性は、環境との相互作用の中で、このように生き物が生きられる可能性を探りだす努力の現れであろう。生態系の種が多様であればあるほど、種と種との関係で多様な共生の仕組みを創りやすい。逆に生態系が単純であれば、共生の構造や仕組みの可能性が限られる。生態系が多様性を志向する傾向性は、やはり共生を指向する生態系の表れであろう。生き物が生きられる可能性を求めて工夫する、このような生き物のしたたかさは、生命系が関係性の上に成り立つことの表れであろう。

全体としての高いレベルの共生関係は、生態系全体の安定性から想像して、理解するほかないのかもしれない。生命論は関係性を大切にする世界観である

が、それは「重力の場」のように世界を「関係性の場」として見る。厳密に言えば、重力の場でさえ世界の関係性の場の一つの現れ、と言えるだろう。物体の重力を測定して重力が働く現象を見ることはできるが、重力そのものや重力の場を目で見ることはできない。生命論で重視する関係性も同様に目で見ることはできない。

　先述のように、現実には食物連鎖に現れる種の競争関係があるからこそ、生態系の全体が維持されることを知るべきである。例えば食い食われることによって、それぞれの種の個体数が調節されるため、食料が不足することもなく飢死もしないで生態系が維持される。それを考えれば、生態系の中で諸々の種が存続するためには、生存競争の間柄にある異なる生物種でさえ共生関係、つまり互いを生かす関係にあると言えるだろう。生態系の全体は共生で貫かれているために、異なる種の競争関係でさえ共生を支えており、共生のための競争関係という側面がある。

2. 人間と自然の共生
(1) 人間と自然の競争

　人間と自然はどのような関係にあるのだろうか。生態系の生物とその環境と同じように、人間と自然の間にも「環境作用」と「環境形成作用」があり、共生と競争の両方の関係がある。私たちも生き物であるから、他の種の動植物を殺して食べたり、利用したりしなければ生きてゆけない。私たちの食べる穀物や野菜を生産する農業には、その収穫をめぐって野鳥や雑草との生存競争がある。悪天候は自然の働きであるが、その影響を避けるために、太古の昔から人間は技術を開発し、住居を作るなどして環境を改変し[60]、自然に働きかけてきた。人間に病気を引き起こす細菌も自然の働き[61]であるが、私たちはその自

---

[60] 養老孟司『人間科学』筑摩書房 2002、p.102 の「都市とは何か」について以下のように述べている。「巨大化したヒトの脳は、徹底的に意識的な世界を生み出した。これを具体的には都市といい、一般的には文明といい、私は脳化社会という」。
[61] 伝染病を引き起こす細菌もアレルギーを起こす花粉も自然の働きである。

然に対抗して闘わなければならない。このように人間の活動の多くは、自然の力を克服しようとする努力であり、前述のような自然との競争あるいは闘争という側面がある。従って**生態系の生物個体相互の関係と同じように、人間は自己の生存をかけて自然と競争している。**

　問題はこの競争関係において、他の動植物をはじめとする自然と環境を、人間が支配できると錯覚したことにある。すなわち、あまりに強引に自然の力をねじ伏せようとし[62]、そして貪欲に自然を利用・搾取して、生態系の持続性と多様性を損ねる結果になったことである。人間にとっての生存あるいは必要のための競争を通り過ごして、現代においては限り無い貪欲と支配のための自然との競争である。その現状が自然環境破壊である。ただし自然破壊は現代に始まった問題ではない。古代、近世、近代において森林破壊が繰り返されたことは、第2章で紹介した通りである。

(2) 人間と自然の共生

　人間と自然の競争関係について考えたが、人間と自然の共生関係は存在するだろうか。少なくとも共存関係は存在してきた。**人間は自然と共存しなければ、生き物として存在することさえできないからだ。**自然生態系が存在しなければ、酸素や食料などの資源も得られず、人間は生きられない。それは人間が生き物であること、人間が自然と不可分であることの証明でもある。

　それでは人間と自然生態系が互いを利する共生関係は存在するだろうか。狩猟採集社会の自然資源の捕獲は、生態系の一部としての生き物の食物連鎖に近いように見えるだろう。しかし、第1章で縄文社会について述べたように、人間と自然の共存を可能にする社会関係や自然観が形成されていた。縄文社会が一万年も続いた事実は、人間と自然の全体において共生が実現していたと考えてよいだろう。さらに、個々の生き物と人間の間にも共生関係は存在していたと思われる。

　農業社会で動植物を人工的に増殖する牧畜や農林業の営みは、人間と自然のどのような関係として位置づけられるだろう。つまり家畜の飼育、植林、農作

---

[62] 例えば農薬や殺虫剤による病害虫のコントロールである。

物の作付けなどである。それは、人間による一方的な自然の搾取だろうか、あるいは自然との「共生」だろうか。動植物の繁殖と生育を助け、家族の一員のようにして動物を育てる。そのような、動植物との密接な関係をもつ人びとは、ある種の「共生感覚」を共有しているのではないか。このような**伝統的な畜産や農林業の営みは、人間と動植物（自然）との「共生」と私は考えたい**。なぜなら人間は動植物の生存・繁殖を助け、動植物は人間の生存を助け、両者の間には相互依存が成立しているからである。生き物の命と向き合った宮沢賢治[63]は、相互依存の共感や共生感覚を表現している。

　私たち現代人はあまり意識することはないが、人間も自然の一部として、また生態系の一部として、食物連鎖の中に組み込まれている。先述したように、生態系の食物連鎖は「高いレベルの共生」を形成している。人間もその高いレベルの共生の一部に入っていると考えられる。その上で、共生について問われるべきことは、生態系の多様性や食物連鎖の環を、人間が健全に維持しているかどうかであろう。

　それが現代文明で深刻に問われている。近代化の流れの中で農業や畜産は工業化してきた。物質文明のなかで人間と動植物の関係が「機械化」しているのが現実である。**例えば経済効率を優先して、畜産も工場のように大規模化**[64]**している例が多い。それを人間と動物との「共生」のかたちと見るのかどうか、一概に言うことは難しい**。動物（自然）と人間の関係は、生産者と消費者の間で異なるだろう。多くの消費者にとって共生感覚はないだろう。なぜなら第1に、畜産動物は単なる食料品の原料（モノ）であり、私たちはその「生き物の命」と向き合っておらず、同じ生き物としての共感あるいは「生命感覚」を抱かず、動物と人間の相互依存の自覚もないからである。第2に、前述した生態系の多様性や食物連鎖の維持に危ういものを感じるからである。それは近年問題になっている「食の安全」と無縁ではない。これらの現代の問題は、自然と

---

[63] 例えば、宮沢賢治『なめとこ山の熊』福武書店 1992、宮沢賢治『よだかの星』講談社 1995 などがある。
[64] 現在では数十万羽という大規模の養鶏場が経営されている。

の関係について人間に反省や再考を迫っているように思われる。

　人間と自然の間には食物を通してのつながりが最も大切であるが、それ以外の関係も両者の間にはある。自然の景観をはじめとして、精神的な関係性も人間と自然の共生の視野に入れるべきだろう。さらに、卑近な例として、家族の一員のようなペット動物との交流も、人間と生き物のひとつの「共生」とみなしてよいだろう。

　かつて「里山」と呼ばれていた自然の生態系は、人間と自然の共生の表れであった。里山では、森の産物をその地域の人びとが利用するために、人びとが森に入り人為を加えることによって、結果的に森の動植物の多様性が維持・促進されていた。それは、**人びとによる里山の利用が、その自然を豊かにする、という共生関係である**。しかし今日、森との係わりが無くなることによって、その里山の自然が変化しており、人間と里山の関係を今後どうするのかが問われている。都市の人びとが里山に積極的に係って、それを維持しようとする近年の動向は、里山と人間の共生関係を再構築しようとする試みであろう。

　ここに述べた牧畜や農林業における人間と自然の関係は、生態系の場合の「見える共生」、「個別の共生」あるいは「狭義の共生」に相当するだろう。人間と自然の共生を考える際にも、生態系の場合と同様に、見えない世界に私たちの目を開く必要があると思う。

(3) 見えない共生

　生態系の目に見えない共生、つまり「広義の共生」に相当する関係は、人間と自然の間にあるだろうか。前述の目に見える関係（共生・共存）は、人間と自然が直接に触れ合う関係であった。他方、**人間が自然と直接に接しない場合も、目に見えない共生つまり「広義の共生」の仕組みが存在していると思う**。生態系における広義の共生の場合、例えば食うための営み（食物連鎖）が、生態系全体の仕組みの中で、結果としてすべての生物種の共生に貢献している。それと同様に、社会の人びとの生活の営みが、結果として人間と自然の共生に貢献する関係はないだろうか。

　伝統的社会ではそのような広義の共生が成立していた。先に第3章では人間と自然の関係を検討したが、その第4節では人間と自然の共生の条件を整理し

ており、なかでも人と人の社会関係に注目した。共生の意味と実際を考える上で、ここで議論している広義の共生と関連が大きい。具体的に説明しよう。伝統的社会における生活や生業のための自然の利用は、自然保護や共生を意識したものではなかった。それにもかかわらず、結果的に自然は持続的に利用され、里山の場合のように自然の多様性に貢献して、人間と自然は共生関係を形成していたのである。

　その理由は大きくは文化にあり、なかでも文化を構成する社会関係にある。人間と自然の関係は人びとの社会関係によって形成される。地域社会の慣習やタブーなどに人びとの自然利用の方法が組み込まれていた。慣習やタブーは人びとの間の約束であり社会関係である。人びとは自然を保護しようと意図しなくても、地域社会の慣習[65]、タブー、祭りなどの文化を共有することで、自然と共生する生き方ができたのである。「共生の文化」という大きな枠が、人間と自然の関係を規定していた。第2章で紹介した森林や土地利用の入会制度は、そのような地域の文化の枠内で機能していた。

　生活や生業の個々のレベルで共生を意図したのではなく、地域社会の文化が全体として人間と自然の共生を可能にしたのであ

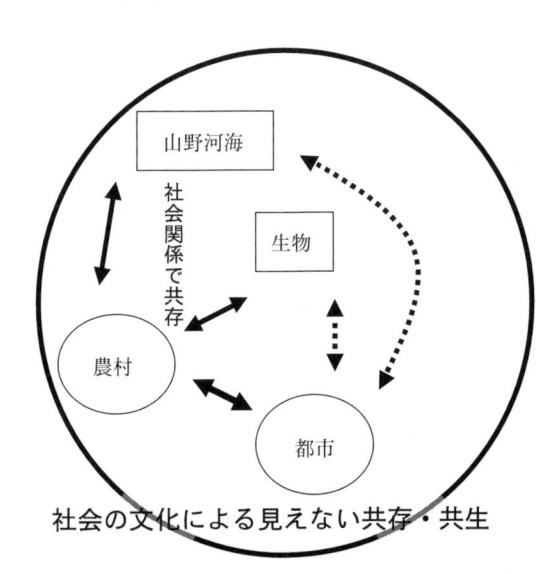

図6-4　人間と自然の見える共生と見えない共生

---

[65] よく知られた例では、柿の果実を鳥類に少し残しておくといった、山野河海の多様な生態系を保つための慣習が存在していた。それは多様な生態系が人間にも利することを知っていたからであろう。例えば、鬼頭宏『環境先進国・江戸』PHP研究所2002では、江戸の「循環型社会」の社会システムが紹介されている。

る。それは目にみえる人間と自然の個々の関係を超えた上のレベル、**つまり地域の文化が形成し規定する目に見えない社会関係によって、人間と自然の共生関係が成立していた、**といえるだろう。したがって、人間と自然の間の広義の共生は地域の文化によって実現したのである。それは「共生の文化」と呼ぶことができるだろう。

　このような伝統的社会の共生の文化は、現代社会では影が薄くなってしまった。人間と自然の共生を内包した農村社会の文化は、農村人口の減少と共に次第に弱体化している。農村から都市への人口移動の結果、先進国では人口のほとんどは都市に住んでいる。都市の文化が、かつての伝統的な農村文化のように、人間と自然の共生の仕組みを担わなければならない。都市の「共生の文化」は十分に発達しておらず、いまだ形成過程の途上にある。その文化が育つさまざまな素材が生まれているのが現在の状況である。その素材は、社会として自然と共生する仕組みである。例えば、廃棄物を減らして自然への負荷を軽くするための社会の制度である。省エネを促進するための制度や市民運動もある。そのような**制度、仕組み、運動に参画する**ことで、私たちは人間と自然の「共生の文化」の一部になり、精神的にも物質的にも自然との共生を促進することが可能になる。

　生態系の共生は、種の相互の利益や生態系全体の利益を実現する仕組みであった。それは人間と自然の共生についても同様である。第3章で述べたように人間と自然の関係は、人びとの社会関係の表れであり、**人間と自然が共生・共存するということは、そのための社会関係を人びとの中に創ることにほかならない**。それは文化であり社会全体のあり方である。それが例えば廃棄物減量や省エネの制度やライフスタイルであった。

　ほとんどの人口が農林漁業などの、一次産業に従事していた前近代の社会では、人間と自然の狭義の共生が大きな意味を持っていた。また地域文化という目に見えない広義の共生も、より直接的に人間と自然に係わっていた。**現代社会の多くは都市住民であり、直接自然を相手にする生業に従事していない。そのような社会では広義の共生関係、目に見えない共生関係が特に大切である。**それは社会の制度や仕組みであり、人びとの間の規則であり、すなわち社会関

係である。そしてライフスタイルという文化である。本書でこれから論じる課題は、どうすればそのような社会関係を形成することができるか、ということが中心になる。それにはやはり生命論の世界観を基本にしなければならない。本書の第7章と第8章でさらに論じる。

第4節　多様性と共生

「多様性と共生」はどのような関係にあるだろうか。自然の多様性、社会の多様性、人間の個性の多様性、生業の多様性、文化の多様性などは、人間と自然の共生を促進するだろうか。あるいはこれらの多様性は共生を阻害するだろうか。また、人間存在の究極の目的としての自己実現と、自然との共生はどのような関連があるのだろうか。さらに、人間の利益と自然の保護は、基本的な価値の議論として一致するのかどうか。そのような問いについて考えたい。なお本節では人間と自然の共生も、人間と人間の共生も、その両方を視野に入れた「共生」について考えたい。

1. 人間と自然に望ましい多様性
(1) 自然の多様性

第5章の生命論の世界観でも述べたように、多様性は自然生態系が安定性を保つために望ましい状態である。生態系全体にとって多様性は望ましい世界であり、自然には多様性を表現する強い傾向性がある。しかし人間は自然を利用するとき、その効率性を高めるために、自然の多様性を貧弱にして、画一性を促進しようとする。その画一性は自然が生成・変化する傾向性に反しており、画一化が過ぎると生態系は不安定になり、その生態系に依存する人間にとってもマイナスになる[66]。たとえば多様性の小さい農業生態系は病虫害の影響を受

---

[66] 例えば、宮脇昭『森はいのち』有斐閣1987、p.86では以下のように述べている。「その場所の、その地域の、その山・川・海岸地方の、自然の許容能力をこえるほどに山をけずり、谷を埋め、海を埋め立て、自然の多様性の画一化・貧化が強要されたときには、人間も含めてそこに住まわされている生き物の生命力・抵抗力が低下する。これを生態学的な環境破壊という。…」

けやすい。

　それはなぜだろうか。自然の生態系においては、人間にとっての「害虫」も含めた多様な生物種が、食物連鎖や共生・寄生によって生息している。そこでは、自然生態系を大きく害さない程度に、害虫も全体に貢献しながら生きている。しかし、特定の作物に偏った農業生態系においては、自然の多様性が小さく害虫の天敵がいないために、その害虫の大量発生が自然の食物連鎖によって抑えられず、病虫害が拡大してしまうのである。このように効率性を優先する画一化は、多様性によって安定を保つ自然界の中では、不安定な危うい状態を作り出す可能性が大きい。

　したがって、人間が自然との共生を望むならば、そして私たちが依存する生態系の安定を維持するために、私たちは可能な限り自然の多様性を促進するべきである。農林地のように、人間が作り出す人工的な環境においては、効率性の観点から安定性とのバランスが求められるが、人工環境は画一的になりがちなので、私たちは意識的に自然の多様性を促進するべきである。

(2) 社会の多様性

　自然生態系の多様性のみではなく、人間社会の多様性にも目を向けよう。「内なる自然」も「外なる自然」も、つまり人間も自然界の自然も、同じ生き物として、共に「望ましい世界」があるのではないか。その望ましい世界の特徴は、自然の傾向性としての「多様性」であると思う。人間も自然も生き物として「多様性」を志向する。私たちの自己実現は一人ひとりの個性の開花であり、それは人間社会においては多様性の実現である。文化とは人びとの生き方であり、人びとの個性の開花は文化の多様性も促進するだろう。

　その文化の多様性は自然の多様性を促進するだろう。なぜなら、人は自然に依存して生きるゆえに、生活や生業や遊びなどの多様な営み（文化）は、多様な自然を必要とするからである。逆に多様な自然は多様な生活や生業や遊びを可能にする。人間には農林漁業を営む健全な自然が必要であるが、その農林漁業自体も多様である。たとえば中山間地の農業と平野の農業は異なるが、その異なる農業は異なる生態系を促進する[67]。逆に異なる自然生態系は異なる農林

---

[67] 放牧地の植生の火入れは草原特有の生態系を促進する。焼畑農業においても特有の人と自

漁業を可能にする[68]。それは多様性の相乗作用である。

　また山野河海の自然と交わる遊び[69]にも、多様な自然が必要である。その遊びの場としての豊かな自然は、都市住民の精神的な健康のために不可欠であろう。多様な自然は生態系の安定性の条件であり、その多様性と安定性は私たちが健全な心身を保つ条件である。このように、人間社会の多様性や多様な文化は、自然の多様性を促進するのである。それは人間と自然の共生の一つの形である。

(3) ビジョンとしての多様性

　このようにさまざまな多様性、すなわち人の個性の多様性、生き方の多様性、文化の多様性、自然の多様性は、「人間にも自然にも共に望ましい世界」のあり方として、そして人間と自然の共生の条件として、大切な理念であると思う。そのような世界を促進すれば、人間と自然のより豊かな共生を築くことが可能だろう。それは「生命論の世界観」の表現でもある。

　それはモノやカネばかりを追求して、「生きる意味」が貧弱になった社会から、自己実現を通して「生きる意味」や「生活の質」を追求する社会への転換を促す、社会的なビジョンである。同時に、「生活の質」の向上の必要条件でもある。数や量の効率性ばかりを追求する画一的な生き方から、自己実現を目的とする多様な生きかたへの転換である。このように人間の内なる自然を自覚し、生き物としての人間に望ましい世界を築くことにより、自然との共生を促進できるだろう。それは機械論のきしみに生命論のうるおいを与えて、自然のみならず人間をも蘇生させるだろう。

　然の結びつきがある。例えば、守山弘『自然を守るとはどういうことか』農山漁村文化協会、1988、p.117 を参照。

[68] 地域の景観や自然の多様性は「地域おこし」にも大切な視点である。つまり画一的な商品を生産する産業を興しても、大量生産の末に低価格競争の犠牲になってしまうが、地域のユニークな自然を活かす生産を行えば、持続的な産業による地域づくりが可能になる。

[69] さまざまなアウトドアのリクリエーションは、山野河海の多様な自然を維持する社会的な力となる。もちろん自然の使い過ぎは警戒しなければならないが、使うからこそ自然は維持されるのである。

2. 多様性と共生
(1) 人間の係わり

人間と自然との「係わり」が、自然の多様性を増す可能性に注目したい。人間と自然との係わりはさまざまである。自然の多様性を減少させる破壊的なもの（＝自然破壊）から、多様性を増す創造的なもの（＝自然と共生）まであり、すべての係わりを肯定的あるいは否定的に考えることはできない。人間による自然への働きかけを、環境破壊として否定的に見る傾向が今の社会に強いので、人為が自然の多様性を増す肯定的な側面を敢えて強調したい。

その典型的な例は過去の日本の里山である。里の人びとが薪炭や農業用の資源採取のために利用したのが里山である。そのような人間の働きかけによって、里山に新たな自然条件の環境が生まれ、その雑木林に適応する植物と動物が棲みついた。例えばカンアオイ類の植物を食べるギフチョウである[70]。また人間が形成した環境に適応する、生物の進化もあるだろう。これらは人為が自然の多様性を促進する例である。

このようにして、人間は生態系の多様性の促進に貢献できる。人為の多様性は人間社会の多様性とともに増大するので、社会の多様性は自然の多様性を促進することにもなる。

(2) 価値観と共生

人間社会の価値観と自然との共生について考えてみよう。現代社会が一様に経済成長を目指した結果、全国的・世界的に自然破壊が進行した。私たちの社会を形成する価値観や社会発展の方向性が、経済面に偏っている。今までのように経済価値に偏向するのではなく、社会の多様な価値を容認し促進することが、自然との共生に貢献するのではないか。

社会の多様な価値観は多様な人びとによって促進される。すなわち老若男女、父親、母親、子供、さまざまな職業、障害の有無、人種、国籍などの多様性である。特に、経済の競争や効率主義から離れたところにいる、多様な人び

---

[70] 守山弘『自然を守るとはどういうことか』農山漁村文化協会、1988、p.99 による。雑木林に結びついて多くの生物が生き残った。

との社会参画が大切である。

　多様な人びとが社会形成に参画することで、より幅広い価値観がそれらの人びとによって代表される。このような多様な価値観を活かして、人間社会を形成し変革してゆくことで、社会の多様な人びととの共生が実現する[71]。

(3) 相補性と社会の共生

　強者による支配につながる二者択一の発想ではなく、互いに活かしあう相補性の発想が必要である。多様な人びと、多様な社会、多様な価値観の共存が、相補的な作用を及ぼし合いながら、現代の経済至上主義的な価値観を抑制することができる。自然や環境を犠牲にしてきた経済一辺倒の価値観も変わらざるを得ない。

　社会の支配と被支配の関係、例えば男性中心社会、都市中心社会、大資本による経済支配、先進国による第三世界の経済支配など、そのような人間（強者）による人間（弱者）の支配を克服して、相補的な関係に基づく、共生社会を築かなければならない[72]。人権思想の普及とともに長い年月をかけて、私たちの社会は身分・人種・男女の差別を減らして、共生社会へ向けて進歩してきた[73]。しかし近年の「大競争」の時代に、この社会には逆の大きなベクトルも働いている。

　人間社会の共生とは、他者の犠牲の上に自己の利益を求める、という人間に

---

[71] デビッド・コーテン『グローバル経済という怪物―人間不在の世界から市民社会の復権へ』シュプリンガー東京 1997, p.340 で以下のように述べている。「歴史家のアーノルド・トインビーは、諸文明の興亡を研究して、あるパターンを発見した。滅び行く文明の特徴は『画一的で多様性が失われている』ことだ。一方、上り調子の文明では『差異化と多様化が進む』。どうやら、複雑なシステムの発展には多様性が欠かせず、画一化は停滞と衰退につながるようだ。巨大なグローバル企業が支配し、同質的な文化の中で大量生産と大量販売が行われるグローバル経済では、社会が多様性を失って画一化するのは避けられない。…経済のグローバル化は、貧困と、環境破壊と、社会破壊を助長しているだけではない。何よりも社会や文化の改革が必要なときに、それを行う能力を私たちから奪っているのだ」。

[72] 本書第3章の「人間と自然の共生の条件」において、「共存型の社会関係の否定は自然資源の食い潰しを引き起こす」ことを述べた。

[73] 「男女共同参画社会」へ向けた動きや、福祉社会の促進へ向けた制度づくりは、特に近年の進展が著しい。

よる人間の支配を克服することである。このような「支配の観念」を克服することで、人間による人間の支配、さらに人間による自然の支配を克服して、共生の世界を築くことが可能になるだろう[74]。

　人間を含めて生き物の世界に競争は避けられないが、それは必ずしも他者の支配や他者の犠牲を伴わずとも、多様性を促進するなかで共存することが可能であろう。つまり「ナンバーワン」ではなく「オンリーワン」である。生態系が競争の中で共存していることは、先の第3節で述べたとおりである。

3. 人間社会の共生
(1) 社会関係と共生

　人間の社会関係と人間・自然関係の観点から共生について考えてみよう。人間と自然のさまざまな関係は、人間社会のあり方（社会関係）の反映である。その人間社会のあり方は経済関係、社会関係などであるが、広くは文化また狭くは社会制度としても捉えられる。人間と森林の関係については、第2章で歴史的な観点から、社会関係すなわち社会制度との関連で詳しく説明した。富を追求する現代資本主義の経済制度（＝社会関係）が、自然資源を搾取して自然破壊を引き起こしていること（＝人間・自然関係）もその例である。したがって人間と自然の共生を促進するためには、社会関係つまり人と人の関係を調整して、その関係のあり方（＝社会制度）を変えてゆく必要がある。

　たとえば人権の保障も社会関係である。なぜならそれは社会が市民に認める権利だからである。その人権も人間と自然の関係を規定することがある。人間社会の多様性が自然の多様性を促進することについて先に述べたが、人間社会の多様な価値観が受容されることは人間の尊重であり、広い意味でそれは人権である。環境権も人権の一つであろう。

　人権や環境権などを尊重することは、より良い環境や自然保護を実現するこ

---

[74] キャロリン・マーチャント『ラディカルエコロジー』産業図書 1994、p.264 は以下のように述べている。「ソーシャル・エコフェミニズムは、自然支配の観念は人間による人間の支配から生じるというソーシャル・エコロジーの基本的教義を受け入れる」。

とにつながるだろう。このように人間が尊重されることは、本来人間と自然は不可分であるから、自然を尊重することにつながり、人間尊重の社会関係が、より良い人間・自然関係を築く結果を生むはずである。つまり人間と人間の共生は人間と自然の共生である。

　自然と対立する人間としてではなく、生き物としての人間の人権や環境権は、自然保護と一致するはずである。それは人間と自然の共生である。その逆の例は第3章で述べたように、「支配層による資源の囲い込みや占有は、他者を犠牲にして自己の利益を追求する、非共存型の社会関係である」。人間の社会関係の観点から共生との関連を論じたが、次に人間個人の生き方の観点から共生について考えてみよう。

(2) 自己実現と共生

　自己実現を志向する人間の生き方は、人間と自然の共生とどのように係わるだろうか。自己実現は、効率や数量を追求するのみでは限界があり、「生活の質」の向上を目的とする過程で実現される。その生活の質とは何だろうか。生活の質は、物質がもたらす目に見える世界のみではなく、目に見えない世界に係る価値を含む。それは人の生きがいや「生きる意味」の獲得であり、確認であり、促進である。すなわち生きる意味を豊かにすることは、生活の質を高めることである。

　人の生きがいや生きる意味はいかにして獲得されるのか。それは自己超越すなわち「大いなる他者」や「大いなるもの」への貢献であり、それは自己と他者の肯定的な関係であり、社会のために献身することである。人類を産み育んだ自然、人間の生活を支える自然、私たちが共生するべき自然も、その大いなるものである。

　自己と自然とのつながりを感じて、私たちの存在感覚が満たされ、自然との自己同一化が達成される。従って、私たちの生きる意味の獲得と確認のためにも、自然の存在が不可欠であり、人間と自然の共生は人間が生きるための手段であると同時に目的でもある。

　豊かな自然と交わることで、私たちの生活の質は向上するだろう。人間と自然の交流については、第7章と第8章で具体的に述べる。これまでに述べたこ

とから分かるように、自己実現つまり「生活の質」を追求する人間社会の営みは、人間と自然の共生と一致するべきものである。

4. 相補性がつなぐ二つの環境保護
(1) 人間中心主義

　自然保護は人間のためか、それとも自然のためか。そのような議論をしてきた環境倫理学によると、自然保護の目的として主に二つの主張がある。先ず、**人間が生きるために必要であるから、自然を保護するという立場であり、それは「人間中心主義」と呼ばれている**。酸素の供給にしても食料や木材の生産にしても、健全な自然生態系が人間社会に不可欠であることは明らかだ。そのためには自然保護が必要である。しかし、この人間中心主義に立てば、人間のために必要な自然は保護するが、人間にとって利用価値が低いかあるいは価値がない自然であれば、それは守る必要がないことになる。それははたして正しいだろうか。

　自然の生態系においては、たとえば食物連鎖によってすべての生物はつながっており、ひとつのムダも不要な存在もなく、全体として生き物はすべて共生している。本章で述べたように競争でさえ、共生の手段と見なせるのである。さらに重要なことは、生態系の仕組みは人間にとって、すべてが分かっているわけではない。従って人間中心主義の立場で、人間の不完全な知識を基に、私たちが勝手に判断して、各々の自然について保護の是非を決めることはできないだろう。

(2) 生態系中心主義

　「人間中心主義」に対して、「**生態系中心主義**」や「**生命中心主義**」の立場から別の主張がされる。この立場では、人間による利用価値（＝関係的価値）があるからではなく、**自然に「内在的価値」あるいは「本質的価値」、つまり自然それ自体の価値があるから自然を保護するのである**。人間による利用価値という、人間との関係性に自然の価値を見いだすのではなく、自然それ自体に価値が内在するから自然を守る、という考えである。

　このような自然の「内在的価値」か、あるいは先の自然の「利用価値」か、

という二つの立場が対立する。果たして、この二つの価値観は二者択一の関係だろうか。自然の内在的価値のみに拘ると、第5章で述べた「関係性の上に成り立つ生命論の世界観」と矛盾する。

本書で主張する生命論の世界観においては、機械論的な二元論に立つ二者択一ではなく、「利用価値」も「内在的価値」も共に肯定する、という相補的な見方をしたい。論理的にもつぎのような相補的な見方が成立すると考える。

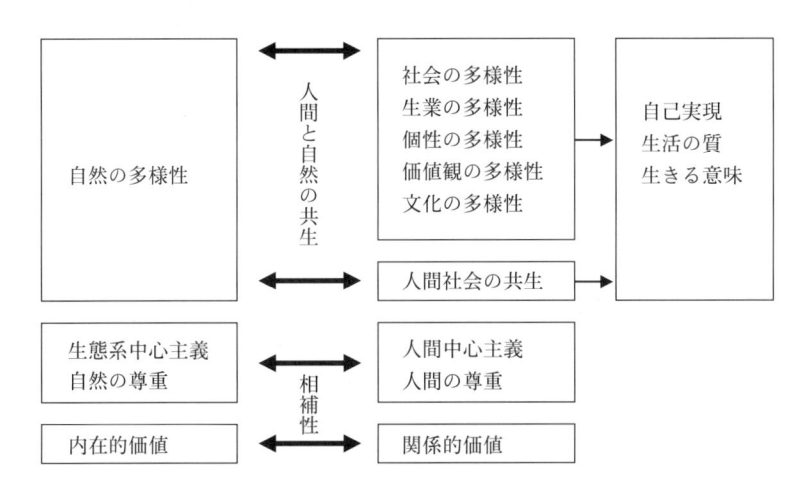

```
┌──────────┐      ┌──────────┐      ┌──────────┐
│          │ 人    │ 社会の多様性 │      │ 自己実現  │
│          │ 間    │ 生業の多様性 │      │ 生活の質  │
│ 自然の多様性 │←と→│ 個性の多様性 │─→│ 生きる意味 │
│          │ 自    │ 価値観の多様性│      │          │
│          │ 然    │ 文化の多様性 │      │          │
│          │ の    │          │      │          │
│          │ 共    │          │      │          │
│          │ 生    │          │      │          │
└──────────┘      └──────────┘      └──────────┘
                  ←→  人間社会の共生

┌──────────┐      ┌──────────┐
│ 生態系中心主義 │      │ 人間中心主義 │
│ 自然の尊重   │←相→│ 人間の尊重  │
├──────────┤ 補 ├──────────┤
│ 内在的価値   │ 性 │ 関係的価値  │
└──────────┘      └──────────┘
```

図6-5　共生を促進する多様性と相補性

(3) 人間と自然の共生を支える二つの価値

　個の視点で自然をみると、自然たとえば山川草木の固有の内在的価値が注目される。また関係性の視点で自然と人間をみると、その山川草木の利用（関係的）価値が注目される。この内在的価値と利用価値は、以下の理由で相補関係にあると私は考える。

　生態系の「多様性」は自然に個性があるからこそ保障される。個としての内在的価値つまり自然の個性と自然の多様性は、それぞれ原因と結果の関係であり同じことである。つまり個に個性があるから自然全体に多様性がある。したがって多様性は個性の別の表現である。

　その自然の多様性（個の内在的価値）によって、自然生態系の全体と個の維

持と安定性が確保される。その健全な生態系のもとで、人間による自然利用（関係的価値）が可能になり、人間の安全と生存も保障されるのである。したがって**自然の内在的価値を認めることによって、人間との関係的価値も確保される**と考えられる。つまり内在的価値と利用価値は、矛盾するのではなく相補的であり、**両者をともに認めるべきである**。それは人間中心主義か生態系中心主義かと、どちらかを選択して中心に据えて、他方を排除するのではなく、人間も生態系もどちらも大切である、と考えることである。

　従って、自然保護は人間社会のためでもあり、自然自体のためでもある。このように、関係的価値と内在的価値の議論からも、人間社会の利益と自然との共生は矛盾しないことが分かる。

第 3 部
開発と環境のビジョン

第3部では、開発と環境のビジョンを第7章と第8章で述べたい。それは、本書のテーマである＜人間と自然の関係＞、＜開発と環境の調和＞、＜持続可能な発展＞の諸課題に対する私の提案である。これから将来に向けて、私たちの成すべき事として、現在私が考えていることを述べた。

　第7章では、人間と自然の望ましい関係、すなわち両者の共存や共生を実現するために、人間と自然の交流を豊かにすることを主張した。人間と自然が「分断」された現状から、両者の「交流」の方向へ私たちの生き方を進化させるべく、主に精神的な面における条件整備の必要性を訴えた。さらに人間と自然が共存し共生する、社会の発展（開発）を実現するための基本的な条件を述べた。

　＜開発と環境の調和＞の実現は、人間社会の多様な価値観が前提である。生き物としての「人間」を原点にすれば、人間と自然の共通の土台に立てる。そして人間の「生活」を大切にすれば、＜開発と環境＞に共通する基本的な価値観を、社会で共有できると思う。その「生活」の内容として「生活の質」を考えることが同時に必要であろう。

　第8章は「近代」とともにすたれてきた「コモンズ」あるいは「共同」を再興しよう、という提案である。コモンズとは自発的な共同行為のことである。それは第7章と同様に、本書のテーマである＜人間と自然の関係＞、＜開発と環境＞、＜持続可能な発展＞などの課題に対する、私の一つの答えであり提案である。自然利用のコモンズや町づくりのコモンズが、これらのテーマに創造的に貢献できる可能性を私は期待している。コモンズは、福祉、教育、環境創造、防犯、町づくりなど、多くの課題を抱えた地域社会を改善して、発展させる不可欠の力になるだろう。それは私たちの先進国も途上国も含めた、世界の＜持続的な発展＞に必要な社会の力である。

　コモンズは本書の全体を貫く「関係性」を地域社会の人びとの間に築くことである。歴史編で重要性を明らかにした社会関係の再興、そして理論編で示した生命論の世界観の再興は、今後の社会においてコモンズを豊かに創造できるかどうかにかかっている。人びとの関係性を豊かにするコモンズの創造によって、機械論に抑圧されて萎縮している生命論の世界観が、今後の社会で再び正常なレベルに戻ることを期待したい。

第7章　共生の条件—人間・自然と開発・環境

第1節　人間と自然の共生の再興

　自然破壊が深刻化している背景にはいくつかの理由があるだろう。その一つとして、自然が、私たちの心の中で、単なるモノになったからではないか。自然観がそのように変化したのは、近代化や都市化に伴う私たちの世界観や生活様式の変化が原因している。人間の心の中に自然を活き活きとよみがえらせるには、私たちと自然との生命レベルの交流が不可欠である。それを可能にする幾つかの条件について述べたい。

1.　神々との交流
(1)　自然は生命的存在

　「自然」とは動植物などの生命であり、山野河海の「自然」は生命を産み育む場である。その生命を産み育む場は単なる物理的な空間ではない。生命を産み出す場もやはり生命的な存在であり、生命とつながった存在である。私たちがそのような山野河海や動植物と接して交流する時にある種の感覚が生まれる。つまり、人間も自然の一部であることや、人間の「内なる自然」を無意識ながらも感じる。それは、**私たちも他の生き物や自然の仲間であるという「共感」**だろう。人間も自然も同じ「生命の大地の子」である、という共感は私たちのある種の安堵感でもあろう。

　自然は単なるモノではなく生命である、という自覚や感覚は人類にとって恐らく普遍的であった。「生命的存在としての自然」と関係を結ぶ人間の文化がそこから生まれただろう。それは第1章で縄文人の自然観について触れたよう

に、自然を単に資源として利用するのではなく、生命的存在としての自然に働きかけ、その生命的存在と交流しながら利用する生活様式である。そのような交流の様式が地域社会の文化として形成され、それが伝統として受け継がれてきた。**山野河海や森の動植物に精霊の存在を信じるアニミズム（汎神論）はその典型であり、アニミズムは太古の昔から人類に普遍的な文化であったと考えられる**[1]。

　人間と自然の関係はこのように人間と生命、人間と精霊、人間と神々との交流であり、働き合いであった。山野河海は地域の人びとによって精霊や神々として祀られてきた。地域の人びとと自然のその係りは、祭りなどの象徴的な形で地域において確認され、伝統として受け継がれてきた。そのような地域の伝統行事では、その土地の山野河海の恵みつまり豊饒を司る神々が祀られた。その**「神々」とは現代的に理解すれば、"自然の働き"に対する敬意と畏敬の表現であり、その「働き」に付けられた尊称と考えてよいだろう**。地球上のあらゆる土地でこのような文化が存在していた、といっても過言ではない。

　そのような祭りには今日まで受け継がれてきたものも多い。たとえば、日本の全国各地では「田植え祭り」が毎年行われている。田植え祭りでは豊富な水や、秋の豊かなみのりはもちろん、人びとの無病息災なども祈願される。雨乞いや水源祭りなど、土地の神々に係わる神事は多い。

(2)　共同体の確認

　祭りなどの儀式や儀礼は、地域社会において重要な役割を担ってきた。その一つは共同体の確認である。祭りには地域の人びとの参加が求められる。人びとが祭りや行事に参加して、それぞれの役割を担い共同作業を行うことによ

---

[1] 汎神論と矛盾する一神教はそのようなアニミズムを異教として排斥したが、一神教が世界宗教として広まった時代においても、伝統的なアニミズムは形を変えて地域の文化や慣習としてひっそりと生き延びた。日常的に行われる地鎮祭などはその典型である。キース・トマス『人間と自然界』法政大学出版会 1989、p.22 は以下のように述べている。「アングロサクソン時代から、イギリスのキリスト教教会は、泉や川の崇拝に強く反対し、木立や小川、山などに宿っていた異教の神々を追い払ってしまったので…。前キリスト教世界の古代ローマ人は、後続の中世キリスト教徒よりもはるかに効率的に自然資源を略奪していた」。ここで「異教の神々」とはアニミズムのことである。

り、共同体の構成員としての関係性を維持したのである。つまり共同体に対する帰属意識の確認であり、地域社会の規範や文化の確認である。祭りなどの伝統行事は、共同体を維持するべく歴史的に形成された、高度な文化的かつ社会的な装置である。

共同体の確認は「人間と自然の関係」においても特に大切である。これまでに人間と自然の関係は社会関係の表われであることを強調したが、**自然の利用に関する地域の慣習、つまり人びとの間の約束事が守られるのは、人びとの間の関係性が活きているからであり、地域社会の共同体が緊密だからである。**そのような共同体社会の人間関係の上に、たとえば農業用水路の維持管理の共同作業が行われ、山野の共有資源を利用する掟が守られた。このように地域の自然や資源の保全は、人びとの社会関係の表われである。地域の祭りには、その目に見えない社会関係を維持する機能が隠されていた。

人と自然の関係に関して、祭りが担う二つめの機能は、人間と自然とのコミュニケーションである。つまり祭りは、地域の山野河海の神々と、地域の人びとを結びつける行事である。山野河海の恵みに感謝し、その脅威に対して畏れ敬い、人智を超えた自然の働きを確認するのである。神々に供物をささげて恵みを乞う、という互酬的なコミュニケーションが行われる機会である。このように祭りに象徴される地域の文化には、その土地の人びとの生活様式が凝縮されている。

2. 交流の衰退

(1) 地域文化の衰退

人間と自然の係わりを司る伝統的な地域文化が衰退している。第2章でも述べたように、さらに第8章でも述べるが、近代化の進展と伝統的な文化の衰退は一致している。近代化は国民国家の形成であり、全国画一的な文化の強化を伴うために、それは地域文化の衰退を引き起こした。

数十年前までは多くの人びとにとって、自然は今よりも身近な存在であった。自然は私たちの遊びの場であったし、生活や生業の資源が採取できる場でもあった。しかし生活様式の近代化や都市化の波とともに、人びとが山や川な

どの自然に触れる機会は減ってしまった。人間と自然との係わりが減った結果、精神的な変化が私たちの内面に起きているのではないだろうか。自然は私たちによって単に利用され、支配されるべき「モノ」になっている。過去「生命的存在」であった自然が、私たちによってモノにおとしめられている。先に紹介した祭りなどの伝統が形式的に受け継がれても、人びとの頭と心から生命的な自然は消えた。地鎮祭や感謝祭のたぐいの儀式や祭りは今も残っているが、本来的な要素である自然との交流の感覚はなくなり、儀式は形式化している。

(2) 近代化の影響

近代化と都市化の波の中で、人間と自然の係わりが風化しつつある。それに係わる現象にはどのようなものがあるだろうか。

1) 科学的なものの見方が普及して、山野河海の精霊や神々などは迷信として扱われ、多くの人びとに顧みられなくなった。自然を生命的な存在として人間が係わるには、自然と人間の仲介を担う神々が必要であった。その自然とのコミュニケーションを取り持つ神々が、私たちの文化から消えてしまったのである。
2) 科学万能主義や拝金主義は自然を単なる資源と見なし、あるいは利用し操作する対象（モノ）として扱う。科学技術の発達により、自然の神々に頼らなくても、人間に必要な資源を自然から採取することが可能になった。つまり自然は生命的存在ではなくモノにおとしめられた。これは機械論の世界観の表れであろう。
3) 現代の経済社会では、生活や生業に必要な資源はカネさえ払えば消費者の手に入る。食べ物が自然の恵みであることを忘れて、カネは大事にするが、自然に感謝する文化は衰退した。自然が生命的存在である時には、それは畏敬や感謝の対象であったが、今は自然の神々はカネに取って代わられたのかもしれない。言わば拝金主義である。
4) 近代化の流れの中で人びとと自然の間の交流は減少した。なぜなら都市化された環境には、自然が少なくなったからである。自然は人間の思い通りにならず、時に危険でさえあるし、煩わしいものでもある。そのような自然

を身の回りから取り除き、著しく人工化した環境が現代の都市である。人間と自然の係わりの中から、人間にとって煩わしい自然の影響を意図的に避けた空間が、私たちの住む都市である。これも機械論の世界観の表れである。

5) 自然を直接相手にして生計を立てる生業が減って、命のある対象つまり自然と接することも少なくなった。農林漁業など自然に働きかける生業に従事する人口が大きく減少して、ほとんどの人たちは第二次産業や第三次産業に従事している。生業において自然と直接に係わらなくなったと同時に、住む場においても自然との係わりが激減してしまった。

6) 人間が自然に働きかける方法は、人びとの社会関係によって規定されている。伝統的な共同体社会においては、地域の社会関係で有効に機能する慣習や取り決めによって、その自然利用が行われることは先にも述べた。その人間と自然の関係を取り持つ社会関係が衰退している。人間が自然に働きかける様式は、長い伝統を通して培われたが、それが廃れることによって、歴史的に育まれてきた自然（第2章や第6章第2節を参照）が変質している。例えば里山の自然もそのような変質を現在経験している。その社会関係の衰退には、第4章で述べた近代化過程における人間関係の希薄化が根底にある。

(3) 神々の死

このような自然との係わりの風化の現象は、ひと言で「近代化」と呼べるだろう。近代化に伴うこのような現象が、人間と自然の係わりを減少させた。その結果、私たちに精神的な変化が起きている。それは私たちの自然観の変化である。**その変化とは、機械論の世界観における非生命的な自然認識の拡大であり、自然における生命感覚の風化であり、山野河海の生命・精霊・神々の死**[2]**である**。そして自然破壊と人間疎外のしっぺ返しであった。

---

[2] 細谷広美「生きている山、死んだ山─ペルーアンデスにおける山の神々と人間の互酬的関係」鈴木正崇編『大地と神々の共生』昭和堂1999、p.190において、「シエラ（山間部）では山々は生きています。でも、コスタ（海岸部）では山々は死んでいます」とペルーのアンデス高原の村人が語ったことばを紹介して、山間部で山の神信仰が続いているが、近代化の進んだ海岸部では山の神が存在しないことを述べている。さらに同書の「総合討論　自然と

近代化の現象の多くは機械論の世界観の表れである。近代化の思想的な背景は合理主義でありデカルト主義（機械論）であるから、それは当然であろう。自然破壊も第4章で述べた人間疎外の問題も、科学技術の普及、産業化、経済社会化、都市化、社会関係の希薄化など、近代化の諸現象がその根本原因として作用している。その近代化の現象の根源には、ものの見方や考え方として機械論の世界観が強く働いている。

　近代化によって生じた自然破壊や人間疎外の問題を、私たちはこれから解決しなければならない。近代化の現象はあまりにも広範囲であるが、本章で論じるべき課題は、これからの＜人間と自然の関係＞の修復と、これからの＜開発と環境保護＞のあり方である。前者については本節で論じるが、後者については次節で論じる。

3．自然に対する生命感覚
(1) 自然の復活とアニミズム

　現代の環境問題を解決するには、その根底の部分において、近代化の過程で衰退した人間と自然の係わりを再興しなければならない。機械論の世界観によって「死んだ自然」を、いかにして私たちの心の中に生き返らせることができるだろうか。共生の仲間として、生きた存在として、人間が共感する存在に、自然を引き上げることができるだろうか。

　人間と自然の共生の原点をアニミズムに学ぶことができる。アニミズムの本質は形式的な「精霊信仰」というよりも、山野河海や生きとし生けるものへの畏敬であろう。自然に手を加えることや、生けるものの命を奪うことに対して心の痛みを覚え、自然の精霊や神々に許しを請うことは、伝統的社会の人びとに共通の感情であったと思う。

　しかし、今の社会で自然の「神々」を復活させることは恐らく非現実的であ

の語らい」p.234において鈴木正崇は以下のように述べている。「…。その意味では、『自然』ということばが生まれるにあたって、どこかで神が死んでいる、あるいはアニミスティックな存在が死んでいるのだと思います」。

ろう。近代化以前の社会のアニミズムをそのまま復活することも現実的ではない。現代社会は科学万能主義に支配されており、都市化された環境の中で人間が自然から離れた結果、自然の利用に際して許しを請うべき山野河海の神々を私たちは見失ったからだ。

(2) アニミズムと生命感覚

しかし「現代的なアニミズム」の表現が可能かもしれない。人間と自然の係り方として、私たちにとって大切な要素は、アニミズムの実践に含まれていた人間と自然の間の「交流」、「対話」、「交渉[3]」であろう。すなわち自然の生命の働きに対する私たちの理解に基づいて、その働きの十全なことを確認し感謝し、その働きを助けるための私たちの行動が、人間と自然の間の「交流」ではないだろうか。それは人間と自然の互酬的な関係であり、「交渉」でありコミュニケーションである。その底流にあるものは自然に対する生命感覚[4]であろう。なぜなら自然が生命的存在であればこそ、私たちが交流、対話、交渉する相手になりうるからである。

自然と交流し、対話し、交渉するには、私たちの側に心の準備が必要であろう。その心の形の一つがアニミズムであろう。社会学者の鶴見和子によれば、アニミズムの真髄は以下の三点である[5]。

・自然と人間との間に互酬の関係があるという信念。
・自然に対する限りない親しみと怖れ。
・死と生の間の交流[6]。

---

[3] 竹沢尚一郎は「総合討論　自然との語らい」鈴木正崇編『大地と神々の共生』昭和堂1999、p.238において以下のように述べている。「人間だけでなく精霊や神や動物や魚が主語になりうる、そういう互換性のある世界のことだと思うんです。互換性があるから交渉が可能である」。

[4] 第6章第2節の注において詳しく説明した。

[5] 鶴見和子著『鶴見和子・対話まんだら　中村桂子の巻　四十億年の私の「生命」』藤原書店2002、p.160による。

[6] この「交流」は「循環」と言い換えてもいいだろう。これは第1章で述べた縄文人の自然観と共通する。

これらは自然と深く交流する人間の精神的な態度である。ここにも共通する特徴は、自然に対する「生命感覚」ではないだろうか。実はこの三点は本書の第1章で述べた縄文人の自然観や世界観と相通じている。すなわち山野河海を生命的存在と感じる自然観であり世界観である。さらに自然、世界、宇宙を生命的存在とみなす、生命論の世界観の表現でもある。

人間と自然の互酬的なコミュニケーションをいかに実現するか、実践的な課題として考えなければならない。都市化とともに人間と自然の係わりが減少している現実の中で、いかにして人間と自然の交流を再び活性化させることができるか。現代文明と矛盾しない、復古主義ではない、現代的な実践に支えられた、アニミズム的な新たな文化、つまり自然との交流をいかにして実現できるだろうか。それには人の内面の精神性と社会の制度や仕組みという、人間の内と外の両面を共に考えることが必要であると思う。

4. 人間存在の豊かさ
(1) 生命的交流と自己同一化

自然の神々を失った私たちは、はたして自然に対する畏敬の念を取り戻せるだろうか。自然と交流する人間の精神性について考えたい。人と人との関係として「自己実現」について第6章で論じた。人間が自己の存在の豊かさを求めるならば、狭い自我の殻に留まることは自殺行為である。他者との「自己同一化」を通して、狭い自己を超越して、他者と自己との関係性の中で、自己の存在の意味を獲得できるのである。**ここで他者は自分以外の存在であり、他人も、社会も、自然も、環境も含まれる。**人間存在を貧しくする閉鎖性、つまり自己と他者の分断を乗り越えて、自己をより「大きな存在」へ結び合わせて、自己が成長・発展することが「生きる意味」の自覚であり「生活の質」の向上である。

ここで「他者」は私たちが交流を望む自然や環境として考えよう。人間と自然（他者）の交流は、**自然保護のためというよりも、先ず自分自身の存在の豊かさのためであり、究極的には自己実現が目的である。**第6章において人間と自然は不可分であることを述べたが、それは不可分の理論的な理由を述べたの

であり、それだけで人間と自然の分断を克服し、自然との自己同一化を実現できるわけではない。理論上は不可分であっても、それを理解するだけでは、私たちの現実の生活において、自然との分断を克服できないだろう。その理論上の不可分性を実践（現実のものに）するプロセスが「自己超越」と「自己同一化」である。

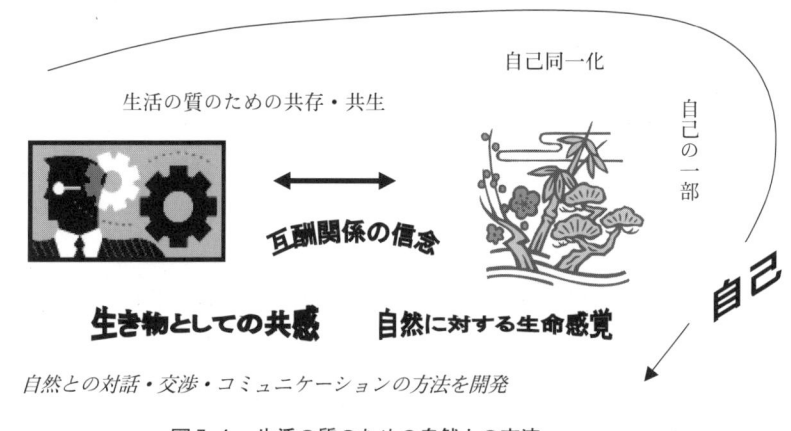

図7-1　生活の質のための自然との交流

　それでは、自己と自然の一体性を意味する自己同一化とは、具体的にどのようなことだろうか。それは、人間同士の場合と同じように、**自己と自然の間の「共感」の獲得ではないだろうか**。「共感」とは相手の心の状態を察しとることである。たとえば、庭の草木であっても、原生的な大自然であっても、自他ともに生命的な存在であるという、生命感覚を自己が獲得することであろう。あるいは、美しい花の表現力や動物や植物の生命力を、私たちが感じ取ることもそうであろう。他者との肯定的な関係性を表現する、畏敬、尊敬、敬意、愛情、親しみ、結びつきなども、「共感」と似たような生命感覚であり、そのような気持ちを私たちが自然に対して抱くことも、やはり自己同一化であろう。

(2)　分断を破る姿勢

　このような敬意、愛情、親しみ、結びつきなどの感情をもって自然に接することが、自己同一化を促す精神的態度であろう。狭い自我が抱える分断を乗り

越えるためにも、自己と他者を分け隔てる殻を脱ぎ捨てるためにも、自然へ向かうこのような肯定的な感情が必要であろう。自然を虐げてきた近代の人間が、これから自然と「仲直り」をするための精神的態度でもあろう。

　自然との交流においては「感性」が大切である。第5章の生命論では「世界認識の方法と言語」について述べた。言語による交流の限界を自覚して、言語認識や理性のみに偏らない、五感や感性による交流を大切にしなければならない。第6章2節で述べた「自然は私の一部」も感性の表現である。それは機械的関係を促進しがちな言語認識に偏らず、生命的関係を促進する生命体験（生命感覚）も尊重することである。それはデカルト主義の「我思う、ゆえに我あり」に偏らず、生命論の「我感じる、ゆえに我あり」との認識を大切にすることである。「センスオブワンダー」を唱えたレイチェル・カーソンも、幼少期は「知ること」よりも「感じること」の方が大切であると述べている。

　自然は驚きや未知に満ちている。自然や生命現象を完全に予測することはできない。だから自然の神々が活躍する機会は多かった。自然科学の発達にもかかわらず、今でも自然現象をすべて予測することはできない。私たちは科学技術信仰の酔いからさめて、自然に対する謙虚さを取り戻すべきである。そのような謙虚さも自然に対する畏敬の感情をもたらすだろう。

　以上に述べたような精神的な態度で、私たちが自然と交流するならば、私たちの心の中で「死んだ自然」を、私たちの頭と心と体の中で生き返らせることができるのではないだろうか。

5. 生命的交流の方法
(1) 自然の利用と保護が一致

　自然と交流する方法について考えたい。近代化以前の伝統的社会でも、人びとと自然の間の分断がなかったわけではないだろうが、それは現在よりも小さかったと思われる。あるいは人びとと自然は現在よりも、もっと一体的な存在であった。しかしそこには「自己同一化」や「自己実現」という言葉はなかった。また人びとは自然を持続的に利用して環境保全の文化を実践していた。そこにはやはり「自然保護」や「環境保護」の言葉はなかった。それにも関わら

ず、なぜ自己同一化や自然保護ができたのだろうか。それは人びとが生活や生業のために、つまり自分たちが生きるために、自然を持続的に利用しなければならなかったからである。人びとは自然と一つの運命共同体を形成していた。自分たちと子孫のために、自然を守ることが必要であり、それはまさに人びとが自然と「自己同一化」した状況である。そこでは人間と自然が互酬的な関係を結んでおり、無意識の自己同一化が達成されていた。

　そのような人間と自然の関係は、現在の世界で実現可能だろうか。人間と自然の互酬的な関係を築くことは可能だろうか。私は可能であると思う。なぜなら先に第6章で「共生の意味」について論じたように、人間と自然を含む生命系は、見える世界でも見えない世界でも、基本的に共生を指向する方向性を備えているからである。その表れが第1部の森林の歴史であった。しかし他方、自然を滅ぼした文明の例も私たちは知っている。どちらを選ぶかは人類の叡知にかかっている。その選択によっては、自然破壊の社会システムを今のように一時的に稼動させることはあっても、人類の叡知はそれを共生の社会システムに転換できるものと私は信じている。

　人間と自然の互酬的な関係を築くには、人間と自然を分離する二元論の「自然保護」の実践ではなく、人間が自然を「利用」しながら「保全」するという、人間が自然と交流することが必要であると私は考えている。それこそが伝統的社会で自然が持続的に利用されて、しかも長期に亘って自然が維持されてきた理由である。ただし、それは一人ひとりが単独で自由に自然に働きかけるのではなく、それぞれの社会の規範を守る行為、つまり社会関係を通して実践された。つまり人間の社会関係や社会秩序を通して、人間が自然に働きかけた結果、自然を持続的に利用し保全したのである[7]。これはすなわち互酬関係の実践であり、人間は自然に求められる存在でもあった[8]。それは自然の利用と自然の保護が一致する関係、およびその関係を可能にする社会の仕組みを築くこと

---

[7] その社会関係の背景には、自然に対する生命感覚が個人の意識と文化にあったと思う。
[8] 例えば人間の排泄物は物質サイクルの中で他の生物の食料にもなる。また里山利用のように生物多様性を促進する人間の営みもある。

である[9]。第8章第2節に最近のそのような例をいくつか挙げる。
(2) 新しいコミュニケーションの方法

　伝統的社会で人間と自然の関係をつかさどっていたのは、人びとの社会関係であり自然利用の慣習であるが、現代の社会で、それらの役割を果たすのは何だろうか。現在、生活や生業において自然に直接働きかける人びとは多くない。都市住民はどのようにして自然と交流できるだろうか。都市の私たちは、人間が自然の恵みや生産力を一方的に搾取していると考えがちである。

　そこで忘れてならないのは、「**自然と人間との間に互酬の関係がある**」という**信念**ではないだろうか。自然に対する感謝はその信念の表現であり、その感謝の行為が自然に対する「お礼」である。山野河海に対するお礼は、まさに自然に対する生命感覚に基づく人間の行為である。自然が生命的存在であるからこそ、お礼をするのである。**私たちはその感謝や礼を、社会的にどう表現するか、考えなければならない**。共生や共存の実現には、人間の心の内と外の課題があるが、これは心の内の問題である。一人の心の問題であると同時に社会の文化の視点も必要である。

　近代化以前の伝統的社会の「目に見えない共生」（第6章3節を参照）の慣習や文化は崩れつつあり、そこでは自然破壊が顕著になっている。**過去の慣習に代わるものの一つは現代社会の法制度である**[10]。人間と自然環境の間を取り持つ、多くの法制度[11]が現代社会で制定されてきたが、人間と自然・環境のインターフェースは余りにも多岐にわたるので、今後も数多くの法制度が必要になるだろう。但し、**法制度は外発的であり、外からの縛りであり、人間の心の外の問題である**。人間の心の内の精神的な基礎に支えられなければ、実効的な

---

[9] これは第3章の大切な結論の一つであった。エコロジーとエコノミーが一致する関係であるとも言える。現代では例えば、松永勝彦・畠山重篤『漁師が山に木を植える理由』成星出版 1999 を参考。

[10] 共同体で守る慣習と近代的個人を基礎にする現代の法制度の違いがある。両者の違いに留意しておくことは大切である。

[11] 多くの環境関連法制度は人間の行為を制御して自然と環境を守ることが目的である。水や大気の環境の汚染防止法にしても、種々のリサイクル法にしても同様である。

制度は期待できない。

　都市住民が自然と交流するための新しい方法（文化）が発達しつつある。それは都市と農村の交流に関する方法、仕組み、制度である。例えば、都市住民の子供たちの農村留学であり、棚田、果樹、家畜など農村資源のオーナー制度である。これについては第8章で再び言及したい。さらにさまざまな環境教育の方法が開発されている。環境教育の方法として例えば、「ネイチャーゲーム」[12]が実践されている。それは自然の中で、五感で自然を感じて「自然との一体感」を得るという、「自然への気づき」を目的にしている。あるいは生命感覚の自覚・確認と言えるかもしれない。これはまさに自己同一化であり、「自然との一体感」に気づく教育である。そのための方法は、実際に自然と触れ合うことが不可欠である。自然と交流するこれらの方法は実際に自然に触れるものである。それは「われ交わる、ゆえにわれあり」という生命体験である。

　スローフードやスローライフも新しい人間と自然のコミュニケーションと考えられる。すなわち自然の時間に人間の時間を合わせて、自然とゆっくり付き合うというコミュニケーションである。

第2節　開発と環境保護の一致

　「開発と環境保護」は社会の営みである。そこには個人の多様な価値観を前提に社会として、開発と環境保護にどのように取り組むべきかという課題がある。人間と自然の共生、開発と環境の調和が成立するには、人びとの多様な価値観を前提としながらも、社会として共通する基本的な価値観が必要であろう。社会として、開発と環境の矛盾をいかに乗り越えて、両者の調和をどう創出すればよいだろうか。困難なこの課題について、生命論の世界観に基づいて考えたい。

---

[12] 例えば、降旗信一『ネイチャーゲームでひろがる環境教育』中央法規 2000 を参照。

1. 人間が原点
(1) 原点は人間であること

　開発も環境保護も人間の営みである。その目的は何だろうか。開発と環境保護について考える発想の原点に、「人間」を据えるべきであると考える[13]。つまり人間が目的である。それは環境倫理学で批判される「人間中心主義」とは異なる。人間を中心に置いて、その他の自然を支配下に置くのが、人間中心主義である[14]。そのような中心とそれに支配される関係とか、中心とそれ以外の二者択一、というような二元論の関係ではなく、前章で示したように、人間と自然は不可分であり両方とも大切なのである。したがって「人間」を発想の原点にすると、私たち人間が大切だから、不可分の自然も大切なのである。人間は自然に依存しなければ生きられない。だから人間が生きるために自然は大切である。人間と自然は互いに結ばれて一体だから、二者択一ができるような選択の余地はない。

　開発・発展や自然保護は人間が考えることであるから、現実の意識の中ではそれは自然のため、というより結局は人間のためである。それでこそ自然保護は全ての人びとにとって、単なる道徳上の目標ではなく自分自身の課題となる。自然を大切にすれば、自然が支える人間も守られる。人間と自然は不可分だから、本来はどちらを優先するということではない。ただし人間が考えることだから、人間の意識の上では人間が原点であり、人間を目的にする、という論理が理解されやすいだろう。

　その人間は自然の一部であり生き物である。人間は生き物であるから、生き

---

[13] 「開発」は「人間が中心」であるという考えが国際的に再確認されている。例えば、そのような立場から主張される「人間開発」は、国連開発計画『人間開発報告書』国際協力出版会 1994, p.13 によれば、「人間は生まれながらにして、特定の潜在的な能力を兼ね備えている。開発の目的はすべての人びとが自らの能力を高め、現在の世代から次世代にわたって機会を拡大できる環境を創り出すことである。人間開発の真の基礎は、あらゆる人の求める生きる権利を普遍的に認めることにある。」としている。

[14] ここで述べた「原点は人間であること」については、人間をすべての自然の上位におく、環境倫理学の「人間中心主義」と混同されやすいと思うので、誤解しないように注意が必要である。そのような誤解をされないよう、本文で説明したつもりである。

物の生存できる環境が、人間にも必要である。従って**人間を原点にすることは、自然や生き物を原点にすることでもある**。公害で汚染された環境は自然生態系を害するが、食物連鎖を通して、同じように人間も害する[15]。人間も生き物であることを自覚して、生き物として生きられる環境確保しなければならない。多くの種が絶滅の危機に瀕している現在の地球環境は、実は同じ生き物である人間にとっても、危険な世界であることが認識できる。

　ところで、自然や生き物を原点にするということは、もちろん人間が自然に帰り森の中で生活することではない。すべての生き物が個性や能力を発揮して、それぞれの種の生存に適した環境を築く[16]ように、人間もその発達した脳を使って、**人工的な世界を築くことは、自然を原点にすることと矛盾しない。人間も自然であり、あえて言えば人工も自然に同化する**。それが矛盾すると思うのは、人間を自然の一部と考えないで、人間と自然あるいは人工と自然の営みを峻別する二元論に、相変わらず囚われているからであろう。

　第1部の歴史編で述べた通り、人間は、現生人類として発生してから、人為や道具によって自然の脅威を克服し、周りの自然に人工を加えてきた。そのような人間の営みは都市や農村の人工空間を築いてきたが、それを自然と峻別するのではなく、人間や生き物が生きられる[17]、自然と協調できる空間として、人間の人工環境を肯定的に考えるべきではないだろうか。もちろん人間以外の自然と大きく乖離すると、人間自身にも生きにくい人工環境を作ることになる[18]。機械論の世界観を今よりも抑制して、生命論の世界観を今より大切にして、両者のバランスをとりながら、**生き物（自然）としての人間にも生きやすい都市空間を作り出すことは可能だろう**。

(2) 生活が目的

　現代社会では開発と環境保護は対立することが多い[19]。その対立が、すれ違

---

[15] それが現実に起きたのが水俣病であった。
[16] すべての生物は、それぞれの棲みかを築くために、環境に働きかけて自然を改変する。
[17] 現実に多くの動植物が都市の人工環境に生息している。
[18] 人間は自然から分かれたけれども、なおかつ自然の一部だからである。
[19] 環境問題の対立を解決するための研究や提案は数多い。例えば L. S. Bascow and M.

248　第3部　開発と環境のビジョン

いの議論ではなく、**開発と環境保護の二者択一**[20]でもなく、建設的な合意を見いだすためには、開発と環境保護の両方に共通する、言わば「議論の土俵」(あ
・・・・・
るいは価値観)が必要である。開発も環境保護も人間の営みであり、そこには共通の土俵があるはずだ。その人間の営みにおいては、「人間」が発想の原点であり、最も基本的な人間の活動は「生活」である。開発も環境保護も本来は、人びとが生きるという生活のためである。**人間を原点にすれば、経済的にも環境的にも、人間らしく暮らせる生活の場を築くことが、人びとの共通の目的であり、共通の「議論の土俵」であり価値判断の基準になるだろう。人間らしく暮らせる生活の場を侵害するのは、人権の上からも容認できない**。そこまでは

開発

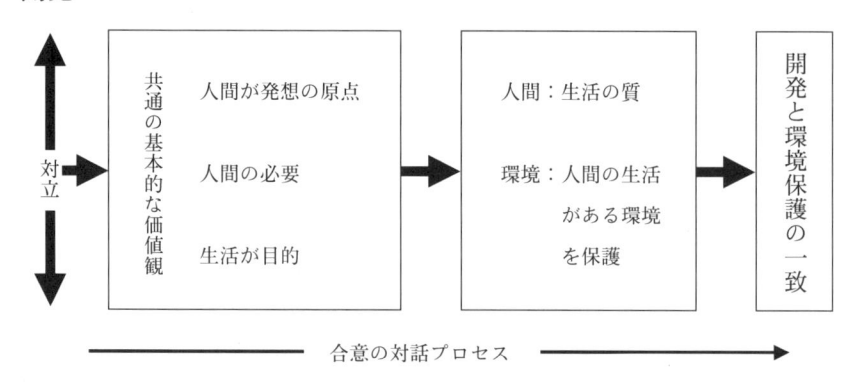

```
         ┌─────────────┐    ┌─────────────┐   ┌───┐
    ↑    │ 共  人間が発想の原点 │    │ 人間：生活の質  │   │ 開 │
    │    │ 通            │    │             │   │ 発 │
 対 │ ─→ │ の  人間の必要     │ ─→ │ 環境：人間の生活 │─→ │ と環境保護 │
 立 │    │ 基            │    │       がある環境 │   │  │
    │    │ 本  生活が目的     │    │       を保護   │   │ の │
    ↓    │ な            │    │             │   │ 一 │
         │ 価値観          │    │             │   │ 致 │
         └─────────────┘    └─────────────┘   └───┘
         ─────────── 合意の対話プロセス ───────────→
```

環境保護

図 7-2　開発と環境保護の一致

Wheeler, *Environmental Dispute Resolution*, Plenum 1984。あるいは合意形成の方法を提案したものとして、Canadian Round Tables, *Building Consensus for a Sustainable Future*, 1993 があり、話し合いのための 10 項目の原則を提案している。

[20] 「人間が大切か、自然が大切か」という単純化した問題設定は、意味のない不毛の議論を生む。白神山地の入山の是非に関する議論について、井上孝夫『白神山地の入山規制を考える』緑風出版 1997、p.26 において次のように述べている。「現実には多様な選択肢が存在しているのである。入山問題でいえば、例えば登山という行為と生態系保全との両立可能性を探らずに、単純二分法を設定してその枠内で考えろ、というのは、選択肢の多様性を消し去る非現実的な強制でしかない」。

すべての人びとが一致して認めると思う。つまり「開発」そのものが目的なのではなく、人間の生活が目的なのであり、「環境」そのものや「環境」だけを守るのではなく、「人間や生き物のいる環境」を守るのである。それは「生活のある環境」である。

しかしどのような生活を望むかは、人びとの多様な価値観を前提にすると、初めから一致した見解はありえない。自然の豊富な生活を望むか、物質的あるいは精神的により豊かな生活を望むか、人びとの求めるものはさまざまである。たとえば原発立地の候補地域における、賛成と反対の住民間の対立をみれば、人びとの多様な価値観は明らかである。価値観の多様性は、人間社会の前提と考えるべきであろう。

そのような多様な価値観の中でも、「生活のニーズ」や「人間の必要」を満たすことは人びとの共通の価値であり、生活のニーズは飽くなき「貪欲」に対して優先される[21]。生活のニーズは「生活の質」の基礎であるが、物質的な量を無限に追求する貪欲、すなわち大量生産・大量消費の生活は、「人間の必要」とは相容れない。

以上のことから考えると、開発の志向と環境の志向に共通する議論の土俵（枠）は、人びとの生活と生活のニーズから考えて判断する視点ではないだろうか。そして生活や生活のニーズを議論する価値基準は「生活の質」の向上であろう。そのような視点つまり共通の土俵がなければ、「開発か環境保護か」という二者択一が議論されて、人間と自然の共生も実現しないであろう。大切なのは人間も自然も、つまり両方を選択することである。

---

[21] 貪欲と生活のニーズとの間に、明確な境界は示しにくいものである。異なる社会や文化の間で、ニーズの内容が異なるからである。しかし、同一の社会においては、度を過ぎた貪欲はニーズと比較して、自ずと常識的に区別できるだろう。さらに第3章で述べたように、人びとの共存を志向するニーズか、逆に他者の犠牲の上に自分の利益を追求する貪欲か、ということも一つの判断基準になると思う。

2. 開発と環境

(1) 開発も環境も生活の一部

　人間は生きる上で開発も環境保全も必要である。つまり人びとの「生活の質」を向上する開発も、人びとが生きられる環境の保全も、ともに生活のニーズである。近代化以前の伝統的社会の人びとから見ると、開発も環境保全もともに人びとの生活の営みであった。これが開発であり、あれが環境保護、という区別はそこでは必要なかった。自然に依存する伝統的な生活様式においては、そもそも「自然」や「自然保護」という言葉は存在しなかった[22]。自然の中で自然の一部として暮らす人びとに「自然保護」の概念は不要であろう。なぜなら自然に依存する人びとにとって、「自然保護」は生活のための当然の営みであり、敢えて言えば生きるための「開発」や生産行為の一部である。その世界に人間と自然の二元論は存在しないし、開発と環境保護の区別はなく両者は一致している[23]。

　現代社会においても、地域の人びとが生活に基づいて、生活のニーズから判断するならば、つまり同じ「土俵」に入るならば、開発と環境の二元論は克服できるのではないだろうか[24]。生活のために開発と環境保全は共に必要だからである。それは地域の人びとと自然を含む生命システムが、ともに生きられる世界の選択である。二元論の「開発と環境」の言葉は不要であり、これらの言

---

[22] 例えば、森の狩人であるマタギの世界には「自然」という言葉は存在しなかった。馬橋憲男『熱帯林ってなんだ　開発・環境と人びとのくらし』築地書館 1991、p.147 では以下のように述べている。「たとえば環境や自然の保護です。ボルネオのジャングルに住む先住民の人たちにはこうした言葉はありませんでした。それは彼らが森や川を大切にしないのではなく、彼らはそもそも人間自身を自然の一部と考えており、人間の都合で勝手に自然をこわしたりできないものと考えているからです」。

[23] 自然から収穫を得る農林漁業において、持続的な生産（＝開発）をするためには、自然の恵みが途絶えないような努力（＝自然保護）をしなければならない。両者は不可分の活動である。

[24] 二元論を克服できないのは、環境保護運動に携わる人たちかも知れない。開発に対する環境の保護という対立構造や、環境保護を最優先するイデオロギーに支配される傾向が強いからである。生活のニーズよりも経済利益に固執する人たちも、同様に対立構造から抜け出せないだろう。

葉に支配され二者択一を迫るイデオロギーは有害である。地域づくりや開発は、地域の住民や地域外の関係者によって、創造的に行うべきである。**地域の発展のための、敢えて言えば「開発と環境の理想的な調和の形」として、前もって設計された青写真が決定論的に用意されるわけではない**[25]。その形は人びとの創造的な選択でありケースバイケースの判断である。生命論の世界観における自己組織化のプロセス、すなわち合意形成の対話で形成すべきものである[26]。

(2) 価値観の多様性と開発の中和

　社会の多様な価値観は、人間の活動が経済開発に偏向して、極端に走ることを抑制できるだろう。経済は人びとが生きるために必要であるが、経済成長を最優先することが社会全体に望ましいわけではない。たとえば開発や環境保全を含む社会の営みに対して、多様な価値観を代表する老若男女が参加すれば、その社会の活動はよりバランスがとれたものに発展し、改善されるだろう。社会の中枢を構成する、壮年の男性のみで社会の営みを決めるのは、大きな偏りが生まれる。

　専門家と呼ばれる人たちは確かに専門分野の知識は豊富だが、彼らの価値観が一般市民よりも優れているわけではなく、社会全体を代表するわけでもない。専門家たちが自分自身の価値観に忠実であろうとすれば、専門分野で分断された機械論の世界観に支配される可能性が高いだろう。

　機械論の世界観が不要というわけではなく、関係性を大切にする生命論の世界観を取り入れて、経済活動に偏った現代の社会を是正しなければならない。そのためには経済的な競争や効率を優先する世界から離れた所にいる人びとの参加を忘れてはならない[27]。**人間社会の活動に多様な価値観を導入することにより、多様な人びととの共生が可能な社会を作ることができるであろう。**

---

[25] すべては変化発展する前提に立つ生命論に対して、事前に設計図を作成してその通りに事を運ぼうとするのは決定論の考えであり、それは機械論の発想の一つである。
[26] 第5章の生命論の紹介においてプロセス主義として説明した。
[27] 効率優先から離れた世界とは、結局「生命」を育む仕事に携わる分野だろうが、現代社会では、ほとんどの分野が金儲けや効率優先の機械論に毒されている。その中でも教育、ボランティア、自然保護、芸術、趣味などの分野が「効率優先から離れた世界」に含まれるだろう。

252　第3部　開発と環境のビジョン

　そのような市民参加は、開発の活動において特に大切であると思う。開発と言っても経済、社会、文化の分野などさまざまであるが、そこでは経済利益を始めとして特定グループの利害の影響を受けることがある。開発に関する方針や政策の決定において、社会の多様な人びとが参加することにより、開発が社会的に広く受け入れられるものになり、あるいは社会の一部の利害対立を「中和」することが可能になるかもしれない。そのためには、例えば環境影響評価の実施に係わる行政側の委員会においては、現在のように学識経験者中心ではなく、NPOを含むより広い市民の参加が望ましいだろう。

(3) 開発と環境の相補性

　「開発と環境」の二元論を克服すること、また価値観の多様性を活かすことは、ゼロサムの二者択一を避けて、ポジティブサムの相補性[28]の世界を開拓することである。すなわち開発も環境も、貧困緩和も環境も、地域振興も環境保全も、あれもこれも大切にすることである。逆に、**貧困緩和も環境問題も同時に解決しなければ、いずれも解決しないのである**[29]。

　それは現在の第三世界において、貧困住民が生活資源として自然を食い潰している無数の例から分かる[30]。**貧困緩和のための開発が成功すれば、貧困が原因で食い潰されていた自然環境が生き延びて、資源と自然という人間の生活の基盤を住民に提供できる。逆に自然環境を保護するのみでは、貧困住民は放置されたままになり、自然環境を食い潰す脅威は無くならない**[31]。これは先に

---

[28] 第6章で述べた生命系の共生の世界は、ポジティブサムの例である。共生は、勝つか負けるかというネガティブサムではなく、互いに補い合ってどちらにもプラスになる関係である。本章で先に「開発も環境も生活の一部」として説明したように、開発と環境の間に矛盾がなく、両方に有利に働く関係である。

[29] 泊みゆき・原後雄太『アマゾンの畑で採れるメルセデス・ベンツ』築地書館 1997、p.191では、ブラジル・アマゾンで実施されたポエマ計画（メルセデス・ベンツの部品製造）が「成功している理由の一つは、環境と貧困という二つの問題を同時に解決することをテーマにしたことです。環境悪化の原因と結果のサイクルのなかで貧困というものが位置づけられているからでしょう」と述べている。

[30] 中島正博『開発と環境―共生の原理を求めて』渓水社 1996、p.35 による。

[31] 自然保護運動においては、しばしば自然生態系のみに目を奪われて、その自然に依存しながら生活している土地の人びとのことが忘れられる。その人びとの生活を視野に入れた総合的な対策を考えなければならない。自然のみを対象にしても自然保護は成功しない。

「生活が目的」として論じたことの具体例である。このように開発か環境かという二者択一ではなく、**開発も環境も、という相補性に注目しなければ、問題の抜本的な解決はできない**。それはすべてがつながった生命論の世界観を大切にすることである。

その相補性を活かすためには、地域の将来像を構想する住民参加、あるいは価値観の多様性を代表する市民参加によって、人びとの合意形成が図られなければならない。それは機械論的な二者択一やゼロサムの選択ではなく、ポジティブサムあるいは win − win ゲーム[32]を実現するプロセスである。**相補性の世界は多様な価値や意見を足して割る平均化ではない**。それは参加する主体が、相互進化と自己組織化のプロセスを通じて、変化し発展する創造の世界である。すなわち多様な価値観の相補性を発見し[33]、社会の新たな将来像を構想し、それを具体化し、実現するためには、創造的な住民参加のプロセスが不可欠である。

```
┌─────┬──────────────────────────────────────────────────┐
│自然 │ 自然保全の必要性が、自然を利用する住民の利益と合致する仕組 │
│利用 │ みがある場合に、自然を保護することができる。         │
│（開 │ （ジャック・ウエストビー　第3章第3節）              │
│発）│                                                  │
│ ＝ ├──────────────────────────────────────────────────┤
│自然│ 事例：環境保護 ⇔ 開発利用           仕組・制度      │
│保護│・川の上流の植林を促進 ⇔ カキ養殖を振興    漁協参加    │
│    │・貴重な自然を保護 ⇔ エコ・ツーリズムを振興  人数制限    │
│    │・農村の環境を保護 ⇔ グリーン・ツーリズムを振興 農都交流  │
│    │・森林を守り育成 ⇔ 都市/農業用水を豊富に    水源基金    │
└─────┴──────────────────────────────────────────────────┘

┌──────────────────────────────────────────────────────┐
│ 自然を保護 ⇔ 自然に依存(利用)                        │
│ 今後の課題：［自然⇔人間］の持続的結びつき/関係性を制度化 │
└──────────────────────────────────────────────────────┘
```

図7-3　開発と環境保護の一致

---

[32] 誰かが勝つと他の人が負ける勝敗（win-lose）ではなく、誰もが勝利する（win-win）のこと。
[33] これまでの議論から分かるように、例えば開発と環境の両方の価値を相補的に実現することが可能である。

相補的な開発と環境の分かりやすい例はエコツーリズムである。伝統的社会では人びとが自然資源に依存するがゆえに、自然を大切にする社会システムが地域文化の一部として確立されていた。エコツーリズムもそれと同様に自然資源に依存する経済である。エコツーリズムは自然の生み出す農業生産物ではなく、観光客が自然そのものに触れる価値をサービスとして提供する経済活動であるが、エコツーリズムも農業もいずれも健全な自然生態系を維持しなければならない。したがって、**開発（経済）と環境（自然）保全を一致させることが、エコツーリズムや農業が成功するための必要条件である。**

3. 社会と自然
(1) 人権と自然保全

「生活の質」には人権の実現も含まれる。人間らしく暮らせることは人権の一部である。人間らしい暮らしには、衣食住などの物質的な必要の充足とともに、生き物として生きられる環境の享受も含まれる。それは基本的な人権であり、社会的に保障されなければならない。従って**人権を守ることは、人びとの生活や暮らしを守ることであり、人びとの生活を守ることは環境保全も含んでいる**[34]。

人権は社会の仕組みによって保障される。人権保護の社会の仕組みを通して、環境保全も促進できるのである。従って人権が保障されない社会では、環境も保全できない可能性が高い[35]。民主主義は人権に立脚しているので、環境を守るためにも民主主義は必要である。人権が守られない弱肉強食の社会では、物言わぬ弱い存在の自然がしいたげられる[36]。

---

[34] 日本で1960年代に深刻化した公害問題は、まさに人権侵害の典型的な例である。
[35] ただし、封建時代や伝統的社会において自然環境は良好に保たれていた。従って、近代的な人権概念や民主主義の制度のみによって、環境保全を一般的に議論することはできない。
[36] ゲオルク・ピヒト『ヒューマン・エコロジーは可能か』晃洋書房 2003、p.171 は以下のように述べている。「自然への応用で果たす権力と他の人間に対する応用で果たす権力は、互いに切り離すことができないように絡み合っている。それは、搾取という特殊な暴力の応用に見られる」。また本書の第3章において自然破壊と階級社会の関連について述べた。

(2) 社会関係と自然・環境

　伝統的社会の土地・森林・水などの自然資源は、慣習や制度が組み込まれた地域の文化に支持されて、その地域の人びとにより利用・管理されてきた。入会地などはその典型例である。そのような慣習や制度は長い年月をかけて形成されたものであり、人びとがどのように自然資源を利用するかという社会的なルールである。そのルールは当然人びとの行動を規制するものであり、人と自然資源の関係を形成するものである。

　そのルールが人びとに守られるのは、それが社会的に認知されているからであり、もしルールに違反したらその社会から制裁を受けるからである。したがって自然資源を利用する制度（人と自然の関係）の実効性は、実は社会関係（人と人の関係）によって保障されているのである。このことから分かるように、人間と自然資源の関係、すなわち自然資源を持続的に利用管理するための仕組みは、その地域の社会関係によって保障されている。つまり人と自然の関係は人と人の関係でもある。その例は、第2章で江戸時代の森林管理について紹介した通りである。

　現代社会の環境管理においても同様のことが言えるだろう。私たちは都市の環境管理に参加している。たとえば家庭ゴミの分別、住宅地区の公共空間（門前）の清掃活動などは、住民による環境管理である。これらは住民と環境の係わりであるが、その人間の活動を保障しているのは、やはり社会の制度やルールであり、すなわち社会関係である[37]。このことから、都市の環境管理のためには、現代の希薄化した人間関係が不利になることが分かる。自然資源の場合と同様に、都市の環境管理にも人と人あるいは人と社会の関係が背景にある。

　「環境に優しいライフスタイル」が私たちに求められている。それは人間と環境の関係の再構築である。ここに述べた社会関係の役割に鑑みると、**環境に優しいライフスタイルすなわち人間と環境の関係の改善も、自然資源管理の場合と同様に、社会関係の役割が大きいだろう**。それは人間と環境の関係を社会

---

[37] 地域の共同清掃の日時・場所に住民が参加することは、地域社会の一員として協力的な態度を示すことでもある。それは地域の社会関係の表れである。

図7-4の右側：

関係の中に埋め込むことである。たとえばゴミ収集[38]において、適切な「ゴミ出し」やゴミ分別のためには、近隣住民の参加や管理や「監視[39]」が有効である。「社会の目」が不可欠であり、それも社会関係の働きである。

「環境保護」という環境に対する人間の責任は、人の無責任な行為に対して文句を言わない環境との関係ではなく、人の無責任な行為がその人自身に不利になる社会との関係によって果たされる。その社会関係とは、たとえば法的な社会制度[40]である。グッズ減税やバッズ課税[41]を始めとする経済制度などであり、広くは隣人の目であり文化にも含まれる。

図7-4の左側（図内テキスト）：

人間と自然の関係
人間と環境の関係

↑

自然・環境管理

規則・近隣の目
社会的圧力
人びとの信頼関係

= 人間の社会関係

↑

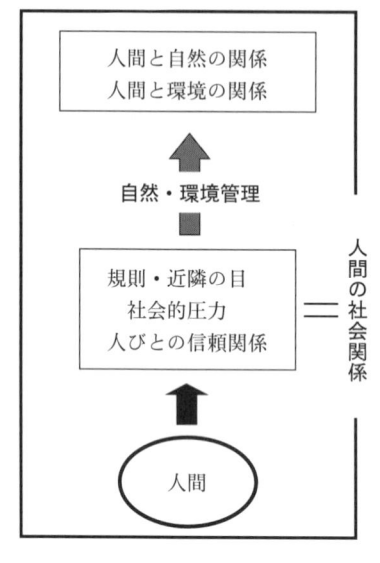

人間

図7-4　社会関係と自然環境管理

4. 新しい社会関係の創造

(1) スローライフ

人間が生活を営むには自然や環境を利用する経済活動が必要である。その経済活動と自然環境の保全が一致するような、社会システムを開発しなければならない。経済活動の新たな動向が近年みられるので、開発と環境の一致の例

---

[38] ゴミは最終的にゴミ埋立地やゴミ焼却場へ運ばれて、山、海、大気などの自然へ影響を与えるために、結果的には人間と自然の関係となる。

[39] あくまで住民の自発性が基本であるが、自発性のみでは不十分な場合は「監視」行為も必要になる。現実に、増大するゴミ不法投棄に対処するために、近年は行政や住民による監視活動が広がっている。

[40] 社会制度はある見方によれば、たとえば人がして良いことと悪いことに関して、社会の人びとが約束しているものであり、それは人と人の社会関係の表われである。

[41] 環境に好ましい行為に対して減税をして、逆に環境に好ましくない行為に課税をするという制度。例えば公害防止装置の投資に対する減税とエネルギー消費に対する炭素税。

として挙げておきたい。

　第1に「フェアトレード」である。「フェアトレード」は**生産者と消費者が協力して、持続的な生産と消費を可能にする努力である**。一般の市場における価格競争で消費者が商品を買い叩くと、生産コストをまかなえないために再生産が不可能になることがある。すなわち生産する農地などの資本を健全に維持できなければ、土地の生産力を食いつぶして持続的な生産が不可能になる。自然資本という元本の食いつぶしである。そのような生産者と消費者のアンフェアな取引を止めて、再生産可能なフェアな取引を促進するのがフェアトレードである。したがって**開発（経済）活動と環境保全が一致する生産方式の発展で**ある。これは土地を利用する農業生産や第一次産業に限らず、他の産業にも共通して生産者と消費者の持続的な関係を築くものである。

　第2に「地産地消」である。それはある土地の生産物を、その土地で消費することである。その目的はフェアトレードと同様に、持続可能な生産によるそれぞれの土地の産業振興である。また農産物においては「食の安全」が大事な目的である。大量生産大量消費から脱却して、生産者と消費者が互いに顔の見える関係を保つことにより、たとえば農薬を多用しないで「食の安全」を確保する発想である。また、大量生産の商品より多少価格は高くても、地元の生産物を消費することにより、地元の産業を応援して、地元の経済活性化をしようとする意図もある。それは大量生産大量消費の効率主義ではなく、環境や安全を重視する志向性である。また**地元産業の発展や地元社会の持続性を重視する発想である**。それは環境と経済と地域社会の持続性を志向する選択である。さらにエコロジーとエコノミーが一致する方向である。

　第3にスローフード運動である。スローフードはハンバーガーなどのファーストフード文化のアンチテーゼとして現れた。それは文字通り、速成で即製の調理法を避けて、時間をかけて調理する運動である。**スローフードは人の健康や地域の食文化を大切にすることが目的である**。スローフードはさらに大きなスローライフの運動の一環とも言えるだろう。スローライフ運動はやはり効率至上主義的な現代文明に対するアンチテーゼである。

　スローフードもスローライフも生命論の世界観の表れであると思う。大事

なのは必ずしも「スロー」にものごとを行う速度ではない。それよりもプロセスを重視することであり、効率よりもプロセスに込められる意味・価値や文化を大切にすることである。時間をかけたプロセスにおいて達成される、生命システムの変化・成長・学びなどは、第4章で述べたように生命論の世界観から見えてきた価値である。**すなわち生命には時間が必要であるから、スローであっても、必要な時間は惜しまないで、費やそうという考えである。**私はそのようにスローライフを理解している。

(2) 人と自然の係わりと自然保護

「自然保護」とは人と自然を分断することであろうか。そうではなく、人と自然の係わりの中でこそ、自然保護は実現されると私は考えている。この考えは、主に以下の3つの事実と経験に基づいている。第1に、人間の活動から隔離(分断)できる自然、あるいは人間の影響を受けない自然は、地球上にほとんど存在しないという事実である。第2に、伝統的社会では世界中どこにおいても、地域の住民が自然を利用する営み(係わり)のなかで、持続的に利用する必要上その自然を保全してきた、という人類の普遍的な経験がある。第3に、自然と人間を分断する政策で環境保護に成功した例は、特に発展途上国にはあまり存在しない[42]という比較的新しい経験である。

過去の経験が将来も常に真理であるとは限らないが、経験のなかには普遍的な道理が含まれている。それは先にも述べたように、人びとは社会関係の中で慣習や制度を守りながら、そのルールを守ることにより自然を持続的に利用してきたという事実である。**自然の過剰利用の可能性は人間社会に常にあるが、それを抑制できたのは社会関係による抑制力であった。つまり社会関係という力(働き)によって、人と自然の係わりのなかで自然を維持してきたのである。**

しかし同時に、歴史においても現代においても、自然を破壊したのは人と自然の係わりであったことも事実である。だから係わりが必ずよい結果を生むわけではない。その係わりの中で、自然の保全が実現するか、自然の破壊が起きるかは、自然を維持する社会関係の存在を前提にすれば、自然とそれを利用す

---

[42] Owen J. Lynch and Janis B. Alcorn, Tenurial Rights and Community-based Conservation, in David Western, ed. *Natural Connections*, 1994, Island Press, p.378を参照。

る地域住民がおかれた、社会・経済の言わば「大状況」であろう[43]。その社会を囲む政治経済状況によっては、自治的で持続的な自然資源の利用・管理が不可能になるからである。第3章で述べたように、森林破壊が起きた日本の古代や中世にもそのような大状況が存在した。戦前の植民地の宗主国による資源の搾取は、国際的な大状況が存在した例である。その後の発展途上国の「近代化」もやはりその大状況の例である。

　住民が地域の自然と係わらない場合に何が起きるだろうか。端的な例を挙げるならば、現代の日本の里山が参考になるだろう。日本の近代化以前において、里山は農業や生活の資源として利用されていたが、化学肥料や化石エネルギーの普及により、里山は利用されなくなった。住民と里山の係わりが無くなった結果、その里山の自然に起きている現象の一つは「松枯れ」である。同様のことは川や用水路と水利用の関係にも見られる。過去、川や用水路は、農業はもとより、洗濯や家事のために利用されていたからこそ、それは近隣の社会関係（規則遵守や維持管理の協力）によって清浄に維持されていた。しかし水道が普及して川や用水路が直接に利用されなくなった結果、それを清浄に維持する社会関係や社会的圧力は消滅して、家庭排水の流入による水質汚濁が広がったのである[44]。

　さらにより積極的に人間と自然を分断すると何が起きるであろうか。たとえば森林保護のために、保護地区への住民の立ち入りを行政が制度で禁止することがある。しかし、行政上の禁止措置は必ずしも実効的な監視を伴わないので、不法な自然利用を排除することができない。その自然を利用する必要のない住民は、立ち入りが禁止された結果、その自然に対する関心が無くなる。そ**れは自然保全のための社会関係や社会的圧力の消滅につながる。これが自然の保全にとって致命的なのである**。他方、禁止されても生活のために自然を利用せざるをえない住民は、過剰利用の抑止力であった社会関係の消滅に乗じて、

---

[43] 近代化の過程で現在起きている世界的な自然破壊は、世界の近代化および市場経済化という大状況の中で、地域の社会関係が機能しなくなっている結果であると言えるだろう。

[44] 例えば、嘉田由紀子「環境認識と生活者の意思決定」鳥越他編『環境問題の社会理論』お茶の水書房 1989、pp.134-167 を参照。

貨幣経済や市場経済に適応するために、自然とカネを交換してしまう。つまり経済的な利益のために自然資源を食いつぶすのである。このように人と分断された自然の多くは、その「保全」という当初の目的に反して、自然の破壊という逆の結果を招くのである。**自然を利用しなければ生きられない、という人びとの存在を無視あるいは軽視したためである。**

　人が係わらなくなった結果、過剰利用から自然が回復することもあるが、それは地域の人びとがその自然を直接利用しなくても生活できる、というその社会の「大状況」がある場合である[45]。たとえば都市化による人口移動や、自然に直接依存しない産業の発達などである。新たな産業の生産物を輸出することによって、他国の自然資源を輸入できる。自国の自然資源（例えば森林）を利用する代わりに、他国の自然資源[46]を濫用しているのが現在の日本である。

　自然資源に依存する人口が世界で減少して、例えば農業人口が減少して、自然が回復することは期待できるだろうか。現代の産業は競争力を高めるために省力化しており、第二次・第三次産業の発展による労働力人口の吸収力は限られている。地球上の人口が劇的に増加している現在、自然資源を利用しなくても生活の糧を得られる人びとは多くない。したがって、住民に利用されなくなって、自然の利用圧力が減少することは、特に発展途上国ではもはや一般的にはあり得ないだろう。**発展途上国に限らずどの世界においても、人間が生きるためには、自然が生み出す「命（いのち）」を食べるほかないのであり、自然を持続的に利用しなければならないという課題は永遠になくならない。**

5.　市民参加と統治の変更

(1)　社会関係を支える市民参加

　開発と環境における人間と自然の関係を改善する方途は、社会の法制度や経

---

[45] 人間が利用しなくなり、森林の自然が回復したことは、森林の歴史において見られる。例えば、カール・ハーゼル『森が語るドイツの歴史』築地書館 1996 を参照。

[46] 日本は世界最大の木材と食料の輸入国である。木材は国内材と外材との価格差がその理由である。モロッコ沖のタコを採り尽くしたので、2004年の時点において回復のためのタコの禁漁措置が取られている。

済制度などの社会関係に依らなければならないが、それは人間の営みを外から制約する「外発的な力」でもある。そのような外発的な力は不可欠ではあるが、同時に「車の両輪」の一つとして「内発的な力」も重要である。さもないと、内発的な力に支えられない外発的な法制度は、人間を縛る強制装置として、人びとの心理的な抵抗に会うことになるだろう。つまり人びとの自由の束縛に対する反動である。したがって社会制度は個人の内側からも支えられなければならない。それを実現するためには、市民の参加あるいは住民の参加が必要である。

　第三世界の開発における、たとえば水供給の計画や実施には、住民参加が不可欠の要素である。工業先進国における地域開発や町づくり、また都市の環境管理に係わる住民活動など、あるいは第三世界に対する国際協力の活動においても、多様な住民参加や市民参加が可能である。

　そのような市民参加における効果の一つは、多様な価値観をもつ人びとが参加することによる、一人ひとりの学びであり発展である。そしてその結果として、それぞれの町づくりなどの活動が進化し発展することである。先に「価値観の多様性による開発の中和」について述べたように、本書では「多様性」の重要性をたびたび強調しており、多様な価値観や文化が、人間社会をより豊かにかつ強靱にする。それを実現する基本的な手段は「対話」という創造的な営みを含む市民参加のプロセスである。

　創造的な活動は一人ひとりの「参加」によって実現する。ロバート・チェンバースは参加について次のように述べている。「人びとの共同作業が、自主的かつ持続的な活動へと昇華する。人と人の関係が変化するのである。参加者は、個人として、またグループとしてどんな能力を発揮できるかを学ぶ。自分が何を知っており、他の人たちが何を知っているかを学ぶ」[47]。大切なことは、参加する一人ひとりが他者との交流により学ぶプロセスである。人びとやグループが試行錯誤をしているように見えても、それは学びのために必要なプロ

---

[47] ロバート・チェンバース『参加型開発と国際協力　変わるのはわたしたち』明石書店 2000、pp.467-468 による。

セスである。「学び」はすなわち人間の考えが変化・発展することであり、さらに人間の能力までもが発達する創造的なプロセスである。この創造的プロセスにおける個々人の学びと発展は「相互進化」であり、社会組織の変化と発展は「自己組織化」である。

人びとのエンパワーメントは「大いなる他者」との係わり（市民参加）のプロセスにおいて実現できる。それは社会における自己の役割の獲得であり、生きる意味の獲得であり、「自己実現」へ向けた不可欠の道であろう。

(2) 統治の変更

社会全体から市民参加を見るとそれは「統治」の変更を意味する。市民参加や住民参加はボトムアップの活動である。トップダウンの政治や行政の在り方に対するアンチテーゼであり、それは新たな止揚と発展を生む可能性を秘めている。ただし、ボトムアップのみでは「個」が乱立する弊害を招くかも知れない。多くの「個」からなる「全体」を調整する「トップ」の役割も恐らく必要であろう。

ボトムアップによる市民参加は「自己責任」と「自己決定」の原則による。自分の責任において社会活動に参加し、人びとと対話し、決定するプロセスにおいて、活動に対する責任感が一人ひとりの内に芽生えて成長する。多様な価値観が共存できる合意を、対話によって創造的に形成する。このような市民参加と多様性の共存が、自治と民主主義の基本的な精神であろう。その実現は社会統治の進化・発展である。

このような市民参加で開発と環境の活動が営まれるなら、そこにはいわゆる「オーナーシップ」の向上と改善が見られるだろう。ここでオーナーシップと

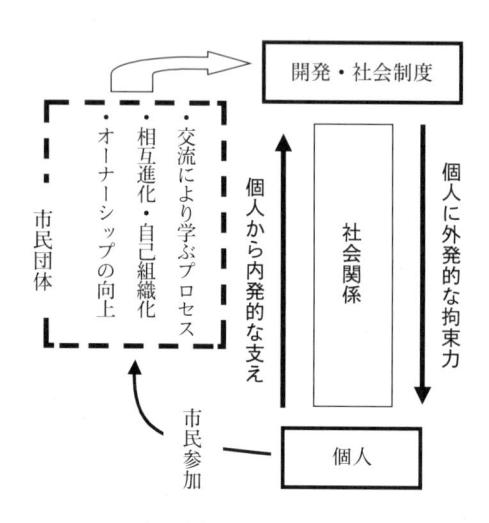

図7-5　市民参加による開発と社会制度の創造

いうのは、参加する市民の一人ひとりが、自分たちの活動であり事業である、という自覚と責任を持つことである。それは市民が参加するからこそ獲得される意識であり、参加しないでトップダウン的に決定される活動内容や事業には、自分たちのものというオーナーシップは育ちにくいのである。

　そのオーナーシップは活動や事業を実施・運営する上で大切な要素である。参加者がその活動や事業に責任をもつかどうかは、参加者のオーナーシップの有無に大きく依存している。参加者が責任を持たなければ、その事業は持続することなく、消滅する運命をたどるだろう。たとえば第三世界の農村水供給や灌漑の事業を運営する際には、行政機関がすべてを引き受けて実施することは財政的に不可能であり、事業の受益者である村人や農民の参加によって施設が維持管理されなければならない。また**土地・森林・水などの自然資源を管理する制度の実効性も、その制度に対するオーナーシップの有無に依存するだろう**。なぜなら人間と自然の関係を規定する制度の実効性を保障するのは、先にたびたび述べたように、人と人の関係すなわち社会関係だからである。制度に対する人びとのオーナーシップ、つまり制度に対する責任を自覚することによって、人びとがその制度を遵守する、という人びとの間の信頼関係も強化される。その信頼関係も大切な社会関係[48]の要素である。

---

[48] 社会における「信頼関係」は近年ソーシャルキャピタル（社会関係資本）として注目されている。本書の第8章においてさらに言及しているので参照して頂きたい。例えば、佐藤元彦『脱貧困のための国際開発論』2002、pp.83-112 も参照。

第8章　持続可能な発展に向けて―コモンズの再興

　本書で掲げた＜人間と自然の関係＞、＜開発と環境＞、＜持続可能な発展＞の課題に対して、私たちが実際に貢献できることは何だろう。それは、私たちの社会のさまざまな共通の課題に対して、私たちの周りから、私たちのしたいことから、人びとと共同して自発的な行動を起こすことであろう。その当たり前のことが、ポストモダンの今日、特に大切になっていると思う。それはどうしてか。具体的にはどのような行動か。生命論を基礎にしながら、歴史的な普遍性や必然性にも触れながら述べたいと思う。

第1節　コモンズの再興

　「環境共生社会」とは、人間が環境と共生して、持続的に発展できる社会である。人間と自然環境が共生する基礎は人びとの社会関係にある。しかし現代社会は社会関係が希薄化する「人間の危機」を抱えている。従って、環境共生社会の実現のためには、その基礎として、人と人の関係性の復興と社会関係の再構築が必要である。そのためにここでは、生命論に基づいて「自発的共同行為」あるいは「コモンズ」復興の必要性について述べたい。

1.　生命論からコモンズへ
(1)　共感が生む共同行為
　先に第4章では現代社会の人間関係が希薄化していることを述べた。近代の個人主義によって人びとは個々の「私」に分断された。そして地域の共同体は弱体化している。原初的な共同体としての家族までもが、個に分断されそうに

なっている[1]。自分さえ良ければいいという「ミーイズム」によって、他者に配慮する精神的な力が衰退している。しかし個人は社会の中で支えられており、他者あっての自己であり、第5章の生命論の関係性から見ても、自己と他者は不可分である。だから人間関係の分断や希薄化は、人間を「非人間化」してしまう。それは現代社会の危機といっても過言ではないだろう。

　その現代社会の危機を解決せずして、環境共生社会や持続可能な発展を望むことはできない。先ず、どのようにしてこの危機を克服できるか考えよう。人と人の係わりの基本的な「接着剤」は何だろうか。生命論は私たちの相互理解の方法として交流や対話を重視する。人と人の係わりの原点は対話である。対話によるコミュニケーションから交流が始まる。その交流から「共感」が生まれる。交流からは「対立」も生まれるだろうが、それも相互理解や共感へのステップにすることができる。そのような交流から生まれる共感は人間関係の接着剤となる。共感は、人と人の間に限らず、他の生き物も含む生命と生命の間に働く「引力」であろうか。共感は、さまざまなコミュニケーションによって触発されるポジティブな感情であり、人と人を近づける力である。さらに芸術などの表現によっても、人は触発しあい感動を共有できる。そのような感動は生命に特有の働きであり、生命感覚の一つであるとも言えるだろう。

　自他に共通（コモン）の感情つまりこの共感こそが、現在衰退しつつある人と人の関係性を活性化するベース、つまり基礎であり大地であると考えたい[2]。係わりのベースとして共感には普遍的な力が備わっていると思う。人びとが互いに「何か」でつながっているという、伝統的な共同体社会の連帯感もそのような共感が基礎にあったのではないだろうか。

---

[1] 私たちが生活のために使用するテレビ・電話などの道具類や、夫婦の寝室までもがパーソナル化して、そして家族揃っての食事と団欒までもが消えている風潮からも窺える。
[2] 山脇直司『経済の倫理学』丸善 2002、p.27 では以下のように述べている。「ヒュームによれば、人間の道徳的判断は理性からではなく感情から生まれる。社会生活に必要な正義などの徳も、理性の法としての自然法によってではなく、『共感（sympathy）』という人々の共通の利害感情に基づいてつくられている」。

人と人のコミュニケーションに「応答」して、共感の大地の地下茎からは「自発的な行動」が、竹の子のように伸びてくる可能性を秘めている。共感に呼び覚まされた連帯から、自分たちのための行動や利他的または互酬的な行動が生まれる。それが多くの人びとの行動に広がれば、社会貢献のための「自発的な共同行為」となる。それは狭い自我を超える自己超越、そして他者との自己同一化という、自己実現へのプロセスとも重なるのである[3]。

図8-1　共感によるコモンの誕生

私たちにはこのようなポジティブな関係性（共感）を生む可能性が備わっていると思う。現代社会ではそのような、対話→共感→利他的行動というパターンが常態であるとは言いがたいが、現代のさまざまなボランティア活動は、将来に大きな可能性や希望を感じさせるものである。

(2) 普遍的なコモン

自己と他者の間に共感を生み、それを広げる基本は交流や対話である。たとえば、地域社会の活動や伝統行事なども、人びととの触れ合いと対話を促進して、住民としての共感の輪を広げることができるだろう。

このようにして「私」のみではない部分、つまり自他に共通（コモン）の「公的領域」（パブリック）が人びとの間に生まれて、それが一つの運動に成長し発展する可能性がある。自己の内に「他者[4]」が生まれ、公的領域が成長して、言わば公徳心なるものや社会性も育まれる。現代が「他者不在の時代」であるとはいえ、人びととの間や私たちの心に、そのような公的領域が皆無になったわけ

---

[3] 自己実現のプロセスは第6章第1節を参照されたい。
[4] 自己の生き方を変えるほどに、自己のなかの他者の存在が大きくなれば、それは自己同一化の始まりであろう。

ではない[5]。現代社会で弱くなっている傾向はあるが、公的領域なくして人間社会は成り立たず、私たちの周辺にもそれは生きている。

　人びとが対話し交流する「関係性」の空間はどの社会にも存在する。ヨーロッパの町の広場、パブと呼ばれる居酒屋、宗教施設やクラブだってそうだろう。祭りなどの伝統行事をとり行う、日本の神社仏閣もそうであった。昔の市や井戸端会議でさえ日常的な公的領域であった。そのような広場や公園は「コモン」と呼ばれる公的な場である。

　すなわち「コモン」は公的領域である。コモンは人と人をつなぐ空間であり、その空間を利用する社会の制度であり、たとえば生業のために共同利用[6]する山野河海の自然資源もそうである。それは例えば、日本では昔から「入会」と呼ばれてきた（第1部の第2章・第3章を参照）。

　コモンは人と人をつなぐ「絆」であり、健全な人間社会に不可欠な要素そして機能である。コモンは「持続的[7]な社会」を築くための人間の知恵であり、大なり小なりすべての社会に普遍的に存在する。しかし、社会に不可欠なそのような絆が、第4章で述べたように共同体を解体する個人主義、地域の伝統的制度を風化させる国家制度、人びとの絆をカネで置き換える市場経済、などの近代化の進展とともに衰退している。それは世界共通の現象であり、人類の危機と考えても大げさではないだろう。

2. 自発的共同行為

(1) コモンズの定義

　先に述べた抽象的なコモンは、実際の社会で具体的には「コモンズ」として

---

[5] 阪神淡路大震災や新潟中越地震などの大きな災害に見舞われた時、助け合いのボランティア活動が広がった。そのような公的領域が全国規模で生まれたことは、私たちの記憶に新しい。小さなことだが、私たちの町内の門前清掃も、一つの公的領域である。

[6] 伝統的なコモンズでは共同体の構成員、つまり特定の人びとが認識する規範の下で、自然資源を共同利用していた。

[7] 特定の人びとがコモンズ資源を利用したから、共同体の規範が守られ資源の持続性（たとえば自然保全）が保たれた。もし不特定多数の人びとが利用したら、資源利用の規範は利用者に共有されず、その資源は濫用され劣化する可能性が高い。

論じられることが多い。「コモンズ[8]」とは自発的な共同行為によって生まれる制度であると、ここでは広く定義しておきたい。この「自発的」であることには大切な意味が込められている。つまりそれは政府や権力者から、トップダウンで命令されるものではない。すなわち民衆、市民、住民と呼ばれる人たちが、自発的にまたは自生的に始める行為からなる、広い意味での制度である。そして「共同行為」も大切な意味を含んでいる。先に述べたように、人びとの係わり合いやコミュニケーションを通して、共感や連帯感が生まれ、共通の関心事つまり私的ではない公的な関心事について、共同して対処する行為である[9]。

　ここで「公」とは政府を意味するのではない。「公」とは「私」ではない「おおやけ」のことを意味する[10]。「公＝政府」という誤解を避けるために、「人びとが共に」との意味で、コミュナルな「共」の文字で表現する場合がある。しかし、「おおやけ」とは政府と同じではない[11]、ということを明示するためにも、本書では「公」と表現したい。だから本節では「公的領域」と呼んできた。

---

[8] コモンズはコモンの複数形であるが、名詞としてのコモンはここではコモンズと同じ意味である。一般的にコモンズの複数形の方が多用されている。コモンズに関する議論は発展途上であり、「コモンズ」は論者によって多様な定義がされている。各論者による定義が、室田武ほか『入会林野とコモンズ』日本評論社 2004、pp.158-162 に掲載されている。本項で紹介するローマンによるコモンズの定義は非常に広範囲である。

[9] ロバート・D・パットナム『哲学する民主主義』NTT出版 2001、p.108 において以下のように述べている。「市民団体への参加は、皆で力を合わせて物事に取り組もうとする努力に対して、責任を共有する感覚、さらには人々がその共通に望む目標を追求する術も養うのである」。

[10] 山脇直司『経済の倫理学』丸善 2002、p.71 は「公共」について以下のように述べている。「政治哲学の分野では、二十世紀半ばすぎに、パブリックという言葉が、政府や国家や官ではなく、『民のコミュニケーション』を意味するような二大著作が生まれた。その一つは、H・アーレント（1906-75）の『人間の条件』（1958）であり、もう一つは、J・ハーバーマス（1929-）の『公共性の構造転換』（1961、1990第二版）である」。

[11] 林泰義『市民社会とまちづくり』ぎょうせい 2000、p.2 では以下のように述べている。「ここでいう公とは『お上』や『官』に一方的に決められ、強いられてきた従来の『公共』や『公益』と称するものではない。それは、個人を基盤に力を合わせて共に生み出す新たな公である。…自分の意志で、意識的に社会へかかわり合うことで新たに創出される公である」。すなわち「公」の一翼を担うのが政府であり「公＝政府」なのではない。

ここに示した「コモンズ」の定義は広く包括的なものである。この包括的な定義には豊かな意味と可能性が込められているので、あえて最初に私の考えるコモンズの「広義の定義」を紹介した。R. A. ローマン[12]はコモンズをさらに広く考えて、社会の制度、生活の伝統、文化財、良心、美徳、正義感などもその概念に含めている。

(2) 狭義のコモンズ

「コモンズ」の発祥について紹介したい。狭義の「コモンズ」は中世イギリスの土地制度に由来している。そのイギリスのコモンズ制度を研究した平松紘[13]は、コモンズとは「土地、空気、水などの地球上の主たる資源について、人びとが共同してエクイタブルにアクセスもしくは使用でき、だれもがそれらを破壊することのできない社会制度」と定義している。日本では、山野河海の自然資源を人びとが共同利用してきた、村の「入会」の制度に相当する。この入会制度については本書の第2章と第3章で詳しく説明したので、それを参照すればコモンズを理解しやすい。

この平松の定義は抽象化されているので、狭義のコモンズとはまだ何か分かりにくいかも知れない。一般にコモンズは「共有財」とか「共有地」として説明される。それは私有財でも国有財でもなく、特定の地域社会の人びとが共同

---

[12] ロジャー・A・ローマン『コモンズ―人類の共働行為―NPOと自発的行為の新しいパースペクティヴ』西日本法規出版 2001、p.199 において以下のように述べている。「政治社会の common good を構成しているものは、公的な商品やサービス―…道路や港や学校など―の集合体だけではない。国家の健全な財政状態やその軍事力、公正な法体系、国民に社会構造を与えている良き習慣や賢明な制度、世襲財産として継承されている国民の偉大な歴史的過去やそのシンボルやその栄光やその生活伝統や文化財、これらもすべて common good である。さらに、これら以外のもっと深遠なものや、もっと具体的なものや、もっと人間的なものも common good である。…例えば社会学的統合の総体―市民の良心や政治的美徳や正義感や自由の観念のすべて、その構成員の個人生活における鋭敏さや物質的繁栄や精神的豊かさや道徳的正しさや正義や幸福や徳や英雄的精神のすべて―がそうである」。

[13] 平松紘『イギリス環境法の基礎研究―コモンズの史的変容とオープンスペースの展開』敬文堂 1995、p.5 による。平松は、コモンズは所有ではなく利用（アクセス）の問題であるとして、その違いについて注意を喚起している。

して利用できる資源である。特に伝統的村落社会において人びとが共同利用した、山野の自然資源がそれぞれの社会のコモンズであった。

　自然と人間の関係を築くためにも、伝統的社会で持続的に利用・管理されていた自然資源の「コモンズ」(あるいは入会)の制度から、私たちは多くの大切なことを学べる。しかし、近代化の潮流の中でこの狭義のコモンズも衰退している。

(3) コモンズの生命論的な特性

　コモンズは社会の営み、あるいは人びとの生活を持続可能にする制度である。ある共同体社会の地域資源(例えば山野河海)を、その社会の人びとが共同利用する際に、その社会の構成員は資源の利用規則などに関する、何らかの共通の合意や認識に基づいて行動する。共同利用をするからには、自分勝手な行動は許されず、共通のルールが必要だからである。その社会の構成員は単独に行動する「個」ではなく、慣習や規則などの社会通念によって互いに関係づけられている。つまり社会の人びとは共通の規範という「関係性」でつながっている。

　その意味において社会は社会関係を含み、その社会の関係性は生命システムの表われであり、「コモンズ」は一つの社会関係の呼び名である。コモンズは、関係性、結びつき、集合性という生命システムの特徴の表現であり、社会関係によって持続性が保障されている、自然や資源の利用管理の方法あるいは制度である。生命論からみると、社会におけるコモンズの形成は、生命システムの「自己組織化」であり、コモンズの形成は生命現象の一つであると言えるだろう。

(4) 望まれるコモンズの再興

　現在、世界ではNPOが生まれ、公的領域を担うべくその活動が拡大している。それには歴史的な理由がある。近代的統一国家の誕生とともに、政府は「公的領域」を法律によって画一的に、かつ独占的に扱う部門にしようとした。第2章第4節で説明したように、近代化とともに、政府は地域社会の「民」から公的領域を取り上げようとした。

　ところが公的領域のすべてを政府が担うことはできない。「草の根」のニー

ズまですべてを政府が担うことは、不可能であり不適切でさえある。なぜなら政府の人的資源と財政規模は限られており、その画一的な政策の実施によって、草の根の多様なニーズをすべて満たすことはできないからである。そしてなによりも、政府は人と人の間の共感をベースにしてできた主体ではないので、人間の世界で大切な「心」が置き去りにされる可能性が高いからだ。そこで、「草の根」の公的領域のニーズに共感して生まれる、人びとの自発的な共同行為が必要になる。その典型的な現代の例がNPO活動[14]である。やはり「必要は発明の母」である。

近代化によって衰退を始めた公的領域が、いま再びコモンズとして活性化することを期待したい。個人主義の広がりによる公的領域の衰退、人間関係の希薄化、たとえば「孤独死」などの社会の不幸を目の当たりにして、「私たちは互いに助け合わねばならない」、という人びとの共感が再び広がっていると思う。NPO活動は、特に福祉の分野で拡大しており、詳しくは本章の第3節で述べる。

コモンズの始まりは、人と人の係わりから生まれる、自他に共通(コモン)の公的領域であった。その係わりから生まれる共感が自発的な共同行為を促す。「他者不在」の現代社会に公的領域(コモンズ)を盛んにすることは、人間関係や社会関係が希薄化する近代化の流れを変え、人間がより尊重される社会を築くために必要である。それは**生命論が志向する社会改革の方途と一致する**。

コモンズは社会の中で多様な形で現れる。たとえば、人びとが集まる場所や人びとが利用する自然資源として現れるが、いずれも場所や資源を利用する人びとが合意する、「慣習」や「制度」の上に成り立つものである。従って「コモンズ=制度」と見なすこともできる。その意味でコモンズを狭く制度に還元し

---

[14] 世古一穂『協働のデザイン』学芸出版社 2001、p.23 において、企業とNPOの決定的な違いについて、以下のように述べている。「NPOのマーケティングのキーワードは『共感』、すなわち『共感のマーケティング』である。それぞれのミッションに応じた事業を展開するNPOの活動、もしくはミッションそのものへの共感の輪を広げることが目的である。それらが成果となる点で、企業とは明らかに異なる」。

て、制度として議論することが可能であろう。

その際に留意すべきことは、**コモンズの創造の基礎になった「共感」の役割、つまり「自発性＝ボランタリー」という精神性や「心」の重要性である**[15]。コモンズが「制度」のみに還元されてしまうと、コモンズを生んだ原点の「共感」が忘れられかねない。それでは生命論としてのコモンズの本質が消えるので、その精神性の喪失を警戒することが必要である。

社会における共感を大切にすれば、その原点は維持されるだろう。人びとがつながっている、という共感の尊重と連帯の実践は文化である。連帯の文化が広まれば、人びとは共感し自発的な応答は拡大するだろう。したがって**コモンズの創造は、人びとの生き方という文化に係わる課題**でもある。また関係性を大切にする生命論の、「生きる意味」の追求の実践とも言えるのではないだろうか。

人の生き方・生きる意味・生活の質の追求

図8-2　自発的共同行為としてのコモンズ

---

[15] 山脇直司『経済の倫理学』丸善2002、p.27 は公共性における「共感」の重要性を以下のように述べている。「経済学の創始者のアダム・スミスにおいて、人々の『共感』に基づく公共性を前提とする個々人の利己的経済活動は、人間の『特性』を促し社会の活性化と人間の『幸福』を実現すると考えられた」。さらに「『自発的行為』というレベルでの徳は、人々の士気、モチベーション、生きがいにかかわる重要なコンセプトであり、後に取り上げるような『幸福』という事柄とも密接に関連している」とも述べている。

第2節　自然利用のコモンズ創造

　自然が伝統的社会で持続的に利用されてきたのは、共同体社会におけるコモンズ（入会）の制度に支えられていたからである。近代化の過程でそのようなコモンズの制度が崩壊している。特に発展途上国では、自然資源を住民が利用して誰も管理しない状況の中で、その自然資源が劣化している。そのような自然破壊を経験する過程で、それを克服する新たなコモンズ創出の動向が多くの国で見られる。

1.　資源利用とコモンズ

　コモンズについてさらに具体的に考えたい。伝統的社会の自然資源管理の有効性についてこれまでに何度か述べてきた。多くの場合、そこにはコモンズが機能していた。

　例えば第2章では、江戸時代の森林資源の社会的管理について紹介した。農林業の生産地で中心的な役割を果たしていたのは、村落社会による山野のコモンズ的利用と管理であった。すなわち山野に入りあう「入会地」の利用である。入会地を直接利用する農民を中心として、その入会利用に係わる支配層や町民も、入会制度で役割を担ったのである。自然資源のコモンズ的利用は森林資源に限らず、川や溜池、漁の場としての海なども同様であった。

　このような自然資源のコモンズ的利用は明治以降、国家と社会の近代化の中で、大きな変容を迫られた。すなわち近代法の枠組みの中では、財産は基本的に私有あるいは官有のいずれかであり、地域住民が共同利用する入会地などは扱いにくい存在であった。明治6〜7年にかけて「山野官民有区分」が行われ、多くの入会地は官有地に取り込まれた[16]。自然資源が基本的に私有か国有かという、二者択一のカテゴリーに分けられたのである。農民が入り会う共有資源が否定され、二者のどちらかに分けられた時点で、入り会うコモンズの制度は

---

[16] 但し、入会関係は借地料を支払いながら継続された。

衰退を始めたのである。機械論を背景にする近代化が、生命論のコモンズを衰退させたのは、当然であったのかもしれない。

コモンズに関するこの説明から、日本の国家制度が成立する近代化の過程で、自然資源の共同利用というコモンズの制度が衰退したことが分かる。これは時代の大きな変化が狭義のコモンズに与えた影響である。それは都市社会の公のコモンズについても同様である。近代化以前においては、地域社会にも公共を担う役割があったが、その多くが近代国家に吸収された。

江戸時代の「四公六民」は年貢の取り立てであるが、江戸の町の行政でも同様に四割はお上の役割、六割は市民の役割という民営の政策であった。例えば、江戸の市民意識は高く、でこぼこの道を直し、水路のどぶさらいをして、街路樹を保全したのは町民たちであった[17]。自分たちの環境を整えるそれらの仕事は、市民の「自発的共同行為」であった[18]。それもコモンズである。江戸の市民意識は高かったのである。明治以来、近代国家が担う公共の事業に、その住民のコモンズが吸収されるにしたがって、市民の自発的な共同行為は衰退した。

表8-1　伝統的社会のさまざまなコモンズ

自然・環境・福祉・教育・防犯・防災など広範囲にわたるが例えば下記の分野
山野河海の自然資源の共同管理と利用
・山野の入会制度（緑肥、放牧、…）
・農業用水の利用（水利組合、施設維持管理）
都市の公共管理
・道の補修、街路樹の保全、水路のどぶさらい…
教育（寺子屋）
近隣社会の相互扶助
・冠婚葬祭、祭り、農作業（田植え、収穫、…）
・屋根のふき替え作業など無数の助け合い

---

[17] 杉浦日向子「お江戸の水と緑は計画的に育成された」赤瀬川原平ほか『都市にとって自然とはなにか』農山漁村文化協会1998、p.95による。
[18] 山崎正和『二十一世紀の遠景』潮出版社2002、p.263には以下のように述べられている。「近代国家の成立以前には、多くの公共活動、社会の運営にたずさわる仕事は、今でいうNGOやNPOによって行われ、参加者は多くがボランティアであった、といえなくもありません。その場合、一つのコミュニティを統一していたものは、同じ言葉を話し、同じ暦を使い、同じ祭祀に従う、文化的な共同体の意識でした。人びとは意識化された法や制度ではなく、日々の生活習慣、文化的伝統というもので結ばれていたわけです」。

ところが、人びとが存在する限り、コモンズは消滅しないものである。なぜなら自発的共同行為は、生命システムである人間社会の本然的な表れだからである。しかし、自発的共同行為を制約し不要にする政府[19]の存在によって、それが弱体化することを近代の歴史は示した。そして政府の能力には限界があるために、コモンズの復興が必要であることも、現在、私たちは自覚しつつある。

また、個人主義に支えられた「近代の個人」もコモンズを衰退させてきた。助け合うという長所があるけれども、人間関係の煩わしさという短所も伴う共同行為を、私たちはいやがったのである。つまり個人主義の風潮が人びとに「個人の自由」を選択させたのである。これについては第4章で詳しく触れた。

その個人主義も「他者の不在」という世相[20]となって表れている。しかし、他者不在の自己には、個としての人格形成も不全である。個人主義ばかりを追求すると個が確立されない[21]、という皮肉な逆説をもって、個人主義もまた私たちに反省を迫っている。

これらはともに「近代」のもつ欠点である。その克服へ向けて、世界は私たちにコモンズの復興を促していると思う。人間が存在するかぎりコモンズは必要なのである。

2. コモンズの衰退

人間社会が形成するコモンズは古今東西に普遍的に存在していた。伝統的な村落社会では、山野河海の自然資源はコモンズ的な利用管理がなされてきた。現在、世界の人口の大部分を占める発展途上国においても同様である。その多くの国では、特に近代国家あるいは独立国家の形成以降、経済発展の成否

---

[19] 私人の敷地の外の公共空間においては、違法の広告を取り除くことさえ、私人が自由にすることはできない。すなわち公共空間の行為は多くの法律によって制限されている。

[20] 他者不在の世相とは、個人主義的あるいは利己主義的な社会的風潮の中で、人びとが他人の存在をあまり気に留めなくなった傾向。その結果コミュニケーションも不全になる。

[21] 他者との関係性で人の人格が形成される。たとえば寛容な人格とは他人との関係性の特徴である。他者不在の社会では、他人との相互作用による人格の鍛えが少ないので、個人の人格の確立さえも不十分になる。

に係わらず自然資源の劣化が進んでいる。そのような自然資源の劣化にはさまざまな要因が係わっている。

それら要因の多くは近代化によって引き起こされたものである。例えば生産技術の高度化、商品経済の普及、教育の普及と価値観の変化、伝統的社会の変化、行政権力の集中化、所有権制度の変化、貧富の階層分化などが、伝統的な自然資源の管理システムを崩壊させている[22]。これらは私の前著『開発と環境-共生の原理を求めて』で詳しく説明した。この伝統的な自然資源管理システムというのは、とりもなおさず狭義のコモンズのことである。

近代化とともにそのコモンズが衰退している現象が途上国に広く進行している。それが貧困層住民の増大の原因にもなっている。前述の要因のすべては近代化の現象であり、それらを促進したおおもとは国家の制度や個人主義であったと言える。但しそれは近代化を全面的に否定するものではなく、近代化で生じたマイナス面の改善を私たちに要求しているのである。

国家制度の一つである所有権について言及しておきたい。日本の明治時代に実施された所有権制度すなわち「山野官民有区分」について第2章で紹介したが、それと同様に、現在の発展途上国においても近代国家が成立した後、コモンズとして地域住民によって管理されていた、山野河海の自然資源が国有化された。その結果は、自然資源の適切な管理ではなく、無秩序への後退であった。国有化がもたらしたのは、「地域住民の自然資源（コモンズ）」から、「誰のものでもない自然資源」への変化である。人的および財政的リソースの不足する国家はその自然資源を適切に管理できないし、「誰のものでもない自然資源」は地域住民も含めて誰も守らない。というより地域住民はそれを守る資格さえも与えられていない。自然資源の国有化は自然を維持管理する主体の消滅を意味し、その資源が不特定多数の人びと[23]によって無制限に利用される結果になる。

このようにして自然資源は利用し尽くされて自然破壊がもたらされる。先

---

[22] 中島正博『開発と環境―共生の原理を求めて』渓水社、1996、p.44 を参照。
[23] それは富裕層かもしれないし、貧困層かもしれない。

進国では国民の大部分は都市に住み、彼らの生計の手段は都市に集中している。しかし人口のほとんどが農村に住む途上国において、近代化の過程で生計の手段を失った人たちは[24]、国家の所有する「誰のものでもない」資源を利用せざるを得ない。そのような状態は「オープンアクセス=open access」と呼ばれる。すなわち自然資源にアクセスできる人たちが限定された（クローズド=closedの）コモンズ[25]ではなく、誰もが無秩序に利用するオープンの状態の自然である。

　もちろん国有の場合、自然資源の所有主体の政府にはそれを守る責任がある。しかし、資源を利用する人びとの貧困の故に、政府はしばしば見て見ぬふりをすることが多い。あるいは国家は往々にして、自然資源を維持管理する「政治的意思」に欠ける。このように、**途上国住民の貧富の格差や政治・社会構造が原因で、自然の劣化は広く進行している。**

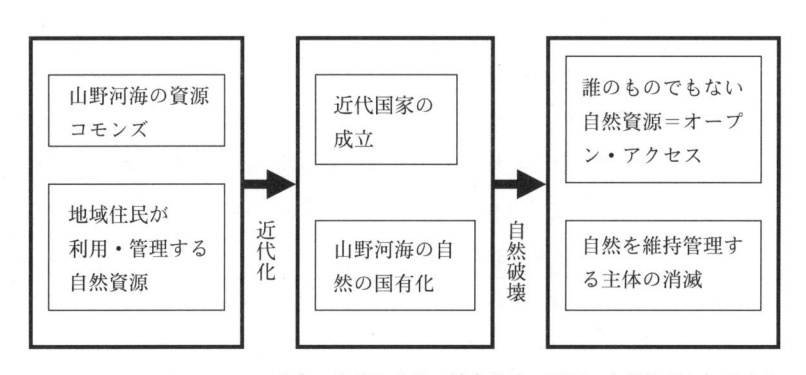

```
┌─────────────┐       ┌─────────────┐       ┌─────────────┐
│ 山野河海の資源 │       │ 近代国家の   │       │ 誰のものでもない│
│ コモンズ     │       │ 成立        │       │ 自然資源＝オープ│
│             │  近   │             │  自   │ ン・アクセス  │
├─────────────┤  代  ─┼─────────────┤  然  ─┼─────────────┤
│ 地域住民が   │  化   │ 山野河海の自 │  破   │ 自然を維持管理す│
│ 利用・管理する│       │ 然の国有化  │  壊   │ る主体の消滅  │
│ 自然資源    │       │             │       │             │
└─────────────┘       └─────────────┘       └─────────────┘
```

貧富の格差や政治・社会構造の原因で自然管理が無秩序化

図 8-3　近代化によるコモンズの衰退

---

[24] たとえば旱魃による不作が原因で借金を返せず、担保にしていたわずかの土地を取り上げられることがある。

[25] そのようなクローズドの利用の方法については、本書の第 2 章第 3 節 5「網羅的な規制」として説明した、江戸時代の入会を含む森林利用の権利の例を参照されたい。

3. 新たなコモンズの創出

近年、発展途上国の自然資源を管理する制度に新たな動きがある。近代国家を形成した時から、国が所有つまり「囲い込んだ」自然資源を、再び地域住民に戻そうという試みである。生業のために自然資源を利用する村落の人びとが、持続的にそれを利用しながら自発的に共同して保全する、というコモンズの力が改めて見直されている。これは第7章第2節で述べた開発と環境保護の一致の例であり、特に「開発と環境の相補性」の具体例でもある。さまざまな地域でコモンズ再生の試みが行われている。それはまだ小さな流れかもしれないが世界で広がっている。最近報告されたそのような例を数例紹介しよう。

(1) グアテマラの例

最初の例[26]は中米グアテマラの「マヤ生物圏保護区プロジェクト」である。マヤ文明は800年前に衰退を始めた。農業生産のために森林を犠牲にしたからではないかという説がある。そして現在も、生活するために森林を畑にする人びとがいる。過去の悲劇を繰り返さないために新たなプロジェクトが始められた。保護区の森を守るために、森と人を分断する方法と、森と人が共存する方法が考えられたが、このプロジェクトは後者の道を選んだ。それは保護区への立ち入りを禁止する従来の発想を覆すものであった。

このプロジェクトは地元住民に25年間の森林の使用権を与えた。森林の伐採も含めてさまざまな森林の産物を使用する権利である。地元で育った人たちは森を利用する豊富な知識を持っている。自然資源の経済的な価値にも通じている。そのような知識を生かして、人びとは多様な生計の手段を開発することができた。木材加工もその一つである。その結果、老若男女の皆が働ける場を創りだしたのである。彼らは森林の使用権を得る見返りに、森林を畑にしないよう監視する役割を負う。森林を利用するためには森林を守らなければならない。住民が森を守るための動機は、森の使用権によって保障されている。

最初このプロジェクトは成功しないだろうと言われたが、保護区の森林保護

---

[26] カナディアンテレビジョンファンドの制作番組（1999年）が、NHKワールドドキュメンタリー「地球環境　共生への模索」と題して報道された（2003年）。

は確実に成功した。プロジェクトでは住民が組合に参加して、知恵を出して互いに学びあい、情報を共有して問題解決の努力をした。それは住民同士の共同による、住民自身のエンパワーメントである。それは、住民参加による自発的な共同行為、というコモンズの定義にかなっている。

しかしすべてが地元住民の共同行為というわけではない。なぜなら国有化という森林の囲い込みを行った国家が、まず森林の使用権を住民に「返還」する法的な保証が必要だからである。**国家の法制度の支配下にあるそのような自然資源の管理は、政府と住民のパートナーシップによる共同管理（co-management）の方式が必要になる。**

(2) ジンバブエの例

第2の例[27]はアフリカ・ジンバブエの土地と野生動物を含む自然資源の管理である。植民地化される前のこの地域では、豊富な野生動物は住民の食料資源であった[28]。しかし「ローデシア」では1890年の植民地化以後、野生動物は国家財産とされて、アフリカ人はそれを資源として利用できなくなった。それに加えて、野生動物は彼らの農作物や家畜を荒らし、彼ら自身にも危害を与える存在になった。住民や家畜が襲われ農作物が荒らされても、国家財産の野生動物に対して住民が反撃できないので、野生動物は人間を恐れなくなったからである。

このように**野生動物が国有化されたことにより、それ以前の人間と野生動物の関係が崩れたのである。資源として利用できるからこそ保全もしていた野生動物（コモンズ）が、一方的に国有化されてしまったために住民の資源ではなくなり、住民にとっては殺す方がよい有害動物の存在になった。さらに、殺せば象牙などが収入になる。野生動物が国有化された後に密猟が横行したのは、そのようなことが理由である。野生動物が住民のコモンズでなくなった時に、**

---

[27] この事例は Wim Olthof, Wildlife Resources and Local Development: Experiences from Zimbabwe's CAMPFIRE Program, in J.P.M. Van Den Breemer, et.al. ed., *Local Resource Management in Africa*, John Wiley & Sons, 1995, pp.111-127 による。

[28] それはコモンズ資源であり、何らかの社会的規制（たとえば村の長老の判断）により、持続的に利用されていたはずである。

それがオープンアクセスの対象となり、密猟によって絶滅の危機に瀕したのである。

その後、1920年代に政府は野生動物保護を開始した。保護地区が設定され地区内の住民は立ちのきを強いられた。保護地区の設定によってバッファローやゾウの個体数が増えた。1980年の「ジンバブエ」としての独立後に「CAMPFIRE (the Communal Areas Management Program for Indigenous Resources) プロジェクト」が開始された。プロジェクトの目的は地域住民がその地域の資源（土地や動物）を持続的に利用し管理することである。つまり地域社会が彼らの自然資源を自ら管理し、その資源から利益を得られるような、制度的なシステムを提供することである。さらに、それにより地域社会のエンパワーメントと農村開発を促進することである。

住民が野生動物を持続的に利用するという、人間と野生動物の共存関係が植民地化以後に崩れてからは、前述の説明でも分かるように、この両者の共存が最も重要で困難な課題であった。野生動物が人間にとって有害ではなく有益な存在にならなければ、人間と野生動物が長期的に共存することは難しい。そのため、このプロジェクトでは野生動物を保護し利用することによって、住民が利益を得る仕組みを作ろうとしたのである。

たとえば野生動物の見学（サファリ）、観光用の狩猟、皮や象牙などで収益を得た。その狩猟は動物の個体数を管理する一環として行われた。動物と共存することで、住民は畑を荒らされたりするコスト（犠牲）を支払うが、同時に住民が利益を得る仕組みが不可欠である。そうでなければ共存はできない。このようにコストを支払う人びとと、利益を得る人びとが一致する、という互酬性が共存の必要条件である。植民地化以前と比較して変わったのは、野生動物と共存する住民の利益が食料資源から観光資源になったことである。

野生動物と共存するこのプロジェクトの制度はコモンズだろうか。このプロジェクトでは地域資源を利用・管理するコミュニティとして150世帯以下の小規模の村が選ばれた。資源管理の規則について人びとが合意しそれを守るためには、お互いに顔の見える小規模の共同体社会が望ましいからだ。地域資源を住民が利用管理するシステムを実現したことは、自発的共同行為としてのコ

モンズの特徴を備えている。しかしそのようなシステムがトップダウンで住民に提供されたことは、伝統的なコモンズとは異なる点である。従ってこのプロジェクトはグアテマラの例と同様に、**政府と住民のパートナーシップによる、資源の共同管理（co-management）**と言えるだろう。そして目指す方向はコモンズであろう。

(3) メキシコの例

　第3の例は私が実地調査をしたメキシコの灌漑事業である[29]。中南米諸国は1980年代に膨大な累積債務を抱えた。メキシコ政府は深刻な経済危機に対処するために、1986年に財政政策を変更して国内経済の民営化を開始した。その政策の一環として、農業灌漑施設の管理を国家機関から農民組織に移管する、全国的な制度改革を1989年に開始した。その法的な基盤整備としてメキシコ政府は1992年に「国家水資源法」を発布した。そして、国によって管理されていた全国340万ヘクタールの灌漑地区のうち、1997年までに290万ヘクタールの灌漑施設を、灌漑地区に設立された農民組織の管理に移した。

　灌漑施設を移管する方針を政府が最初に発表した時、それを受け入れることに農民は躊躇した。なぜなら政府が管轄する灌漑地区の用水供給は、それまで全面的に政府機関の責任であり、用水や灌漑施設を農民が管理した経験がなかったからである。しかし財政の悪化も原因して、政府機関による用水管理は不十分であり、用水供給に伴う汚職もはびこり、農民は政府機関のやり方に満足していなかった。結局、農民は灌漑管理を自分たちで行うことを選択して、農民組織である水利組合の設立に向けて動き始めた。

　農民たちは非常に多くの会合を重ねて水利組合について話し合った。どの組合でも話し合われた最も大事なことは、設立する水利組合の規模と水利費の額であった。灌漑地区を組合という共同体で管理するためには規模の小さい方

---

[29] Masahiro Nakashima, End-users' Governance of Natural Resources: Irrigation Management Transfer in Mexico,『広島国際研究』第4巻 1998年 pp.1-16 および Masahiro Nakashima, User's Governance of Irrigation Water: On-going Reforms and Potentials, in *Water and the environment: Innovative issues in irrigation and drainage*, Routlege, 1998, pp.318-327 による。

がやりやすい。しかしそうすると「規模の経済[30]」により水利費は高くなる。話し合いの後、両者のバランスを考えたうえで、農民が支払う水利費の額は、施設の維持管理コストを賄えるように決められた。

　この例も最初は政府によるトップダウンの制度改革である。政府が運営できなくなった潅漑施設を、農民による共同の利用・管理に任せるための改革であった。政府主導による改革ではあったが、農民は組合の設立へ向けて自発的に動き始めたし、組合が設立されてからは農民の自発的な参加が行われた。**水利施設の所有権ではなく利用権が、契約によって水利組合に対して保障された**。グアテマラの例でもそうであったように、住民の権利が法律で長期的に保障されることが、持続的な資源管理において特に重要な点である。国の機関と水利組合は共同して資源管理を行っており、先の例と同様にこの場合も、**国と水利組合による共同管理（co-management）と見なせるだろう**。

(4) ザンビアの例

　最後の例[31]はアフリカ・ザンビアの内水面漁業である。ザイール川最上流の源流あたりに位置する、バングウェウル・スワンプと呼ばれるアフリカ最大の沼である。この地域で50年以上にわたって持続的な商業的漁業が営まれている。

　スワンプでは5種の漁法が用いられている。その漁法ごとに採れる主な魚種が決まる。漁民によって漁法の分散化が行われており、特定魚種に集中することなく、漁撈活動を行っている。それはスワンプ生態系の維持のために好ましい漁である。

　この魚の大半は交易人によって大消費地に運ばれる。その消費地では魚種に応じて明らかに価格差が見られる。ところが、スワンプの生産地で交易人が魚を仕入れる時には、どの魚種も同じ価格で販売するよう漁民組合が取り決め

---

[30] 「規模の経済」によれば、各水利組合に属する農地が広く農家数が多いほど、各農家が負担する管理費が小さくなる。
[31] この事例は、市川光雄「漁撈活動の持続を支える社会機構」大塚柳太郎編『地球に生きる3 資源への文化適応』雄山閣 1994、pp.195-218 による。

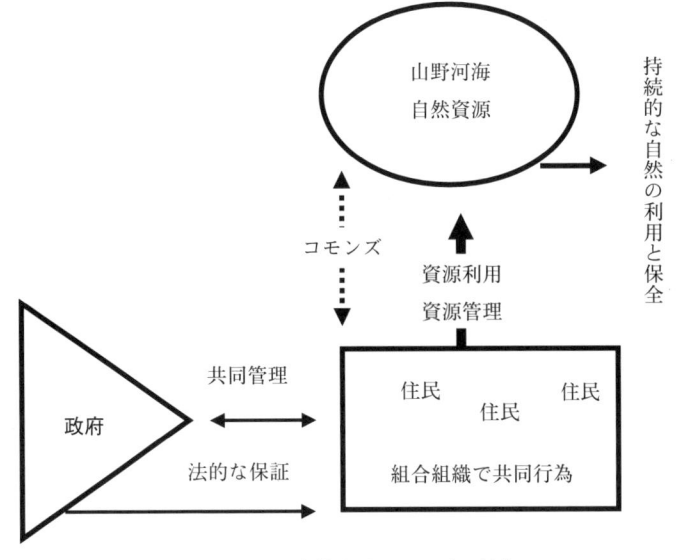

第 8 章 持続可能な社会の発展に向けて―コモンズの再興　283

図 8-4　自然利用コモンズの創出

ている。つまり1キログラム当たりの価格は魚種に係わらず同じである。また交易人は消費地で高く売れる魚をたくさん仕入れることを望むが、漁民はそれを許さず、いろいろな魚を混ぜて売るようにしている。

　もし消費地における魚種ごとの価格差がスワンプの生産地でも認められたら、漁撈活動はよりもうかる特定の魚種が捕獲される漁法に集中的することになる。その結果、スワンプの特定の魚種の生息数が減少し、その漁業資源の枯渇を招く。さらにスワンプの生態系をも狂わせて、自然利用の秩序にまで影響するだろう。この例を報告した市川は次のようにスワンプ社会の知恵を説明している。

　「市場経済のもとにおける人間行動の大きな特徴は、競合する個人が各々の利益の最大化を目指すということである。市場経済における競合的状況のなかでは、生産は絶えず拡大しつづける。これに対して自然の持続的利用にとっては、人間―自然関係の平行維持と社会の安定が不可欠である。（中略）バングウェウルの漁民社会はこれまでのところ、市場経済との間にある種のバッファ

を設けることによって、そうしたことに成功しているようにみえる。われわれが、消費地における魚種間の価格差と、スワンプにおけるその否定という対立図式のなかに読み取るべきことは、あくまでも自分たちの自然の生態的秩序に応じたかたちで、市場経済を受け入れようとする漁民自身の主体的な選択と、それに基づく地域経済の論理であろう」。

　バングウェウル・スワンプの持続的な漁業の社会秩序は、漁民社会が漁法、漁撈活動、漁価などを相互に調整した結果である。それは自発的共同性すなわちコモンズによる資源の利用・管理である。

　以上の4カ国の事例で興味深いのは、いずれも**資源利用の共同体、その多くは利用者の組合の形で、それぞれの資源を利用管理している点**である。それは**資源をコモンズとして持続的に利用する際の必要条件**と考えられる。第2章で紹介した日本の森林の入会利用においても、村落共同体が持続的な資源利用を管理する役割を果たしていた。**共同体の構成メンバーに資源利用の規範を課して、その規範に違反した場合の処罰は共同体が担わなければならない**。資源の利用者が共同体やグループを構成することなく、不特定多数の個人の集まりの場合は、資源の持続的利用の規則も処罰もないままに、先に述べたオープンアクセスの資源利用が行われて、資源が食い潰されて枯渇する可能性が高いのである。これが、資源の持続的なコモンズ利用において、利用者による何らかの共同体が必要な理由である。

(5)　日本の例

　日本では、近代化以前に森林や山野が入会地として利用されていた。その多くは近代法の下で解体されたが、山間地域でわずかの入会地が細々とまだ生き続けている。それは村落共同体によって管理されてきたコモンズである。しかし現在、林業が産業として不振であること、近代化、市場経済化、都市化などの潮流の中で国民が森林利用から遠ざかったこと、などの理由で、日本の人工林は維持管理が十分になされない危機的な状況に直面している。その危機の根本的な原因は、やはり第2章で述べたように、人びとが森林を利用しなくなったことである。

その原因に気づいた人びとによって、現在人間と自然が共存する活動が広がっている。その典型的な例は、都市や農村の市民による里山の維持・保全の活動である。まさに自発的な共同行為として、市民がNPOなどのグループを立ち上げて、里山を利用し維持保全する活動である。それは「新たなコモンズ」の創造と呼ぶにふさわしい動向である。日本の里山保全の事例は、国内で報道されるケースが多いので、ここで具体例は紹介しないが、都市と農村の交流として次節で触れたい。国や自治体の行政もそのような市民活動を支援している。

新たなコモンズ創造の動きは里山に限らない。里山以外の自然、たとえば棚田、川、海岸など数多く、コモンズのこれからの可能性は大きいだろう。さらに、新たなコモンズの創造は自然に限らず、人工的な都市施設までもが対象になっている。たとえば都市の道路、並木、公園、などとその拡大の可能性はやはり無限であろう。都市の公共物をすべて行政の管理に任せる必要はない。もしその施設の利用者が特定多数の人たちであれば、その人たちが利用しやすい管理形態にして、利用する市民が管理に参加することが、望ましいのではないだろうか。公共物を市民がすべて管理することは無理であるとしても、**市民と行政が共同管理（co-management）する**ことが現実的である。そのような都市型のコモンズの創造については次節でさらに述べたい。

第3節　地域づくりのコモンズ創造

地域づくりは私たちの最も身近な「持続可能な開発（発展）」の場である[32]。自然環境を改変する開発・発展も、社会システムの開発・発展も共に、第7章第2節で強調したように、「人間」を原点に発想し、人間の「生活」や「生活の質」を目的にするべきである。その開発・発展は、私たちの社会をどうするのか、という私たちの選択である。それは私たちの「公的領域」をどうするの

---

[32] 「開発」とは必ずしも自然を改変する行為ではなく、本書では人間社会の「発展」と同義に考えている。英語ではどちらもdevelopmentである。

か、ということであり、本章のコモンズが大いに貢献できる可能性がある。本節では自発的共同行為によって「人間の必要」に応える地域づくりを考えたい。

1. 地域社会の劣化から再生へ

私たちの住む社会はコモンズの衰退による公共の問題を抱えている。その多くは近代化による、自発的共同行為の衰退に起因するが、近代化を進めた政府が公共のすべてを担うことは困難であることも判明した。そこで地域社会がコモンズの力を再び発揮して、地域の課題を解決して地域の発展に貢献することが求められる。

(1) 共同の退化

私たちの近隣社会で起きている、さまざまな問題の多くは全国で共通している。そのような社会問題解決のニーズに応えるべく、NHKテレビは2003年からシリーズ番組を開始した。題して「難問解決！ご近所の底力」である。これまでに扱われたテーマを列挙すると、ゴミ出しマナー、ゴミの分別、ゴミ減量、ゴミ置き場のカラス対策、ペット動物の糞害、老人の閉じこもり、増えた外国人との付合い、祭りの復活、商店街の閉店に伴う買物の不便、放置自転車、地域の交通弱者、不審人物からの児童保護、サルから町や村を守る、ハトの糞害からマンションを守る、空き巣から町を守る、ひったくりから守る、放火から町を守る、故郷の親を世話する、などである。

これらの地域の問題の多くは、地域住民の相互の協力関係が衰退したこと、つまり人間関係の希薄化が大きな原因である。地域の「環境」の維持は「私」を超えた「公的な領域」の課題である。福祉・防犯・防災なども「公的な領域」として地域住民の協力が不可欠である。しかし、商店街が「シャッター通り」になり、近所での買物が不便になるという問題は、個人主義や市場経済といった社会の傾向や制度（大状況）の結果でもある。このように地域にとどまらず、広いレベルの社会・経済の変化に起因する問題もあるが、地域の共同と知恵で解決できることもあるはずだ[33]。

---

[33] 市場経済という大状況に対して、ローカルの知恵で生態系を維持した、本章のザンビアの例を思い出して欲しい。

多くの地域の問題は、近代化による社会変化の後、地域を維持していたそれまでの近隣関係が衰退して、新しい相互扶助の仕組みが未発達であることに起因している。近代化の中で「私」の領域は個人主義とともに拡大したが、その反面、市民の間の公的領域が縮小したために、私たちが「個人主義のしっぺ返し」を被っている現状にある。これはまさに「コモンズ（公）の退化」ではないだろうか。

これらの地域の問題は個人主義のみに原因があるわけではない。近代化とともに成立した国家は、全国を共通の政策や法制度によって統治しようとした。それまでの各々の地域には、伝統に根ざした地域の文化が存在していた。その文化は地域の公的領域を管理してきた。その公的領域の最大の対象は、自然資源や環境であり、地域の伝統の継承であり、相互扶助の仕組みや慣習である。

しかし、国家が全国一律の制度を普及させる過程で、地域の伝統的な制度は旧習・旧弊として、軽視されあるいは否定された[34]。それが「近代化」であり「発展」であり、今も発展途上国を含む世界で進行している。そこに地域の公的領域が衰退した根本的な原因がある。

また個人主義とともに発達してきた市場主義経済にも、自発的共同行為としてのコモンズが衰退した原因がある。市場経済は人びとの必要や欲望をすべて商品化する働きがあり、地域社会の相互扶助なども貨幣経済化され不要になった。地域共同体の崩壊を促進した、これらの要因にも目を配らなければ、これからの地域社会の再構築はできないだろう。

(2) 政府の限界

そして現在、地域社会に何が起きているか。その例が自然・環境・福祉・教育・防犯・防災などの社会問題であり、前述のテレビ番組「難問解決！ご近所の底力」を必要にしたのである。これらの社会的なニーズには、昔は地域社会も役割を担い応えていたが、近代化の過程の中で、国家が地域社会からその役

---

[34] 古いものを軽視して新しいものを求める風潮は古今東西に共通であるが、近代化の過程でもそれが顕著である。

割を取り上げ、あるいはその行政の下に位置づけてコントロールしようとした[35]。しかしそのようなトップダウンのアプローチには問題があった。すなわち国や自治体の過大な財政負担もさることながら、それ以上に人びとの「行政＝お上」への依存心を増幅したことが問題だろう。公的領域を行政に任せたために、人びとが公的領域に関わることは不要になり、地域に無関心になった。その結果、地域社会を守り育てようという、人びとの「共感」も衰退した。これらは私たちの心に係わることでもあろう。

　まず、「お上」への依存心というのは、公共の必要を満たすのはすべて政府の役割である、という住民の意識である。「お上」がすべてのサービスを供給してくれる社会では、公共を担う人びとの自発的な共同行為は大きく育たない。英国のように「揺りかごから墓場まで」の福祉国家を目指した国では、特にそのような傾向が見られた。また、政府が国民のすべての面倒を見ることが不可能なのは、財政上の制約から今や明らかである。私たち市民はすでにそれを自覚しており、その点で「お上」への依存心は次第に克服されるだろう。

　次に、本書のテーマとの関連でより大切な問題は人びとの「共感」である。つまりそれぞれの地域の人びとは、自然・環境・福祉・教育・防犯・防災などの共通（コモン）の課題や必要に直面して、人びとの「共感」から自発的共同行為の準備ができる。そして共同行為のリーダーが現れ、組織的な行動に発展してゆく。その共同行為が自生的な「地域力」として、地域の人びとの生活を支える。それが、政府のサービスの届かないところで力を発揮する。

　例えば1994年の阪神・淡路大震災の時に、倒壊した家から被害者を救出したのは、行政ではなく、多くの場合地元で自発的に動いた住民であった。また行政サービスとは異なり、**相互扶助は住民の共感をベースにする自発的な意志（心）に支えられている**。自発的な意志に支えられる柔軟な共同行為（コモンズ）と、確立された組織と法律に支えられる画一的な行政サービスは、異なる基礎の上に成り立っている。両者はともに必要であるが、公的領域において、

---

[35] たとえば、寺子屋で行われていた日本の教育は、近代国家が成立してから、全国で画一的な制度に統一された。

それぞれ異なる役割を担うべきであろう[36]。あえて二分法で特徴付けると、それは生命論（自発的な共同行為）と機械論（制度による行政行為）の役割と言ってよいかもしれない。

(3) 地域力の回復

　自発的共同行為の触媒となる「共感」は、本来政府が提供できるものではない。政府が住民の共感を促進することには限界があるし、コモンズの厳密な定義にも反する。人びとが共通の問題に接して、互いに共感し合うのは、心の領域に属する。地域で課題を共有する人びととの間で生じる感情、あるいは遠く離れていても何かの課題を共有する人びととの間で生まれる感情がある。そのような共感に支えられた共同行為がコモンズであり、それは「地域力」と呼ぶに相応しい地域の文化でもあろう。

　「地域力」は特別に新しいものではなく、近代化の過程で地域の文化が弱体化する以前は、伝統的社会で人びとの生活を支えていた。**生業を支え、自然・環境・福祉・教育・防犯・防災などの公共の役割を担ってきた**[37]。そして現在、地域力の衰退に困った市民が、再び「コモンズの力」の必要性に目覚めたのである。「ご近所の底力」が求められる背景には、このような歴史的な背景と意味があるのではないか。言葉を変えれば、**市民自身の「公共性（公的領域）の回復」**でもある。それはまた第6章1節で述べたような、自己超越や自己同一化が可能な、「他者」との「関係性に生きる人間」の回復とも言えるだろう。

　現代社会で市民の「草の根」活動が「雨後の竹の子」のように自生し始めた。それは近代化の過程で削り取られた「市民の力」、あるいは「社会のエネルギー」が、息を吹き返している状況であろうか。政府や企業の活動と比較して力が弱まっていた、市民セクターの復興が現在盛んになりつつある。そのような新たな動向を次に紹介したい。

---

[36] 二つの公共サービスの両極の例として、全国画一の法律の番人である警察と、各地で多様な町づくりを担うNPOが挙げられる。

[37] 本書第7章で述べたように地域の文化は山野河海の自然を保全する規範を含んでいる。地域の大人たちは広い意味で子どもの教育の役割を担っていた。また、隣近所の繋がりは防犯の最大の力であった。

2. 市民セクターの再興
(1) NPOの誕生

　市民セクターの復興として現在顕著な動きが見られるのは、非営利団体NPOの誕生と活動である。「特定非営利活動促進法（NPO法）」に基づくNPOは、その目的が明確に定義され、自治体による認証が求められる。また事業報告を公開することが法律で定められているので、その活動が外部から見えやすい。平成10年に施行され平成15年に改定されたNPO法は、NPO法人が活動できる17分野を挙げている。つまり保健・医療・福祉、社会教育、まちづくり、文化・芸術・スポーツ、環境保全、災害救援、地域安全、人権擁護・平和の推進、国際協力、男女共同参画社会の形成、子どもの健全育成、情報化社会の発展、科学技術の振興、経済活動の活性化、職業能力の開発又は雇用機会の拡充、消費者の保護、およびこれらの活動を行う団体を援助する分野である。これらの公的な利益、つまり公益を促進することが、NPO法に基づくNPOの目的である。ただし、市民の自発的共同行為のうち、そのようなNPOの形式をとるのはごく一部である。

(2) 自然環境の維持管理

　市民の自発的な共同行為、つまり広義のコモンズの対象となる分野は多岐にわたる。「自発的な共同行為」の性格上それは当然である。先ず自然の保全を目的にする活動にはどのようなものがあるだろうか。近年、全国的な広がりを見せている活動が里山、棚田、湿地などの保全である。住民や農家に利用されなくなって荒廃が進む、里山や棚田を活用する市民グループが増えている。

　単にボランティアとして自然環境を維持するだけでなく、里山を資源として活用し、炭やキノコなどの森の産物を市場へ送り出している団体もある。営利は活動の目的ではないが、人間の営みを生産・販売・消費・廃棄・生産・…という、物質や経済の循環から切り離すと活動は長続きしない。逆にその循環の中に組み込むことが望ましい。循環の関係性の中で生きるのが人間であり、社会の中で役割を担うことが自己実現の必要条件だからだ。そのような市民グループの活動もコモンズの一つであり、第7章第1節の最後に述べた人間と自然との交流・対話の営みである。

第 8 章　持続可能な社会の発展に向けて―コモンズの再興　291

　農村の棚田を都市住民に貸し出す「棚田オーナー制度[38]」も全国に広がっている。また果樹園の木のオーナー[39]や畜産牛のオーナーなど、都市住民がさまざまな「自然」をサポートする仕組みが普及しつつある。市民の寄付で土地を買い取る、ナショナル・トラスト運動は日本でも実施されるようになって久しい。このような制度は自然環境の保護・育成においても大きな可能性がある。また広島市は子供たちの参加による「みどりの里親制度事業[40]」を実施している。

　これらのオーナー制度、ナショナル・トラスト制度、里親制度などは、人間が自然・環境と特定の「関係」を結ぶことにより、その自然・環境に対して私たちが責任や愛着の感情を抱き、それを動機にして生活環境や自然環境の維持・管理・育成・創造を行うのである。それは自己超越や自己同一化の一つの形と言えるだろう。自然との交流・対話という関係を積極的に作ろうとするものである。

　それは、近代化の過程で人間と自然が分断されて、私たちが、そこに生じた人間の孤独に気づき、再び自然との関係を回復しようとする、一つの潮流であろう。これらの制度は、そのような精神的な意味の大きい社会の動向を示していると思う。私たちの「生活の質」を追求する上でも、忘れてはならない動向ではないだろうか。それは自発的共同行為としてのコモンズの一つである。

(3)　都市施設の維持管理

　都市型の新しいコモンズの形として、都市施設の「里親」制度の可能性も大きい。例えば広島県では 2000 年から「道の里親」制度が始められた。それは地域住民が県の管理する道路の清掃や緑化作業を行う制度である。2004 年 3

---

[38] 町おこし・村おこしを目標にして、棚田の自然を保全する都市・農村交流のボランティア活動が全国で盛んになっている。

[39] ミカン、リンゴ、モモなどの果樹のオーナーになって、グリーン・ツーリズムの一環として収穫に参加する。

[40] 子供たちが、自分で拾った種子の植付け指導と里親登録を行い、苗木を家庭で育成し、再び山へ戻す作業をサポートする事業。里親団体が施設の維持管理をする制度とは異なる。

月までに126団体8400人が道路（総延長200km以上）の維持管理に参加している。

　自分たちの使う道路を自分たちの施設（資源）として利用し維持するのは、まさに伝統的なコモンズに近い形であるが、現実は必ずしもそれだけではないようだ。自治体が予算を節約するために、住民団体やNPOが行政の下請けを担う側面があるかもしれない。本来、行政は「お上」ではなく、市民に奉仕する立場であることを考えると、行政と市民の新たな関係で、この里親制度のさらなる発展が可能であろう。なお都市施設の維持管理においては、組織と法律に縛られた行政よりも市民の方が、自由で幅広い発想で対処することが可能である。

　道の里親制度でとられている手法は、さらに多様な分野に応用されている。**国土交通省は河川、道路、公園などの日常の清掃や管理などをNPOに任せる方針**[41]である。例えば、滋賀県の淡海のエコフォスター制度、徳島県のアドプト・プログラム吉野川、愛媛県の河川里親制度などの実績がすでにある。この里親制度は行政主導で始まったばかりであるが、住民主導による「環境自治」というコモンズの方向へ発展することが望ましい。自発的共同行為という市民主導の方向に発展しなければ、本当の意味でのコモンズではない。

　公園などの公共施設の計画に住民が参加することも増えてきた。自治体が実施する公園整備などに「ワークショップ」という形で住民が参加する制度である。広島市でも1996年以降、2000年までに7件の新規公園整備事業にワークショップを導入した実績[42]がある。このような**里親制度やワークショップによる市民参加は、町づくりを社会の主役である市民の手に取り戻す**、新しい時代の流れの始まりではないだろうか。

　但しそれは単に、行政の「お手伝い」であったり、施設維持の財政負担を軽

---

[41] 国土交通省のホームページでその概要を知ることができる。
[42] 広島市佐伯区美の里第三公園トイレの絵タイル張り事業が1998年に完成した。広島市安佐北区の寺山に整備する総合公園計画にワークショップを導入した（中国新聞2000年11月16日付け）。

減したりするだけであってはならない。市民による「行政への参加」というより、「社会への参加」、「公共への参加」であり、市民が「公共を担う」発想への転換である。社会の主体者としての市民が、自らの環境を守り創造する行動である。

　地域づくりの一環として、私たちは、「環境自治」のさまざまな方法やあり方を、これから創ってゆかなければならない。「環境自治」は多様な形をとりながら、緩慢ながらもこれから広く深く進んでゆくだろう。その多様な形の中には、市民の自発的共同行為としてのコモンズの発展があるし、市民と行政の「パートナーシップ」という共働のあり方も大切であろう。前節で述べた森林や水などの国の資源については、国の関与なくしては住民による自治的な利用管理もあり得ないからだ。そのような行政と住民の共働のあり方は、co-managementと呼ばれている。

(4) 福祉のコモンズ

　近年設立されているNPOの多くは、福祉とまちづくりの団体である。高齢化して過疎化する社会がその背景にある。最初に紹介する例は静岡県天竜市のある村のNPOである[43]。そのNPOは、地元の農産物を食材にするレストランを開店して、その収益を利用してお年寄りへの配食サービスを始めた。これは福祉NPOである。レストランを開店したのは、地元農産物の販売先として利用するためであるが、福祉活動を始めたのは、過疎化によって老人福祉の課題が深刻になったからである。

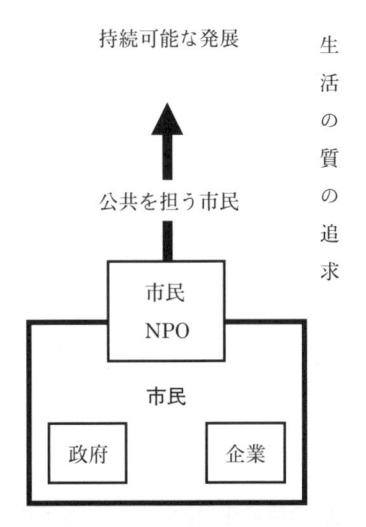

図8-5　持続可能な発展へコモンズの創造

---

[43] 出典はNHKの番組ETV2002「右手に起業・左手にボランティア、NPO・収益と福祉の両輪」である。

過疎化により人口が減少すると、人びとの助け合いもできなくなる。つまりコモンズの弱体化である。伝統的な助け合いのコモンズが弱体化したので、NPOの形で新たなコモンズが創設された。人びとが皆で力を出して、互いに支え合う自発的な共同行為である。今は支える側の人たちも、いずれは支えられる身になることを知っている。支え合う社会を作らなければ、将来は自分たちも支えてもらえない。それは互酬性の共感であろう。

　そこでレストランを営む自分たちのためだけでなく、地域の皆のために利益を使う道を選んでNPOを設立したのである。このようにして**自分たちの地域を守ることが生きがい**であるとの共感が生まれた。ここで大切なのは、利益を得ることに囚われないで、「生きる意味」の充実を選択したことではないか。それはカネという量で測る機械論の発想ではなく、生きがいという生命論の発想である。効率や利益を優先しなかったことに、**新たな価値を生み出す**NPOの本領が発揮された。

　第2の例は東京都墨田区の中小企業者が集まって設立したデイサービスのNPOである[44]。その中小企業者たちは、もともと不況打開のために集まる異業種交流の団体であった。設立に先立ち全国のデイサービスを見学したら、どこも同じようなサービスを提供していることが分かった。価格や時間のコストに釣り合うサービスを提供したため、同じようなデイサービスになっていたのである。

　そこでこのNPOはお年寄りに喜んでもらえるように、パソコン教室を含む多彩なメニューを用意した結果、たくさんの地区からお年寄りが集まるようになった。**人間を大切にすること、つまり人間の尊厳**を目的にして、「人間の必要」を満たしたので、より多くのお年寄りが喜んで集まったのだ。それとは逆に、もし価格やコストのみを基準にすると、人間の尊厳を侵して「人間の必要」をも満たせなくなり、デイサービスさえ成り立たなくなる可能性がある。先の配食サービスの例と同様に、機械論の発想（つまり採算という効率性優先）で

---

[44] 出典は前掲のNHKの番組と同じ。

はなく、人間の尊厳という生命論の発想が大切にされた。サービスを提供する側は、効率による評価のみに囚われず、第5章第1節で述べたように、「人間の必要」にとっての「意味」という評価を大切にした。それが人びとの間で共感され、自発的な共同行為が生まれて、喜ばれるデイサービスを提供できた。今、再び「人間」に立ち戻る時が来たのであろう。

(5) 地域通貨

　コモンズの衰退に対抗する新しい動きがある。それは最近「エコマネー」あるいは「地域通貨」と呼ばれる「貨幣」を流通させる運動である。エコマネーで取引されるサービスは環境保護、介護、福祉、コミュニティ、文化などに関するボランティア活動である。**助け合いをはじめとする、地域の人びとの関係性を拡大し促進することによって、現代社会の希薄化した人間関係を再び豊かに蘇生させることを目指している。**そうして地域住民の間で相互の「信頼」を醸成する効果が期待できる。

　エコマネーは、地域の人びとの日常生活で必要な多様なサービスを、そのエコマネーを使用する人びと自身の値づけで取引するものである。つまり通常の貨幣は「一物一価」であり、特定のサービスに対する価格は決められている。しかしエコマネーは「一物多価」であり、提供されたサービスに対して、エコマネーを使う人びとが自分たちの価値観で、支払額を決めることができる。従ってサービスの価値の大小に関して、人びとの多様な価値観が尊重されることになる。

　またエコマネーは地域内で流通する通貨であるから、資金循環による地域経済の活性化、物質循環の形成による持続可能な社会の構築に貢献する。それは広い意味での「地産地消」の可能性である。

　しかしエコマネーは通常の通貨に取って代わることを目指すわけではない。一物一価の通常の通貨は画一性や効率性が必要な場面で使用され、エコマネーは人びとの多様な価値観（生活上の意味）を尊重したい場面で使用する。前者は機械論の世界であり、後者は生命論の世界に相当するだろう。機械論か生命論かの二者択一ではなく、いずれも必要である。これはある種の平行通貨制度

であるが、国民通貨が18世紀に登場するまでは、人類の歴史上平行通貨制[45]が一般的だったのである。

このような特徴を持つエコマネーは、まさに地域共同体の回復を目指すものである。助け合いや人間関係を豊かにすること、さらに共感を促進し尊重することが主な目的である。人びとの多様な価値観を生かす一物多価の制度は、自発的共同行為の対価として相応しいものであろう。つまりエコマネーの制度とコモンズは相性が良く、エコマネーはコモンズ復興の有力な手段になり得ると思う。

(6) 人間の必要

現在NPO活動が社会で要求されている背景を考えてみよう。これまでに公共の利益の提供を政府が、そして私的な利益の追求を企業が分担してきた。その結果、政府と企業のみでは、「人間の必要[46]」に十分に対応できず、取り残されてきた部分がある。教育・保健・福祉・文化などNPOも担う分野である。法制度によって縛られた政府ではなく、人間の必要に柔軟に応えられる主体が必要である。政府の役割と考えられていても、「草の根」のレベルのように、政府の手の届かないことがあるだろう。あるいは企業の分野ではあるが、利益がないので見向きもされないことがある。そのような政府や企業の分野に、NPOの活動分野がまたがる[47]ことがあるし、縦割り（機械論）の行政をNPOが横断的につなぐことも可能である[48]。分断された政府・企業・市民をつなぐ役割である。機械論の世界に囚われて、分断や境界を超えられない時に、生命論は境界を超える発想ができる。

---

[45] 加藤敏春『エコマネー』日本経済評論社1998、p.ivを参照した。
[46] 山内昶『経済人類学』筑摩書房1994、p.214では、無限ではなくごく少数の有限な基本的ニーズとは何かの問いに対して、生存、保護、愛情、理解、参加、閑暇、創造、自己の意味づけ、自由の9つのニーズをM・ニーフの主張を通して紹介している。
[47] TV番組NHKスペシャル「変革の世紀5 社会を変える新たな主役」（2002年）では、低所得者用に住宅を改築して販売するアメリカ・ピッツバーグのNPOが紹介された。
[48] 有名な例として市民、小学校、漁協、森林組合、建設省（当時）をつないで、霞ヶ浦の水草アサザを再生させたNPOプロジェクトがある。NHKの番組ETV2002「湖よ・よみがえれ、NPO主導の公共事業」で紹介された。

つまり法制度と利益追求のみで不自由になった現代社会において、人間の必要に応える存在として登場したのがNPOである、という見方ができる。ただし、NPOは本質的には新しい存在ではなく、近代化以前の社会においてはコモンズとして、地域共同体が担ってきた役割である。地域共同体や市民社会を構成するべき、さまざまな主体が弱体化した現代において、コモンズの一つの核としてNPOの役割に期待が集まっている。人間の必要を満たすために、機械論あるいは要素還元論で分断された社会をつなぐ主体（NPO）は、生命論の世界観を大切にできる存在である。

「人間の必要」についてもう少し述べておく。人間は「食うために生きる」のではなく、「生きるために食う」存在である。飽くなき欲望のための経済活動は「食うために生きる」エコノミックアニマルの姿であろうか。貪欲に囚われた人間は、「生きるために食う」存在が「生きる意味」を放棄するに等しい。人間は何のために生きるのか。人間は「自己実現」のために生きるのではないか。そのための「人間の必要」は何だろうか。「人間の必要」は食べられることを前提にして、人間の尊厳であり、生きがいの獲得であり、生きる意味の自覚であろう。経済成長の結果、先進工業国の私たちが学んだのは、「物質的な欲望の充足＝幸福」ではなかったということである。もちろんほどほどの物質の充足（経済）も「人間の必要」であり、生きるための必要条件である。そして、精神的な「人間の必要」の充足を助けるのは、教育や文化の役割であり、それは人間の生き方を向上することではないだろうか。

市民が自発的に立ち上がった結果、市民自らの手で公共を支え、社会を再生させる潮流が始まったのだ。自発的な共同行為の始まりを促す触媒は「共感」である。共感をベースにする社会貢献の実践の結果、第6章第1節で述べた「大いなる他者」や「大きな存在」とつながることによって、生きがいや充実感を見いだす。つまり精神的な糧である「生きる意味」を獲得するのである。他者の「人間の必要」に応える過程で、自分自身の生きがいを獲得し、生き方の向上を成し遂げるのである。そのような人びとがNPO活動を始めているが、それに特化した「社会的企業家」と呼ばれる人たちも現れている。彼らの活躍の場は時にビジネスと慈善事業の境界がない、両者がつながる領域である。

第4節　コモンズは世界を変えるか

　自発的共同行為としてのコモンズは、生命論の一つの表れである。その共同行為によって、一人ひとりがエンパワーメントを達成し、グループとして社会のエネルギーも生まれる。コモンズとしてのNPOは、「社会関係資本」の連帯・ネットワーク（つまり組織）の表れである。人びとが集まれば、そこには自発的な共同行為の可能性が常にある。したがってコモンズが社会を向上させる可能性は無限である。

1.　コモンズと生命論
(1)　生命論の表現

　これまでの説明で分かるように、**自発的共同行為としてのコモンズは、生命論の一つの表れである**。それについてここで整理しておきたい。

　第1に、自発的共同行為のベースとなるのは人びとの「共感」であることを確認したい。その共感はまさに生命の発露である。人間の営みが物質や「個」に還元される機械論では、人びとの間の共感は大切にされない[49]。

　第2に、「私」の領域を超えた公共のための行為は、自己超越であり「大いなる他者」に貢献する生き方である。その生き方は自己と他者は不可分であるとの信念に基づいており、その信念は言うまでもなく生命論の「関係性」の認識である。

　第3に、社会貢献や他者とつながることによって、人間は生きがいや生きる「意味」を獲得する。そのような「意味」を大切にするのは生命論の価値観である。

　第4に、自発的共同行為によってNPOなどのグループを形成し、社会貢献を目指して活動するプロセスは、生命論における「自己組織化」と見なせるだ

---

[49] 人間社会は生命システムであるから、機械論にすべてが支配されているわけではない。機械論に偏っているのが現代社会の問題である。

ろう。さらに共同行為のプロセスにおいて、人びとは交流し、学びあい、相互に発展することができる。それもまた同様に、生命論における「相互進化」と見なせるだろう。このようにさまざまな側面から考えて、公的領域を担う自発的な共同行為は生命論の表現なのである。

(2) コモンズの力

　生命論の観点からコモンズの特徴を二、三述べておきたい。先ず、共同行為による交流や学びあいの「パワー」である。機械論の個人主義の世界では、たとえば2人＋2人＝4人でしかない。なぜなら世界は個人に還元され、人と人の関係性を重視しないからである。分断された個人は何人集まってもその総和である。しかし生命論の世界における自己組織化や相互進化とは、人びとは分断されておらず、人びとが交流し、学びあい、相互に発展することである。それによって一人ひとりが、一人ひとり以上の存在に成長することである。その結果、集まった人びとはその総和以上の力になる。例えば2人＋2人＝6人あるいはそれ以上になるだろう[50]。このように共同行為によって、一人ひとりの**エンパワーメント**が実現し、グループとして社会のエネルギーが生まれるのである。

　次に、コモンズは生命論の**プロセス**から生まれる。コモンズは逆に、決定論の「青写真」やトップダウンのコントロールからは生まれない。つまり機械論的な「設計図」によって完成されるのではなく、**柔軟な試行錯誤のプロセスの中で、学びながら成長し発展するのが生命論の世界である**。たとえば人びとの自発的共同行為から、NPOの構想・形成・発展にいたるプロセスは、人びとの交流や学びあいによる、試行錯誤の経験に満ちているはずである。

　最後に、「参加型」開発あるいは市民参加との関連である。参加型開発とは、公共の領域における住民参加や市民参加によって、つまり民主的なプロセスによって、より良い公共（コモンズ）を築こうとするものである。そのような「参加」の実践において大事なことは、参加のプロセスにおける、参加する市民

---

[50] これは6人でなくてもよいのであって、総和（＝4人）以上になることを示したに過ぎない。生産現場においてこの現象は「チーム生産」と呼ばれている。

相互そして参加を受け入れる側（たとえば行政や NPO）との間の「交流」である。単なる「参加」に価値があるのではなく、「交流」による自己組織化や相互進化、試行錯誤による一人ひとりの学びやエンパワーメントに価値がある。従って2人＋2人＝4人となる機械論の参加は不十分である。それでも参加が無いよりはマシだが、生命論の実現には交流が不可欠である。2人＋2人＝6人以上の「パワー」が必要である。すなわち、住民参加や市民参加において大切なのは、「参加」という形式ではなく、「参加＋交流」によってどれだけの価値が生まれるか、という内容である。

2. コモンズの可能性

(1) 社会関係資本

コモンズのこれからの可能性を考えてみよう。「社会関係」の重要性は、本書の第1章から本章にいたるまで常に強調してきたが、ここで近年議論されている「社会関係資本」との関連に注目したい。**社会関係資本とは「社会に存在する『個人や集団間のネットワーク』さらにはそうした社会関係のなかに存在する『信頼』や『規範』といった目に見えないモノ」**[51]であり、これらが社会の成長、発展に有用な「資本」であると言われている。つまり連帯、信頼、規範という、人と人の間の「社会関係」の重要性を強調するために、社会関係資本なる用語が作られたのである。

この用語を使用したロバート・D・パットナム[52]は、彼の著書『哲学する民主主義』のなかで、イタリアにおける新しい政治制度のパフォーマンスを調査した。その調査の結果、新制度のパフォーマンスは、イタリア北部の州で高く、南部の州で低いことが判明した。このパフォーマンスの南北格差の原因は、「市民共同体」すなわち市民的参加と社会的連帯の強弱であると彼は結論した。すなわち社会関係資本が大きい地域において、新しい政治制度がより良く機能したと説明している。**社会関係資本は言い換えれば、社会の共通利益のため**

---

[51] 佐藤寛編『援助と社会関係資本』アジア経済研究所 2001、p.iii による。
[52] ロバート・D・パットナム『哲学する民主主義』NTT 出版 2001。

に、市民が相互に協力する「社会的能力」である。それはまさに本章のテーマであるコモンズの力でもある。

パットナムの調査において、市民共同体つまり市民的参加の程度の測定は、自発的グループである各種スポーツクラブ、合唱団、野鳥観察クラブ、読書会、狩猟協会、ライオンズクラブ等の団体数の統計が用いられた。「市民団体への参加は、皆で力を合わせて物事に取り組もうとする努力に対して、責任を共有する感覚、さらには人びとがその共通に望む目標を追求する術も養う」[53]ので、連帯、信頼、規範という社会関係資本を強化し、市民総体としての社会的能力を高めるのである。

ここで私は、パットナムの言う「市民共同体」とはまさにコモンズである、という大切なことを確認したい。そしてコモンズのベースとなる「共感」は、連帯や信頼の基礎であり触媒でもあり、つまり人と人の最も基本的な絆である。従ってコモンズとしてのNPOは、社会関係資本の連帯・ネットワーク（つまり組織）の表れである。コモンズと共通する社会関係資本の概念は、社会発展の理論として経済学、政治学、政策研究、開発研究などの社会科学において、現在、熱いまなざしで議論されている[54]。コモンズの役割も同様に社会科学や人文科学の分野で期待が高まっている。

(2) 無数のコモンズ

人びとの自発的な共同行為がコモンズであるから、その定義上、**社会には無数のコモンズが存在することになる。なぜなら人びとが集まれば、そこには自発的な共同行為の可能性が常にある**。私たちの身の回りにはどのようなコモンズが存在するだろうか。狭義のコモンズは土地・森林・漁場などの利用権者が資源を共同利用する制度である。そして広義のコモンズとして、本書では人びとの自発的共同行為であると定義した。その共同行為が生まれる組織（＝共同体）もコモンズである。人びとが自発的共同行為のために集まった、クラブや

---

[53] ロバート・D・パットナム『哲学する民主主義』NTT出版 2001、p.108 による。
[54] 例えば、佐藤元彦『脱貧困のための国際開発論』築地書館 2002、pp.83-112、あるいは、山脇直司『経済の倫理学』丸善 2002、p.63 など。

NPOなどもコモンズたる共同体である。

　共同体としては、さらに家族、親族、近隣社会、会社、学校などの、比較的長期間にわたってつきあいを続ける社会集団がある。それらの集団においても、相互扶助のさまざまな自発的共同行為が生まれる。また人びとが集まれば、どこにでも自発的共同行為の生まれる可能性がある。例えば病院の待合室でも、たまたま乗り合わせた電車や飛行機の中でも、互いに見知らぬ人びととの間でも、協力する必要があれば、人びとの共感と自発的共同行為が生まれるだろう。

　ここでコモンズが生まれ発展する「範囲」があることに気づく。その範囲とは空間と時間であり、空間の範囲とは、家族や近隣から始まって学校区や行政の市町村へ、さらに県や国や地球的な広がりまである。時間の範囲とは、人びとが一時的に空間や関心を共有する関係から、近隣社会のように長期的につきあいを続ける関係、そして現在世代と未来世代のように、世代を超えた関係までさまざまある。このような空間と時間の範囲の大小や長短と関係して、そこで生成するコモンズには強弱もあるだろう。つまり一時的に生まれて消える弱い連帯から、結束力の強固な連帯まであるし、世代を超えた地域社会のコモンズ（例えば入会などの慣習）にまで発展するものもあるだろう。

　現在のコモンズは、過去の伝統的なコモンズと比較して、時間の範囲が短くなっているようだ。**しかしこれからの**コモンズは、**過去のコモンズと比較して、空間の範囲が拡大するように思われる**。現在の情報化社会では、関心を共有して共同行為をする人びととの、空間の範囲が地球レベルに拡大した。国際的な学会の集まりもその一例である。インターネットを利用するコミュニケーションもグローバル化した。現在、インターネットで繋がる多数のグローバルNPOも活動している。

　コモンズにはこのように無限の可能性があり、さまざまなレベルで人びとの協力関係が生まれ発展して、それぞれの社会を豊かにすることはとても大切なことである。従って広義のコモンズの可能性は無限であると言えるだろう。狭義のコモンズの可能性も大切である。前節では狭義のコモンズによる自然資源の利用・管理について述べ、そのコモンズの過去の盛衰と、近年の新たなコモ

ンズ創出に関する動向を紹介した。そのような狭義のコモンズ、つまり地域資源を利用する人びとによる共同管理はいったん衰えたが、いま再び見直され新たな展開が期待されている[55]。

(3) コモンズの研究

　狭義のコモンズと広義のコモンズとを問わず、その可能性を探求し、社会の健全な発展を促す知見が求められる。コモンズの可能性を研究する分野は大変広範囲にわたる。現代の哲学では、にわかに「他者」の問題が論じられている[56]。それは個人主義の社会で「他者」が行方不明になったからであろう。本章で自発的共同行為やNPOの社会貢献に注目する理由の一つは、行方不明になった他者を、私たちの自己の中に取り戻したいからである。「他者不在」と言われる現代社会で、共同行為が自他共に望ましい生き方であると気がついたのである。

　そのような人間のあり方や生き方という意味で、コモンズは哲学や文学にも係わるテーマであろう。社会科学としては、共同体を扱う社会学や政治学、社会制度を扱う法学、資源配分を扱う経済学などが関連するだろう。さらに文化人類学や生態人類学の調査によって、世界各地のコモンズの現状を知ることができる。自然資源の利用管理を対象にする、歴史学の成果からも、過去のコモンズについて多くを学ぶことができる。その他、自然資源の利用・管理を対象とする、農学、林学、水産学などの関連分野の知見も有用である。このようにコモンズの探求に関連する分野は非常に多岐に亘っている。

　コモンズの可能性を考える時、個人主義との関係が気になる。近現代における世界のコモンズの退化は、先に述べたように個人主義や市場経済制度の普及によるところが大きいと思うからである。その個人主義は近代の西欧から広が

---

[55] ポフェンバーガーはインド西部の森林における、共同体管理の再生について報告している。Mark Poffenberger, The Resurgence of Community Forest Management in Eastern India, in David Western, ed. *Natural Connections*, Island Press, 1994, pp.53-79.

[56] 『事典 哲学の木』講談社 2002、p.695 によれば、「この他人としての他者は、2500年を超える哲学の歴史の中でつい最近にいたるまで、問題として問われることすらなかったのである」（斎藤慶典）と述べている。

り、現代は市場主義経済と共にグローバル化している。しかし**個人主義や利己主義が必ずしもコモンズを妨げるとは限らない**。人間社会や生物界の協調関係は互いに自己の利益を追求する結果生まれ育っていく、との結論がゲーム理論から導き出されている[57]。このような利己主義が協調へと発展するには幾つかの条件が必要であるが、最も大切な条件はつきあいが長続きすることである。これは、人間は交流によって学び変化するという生命論からも理解できる。

個人主義と利己主義は同じではないが、**関係性を忘れて利己主義に陥りがちな個人主義を否定的に捉えるのではなく、逆にそれが共同行為を促進する可能性に注目してもよいだろう**。つまり自分の利益追求のためには、他人と協力する方が長期的には望ましいのである。それはゲーム論の教えによるまでもなく、人生の知恵として、私たち自身が友人や同僚との間で、日常的に実践していることであり、それが私たちの身近なコモンズを形成している。そのような実践（つまり生きかたや文化）をさらに広げることで、衰退したコモンズを再興したい。

(4) コモンズの源泉

最後に強調したいのは、コモンズの源である「共感と共同の文化」の大切さである。共感に基づく自発的共同行為は、組織化され制度化されコモンズとして長続きするものがある。もともと人びとの生活感覚から生まれるコモンズは、試行錯誤を通して自己組織化や相互進化を経ながら、状況や必要に応じて**柔軟に「変化」する**、という生命システムの特性をもっている。すなわち、伝統的なコモンズの運営においては、人びとの話し合いで、状況に柔軟に対応できた。伝統的なコモンズは書き言葉で固定化されず、地域社会の慣習として継承されることが多かった[58]。近世から続く日本の灌漑の水利もそうであった。

---

[57] ロバート・アクセルロッド『つきあい方の科学』HBJ出版局1987による。
[58] リンチ＆アルコーンは、伝統的な権利は余りにも複雑であり、その詳細を記録することには多大の時間が必要であり、それは不可能かも知れない、また権利の詳細を記録することは、伝統的な権利の長所である柔軟性と適応性を犠牲にするかも知れないと、述べている。Owen J. Lynch and Janis B. Alcorn, Tenurial Rights and Community-based Conservation, in David Western, ed. *Natural Connections*, Island Press, 1994, pp.373-392.

しかし現代社会の機械論の世界観（つまり決定論）の発想で、そのコモンズが言葉で書かれた制度として固定化される可能性がある。その結果、常に変化を続ける人間社会や自然の状況に制度コモンズが即応できず、人間社会から生まれた制度が、逆に人間社会を束縛しかねない。人間であるがゆえの共感と共同、また生命システムの中で生まれる共感と共同がコモンズの原点である。**コモンズの運営においては、言葉で固定された制度に固執せず、必要に応じて、地域の人びとの共感と共同という原点に戻ることが大切である。**言葉はすべてを言い尽くすことはできないので、生命論と共感の原点が必要である。そのためにも、人間は「言葉の囚われ人」であることを肝に銘じておく必要がある。

終章　持続可能な発展のための人間の条件

1. 発展の基礎

　本書で述べてきたことは、私たちが＜人間と自然の共存＞、＜開発と環境の調和＞、＜持続可能な発展＞という課題を実現するための人間社会のあり方と、私たち自身がどうすればよいのかということである。それは、持続可能な発展を実現するための、人類共通の「人間の条件」を本書で追求する結果になったように思う。経済開発のレベルに違いはあっても、最終的には、発展途上国にも先進国にも、共通する方向であると思う。

　私たちの持続可能な発展は、精神的な「世界観」の最基底部の上に、「人間の社会関係」ができて、それらが「人間と自然の関係」を形成して、その上に人間社会の「開発と環境」が営まれる。その結果として「持続可能な発展」が実現できる、というような階層関係があると私は考える。これらの内容は本書の第1章から第8章にわたっている。歴史的な観点から見た「自然観」、「社会関係」、「人間と自然の関係」、そして自然利用の営みである「開発と環境」などについて、第1章から第3章で述べた。

　歴史の大きな転換である「近代化」のネガティブな側面について第4章で説明したが、それを克服する基本的な考え方として、生命論の世界観を第5章で紹介した。その世界観に基づき、＜人間と自然の共存＞、＜開発と環境の調和＞、＜持続可能な発展＞を実現することを目指して、先ず人間としてどう生きるべきか、という基本的な考えを述べたのが第6章であり、それを人間社会と自然の共存、開発と環境の一致の方向へ展開した考えが第7章であり、持続可能な発展の一つの方法（コモンズの促進）にフォーカスしたのが第8章である。第6章から第8章にかけて述べたことは、本書で設定した課題を実現するため

```
          ┌─┐
         ╱ │ ╲
        ╱持続╲
       ╱可能な ╲
      ╱ 社会の  ╲
     ╱   発展    ╲
    ╱─────────────╲
   ╱   開発と環境    ╲
  ╱─────────────────╲
 ╱   人間と自然の関係    ╲
╱─────────────────────╲
  人間の社会関係
─────────────────────
自然観：生命論の世界観、機械論の世界観も共存
```

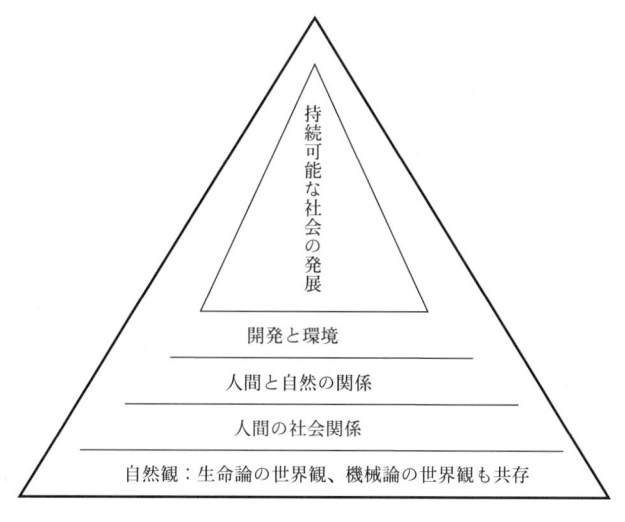

図　持続可能な発展の基礎

の「人間の条件」であると言えるのではないかと思う。

2.　持続可能な発展のための人間の条件

　本書の課題である人間と自然の共存や、持続可能な発展を実現できるか否かは、私たち人間自身にかかっている。本章の題名はそういう意味での「人間の条件」であり、言うまでもなく哲学的な意味での、人間の条件を述べようということではない。それにしても「人間の条件」とは大げさだが、本書の課題に対する答えは、第6章の「自己実現」で議論したように、人間存在の根本にも関わることであり、人間が人間らしく生き残るための条件であるとも言える。それは結局、私たちの生き方である。以下にその「人間の条件」を整理してみよう。

　＜人間と自然の共存＞のために最も基本的なものは**人間の世界観**である。なかでも現在の時代状況から考えると、**人間と自然の二元論を克服する**こと、つまり両者の不可分性の自覚が必要である。さらにそれが社会の文化として根づくことが必要だろう。その不可分性の表現として、第6章に述べた「**自然は私の一部**」は私たちの大切な感性の表現であろう。自然を自分の一部のように

大切にすれば、現代の環境問題は存在しないはずである。このように**自然を自己同一化する感性**は、自然や他者に対する私たちの態度であるが、それは「**生活の質**」を追求する**人間の生き方**の結果であろう。例えば、モノやカネばかりを追求する生活よりも、豊かな自然と交わることができる生活を維持したい、と思う生き方もある。自然との**交流のこれからの可能性**については第7章第1節の後半で論じた。

　＜開発と環境の調和＞のために必要なことは、開発と環境保護を志向する人たちが**共通の基本的な価値観**（あるいは土俵）に立って、創造的に**対話**をして合意することである。その対話には**多様な人びと**が参加するべきである。その対話のために第7章で提案したのは、「人間」を原点にして人間の「生活」を話し合いの価値基準にすることである。人間の多様な価値観を前提にすると、その「生活」はあいまいになるが、「**人間らしい生活**」という表現もふさわしい。ここでもやはり「**生活の質**」を追求することが、開発と環境の調和につながると思う。

　モノやカネと異なり「**生活の質**」は**主観的な判断**に属する。数量的に測れるモノやカネではなく、生きがいや生きる意味といった**精神的な充実**を大切にするからだ。このように「生活の質」は客観的に計測しにくいために、**開発と環境保護の合意は、人びとの主観的な判断をも含む、創造的な対話が必要**であろう。

　最後に＜持続可能な発展＞を目指す社会では、先の＜人間と自然の共存＞や＜開発と環境の調和＞への努力と同時に、第8章に述べたように、人びとの**自発的共同行為つまりコモンズ**の世界を大切に育てたい。それは自然資源を利用し管理する際に、最も大切な方法であるし、私たちの身近な社会の発展、例えば町づくりの活動においても必須である。人びとの共感から生まれる共同行動なくしては、「持続可能な発展」はおろか「持続可能な社会」の維持さえも危ぶまれる。人間関係が希薄化する社会は、諸々の関係性によって成り立つ、「人間」の衰退につながるからだ。

　「持続可能な発展のための人間の条件」として分かりやすく簡潔にまとめておこう。本書の各章では、論理的な説明が必要なので、理屈っぽく議論したか

もしれない。最後は簡潔にしておきたい。いろいろのまとめ方が可能であるが、簡潔のためにひとまず以下のようにまとめたい。

- 第1に、私たちの精神性の一部として、「生命論の世界観」を基礎にした、発想や行動ができること。（理性・感性）
- 第2に、「自然は私の一部」の感覚に近づくこと、すなわち、私たちがそのような感性を開発すること。（感性）
- 第3に、私たちの生き方として、「生活の質」あるいは「人間らしい生活」を追求する発想ができること。（生き方）
- 第4に、人びとの価値観の多様性を前提にして、あくまでも私たちの間の「対話」によって、人間社会の諸問題を解決する発想ができること。（個と社会）
- 第5に、人びとの「共感」に基づいて、私たちの共同の力によって、社会貢献の役割を果たす生き方ができること。（個と社会）

これらをもって本書では「持続可能な発展のための人間の条件」としておこう。先に示した図の「持続可能な発展の基礎の階層」に対応する「人間の条件」と「社会の関係」を示すキーワードを表に示した。これとは異なった表現も可能であるが、結論を示すためにあえて簡潔にした。

表　持続可能な発展の基礎の階層における人間の条件および社会との関係

人間の条件	階層	社会との関係
生活の質の実現、自己実現	社会の発展	持続可能な発展、コモンズの創造
人間が原点、人間らしい生活	開発と環境	開発と環境の一致、対話
自然は私の一部、生命感覚の共感、自己同一化	人間と自然の関係	利用と保護の一致、共生・共存、自然とのコミュニケーション、コモンズ
生活の質、対話、共感、自己超越、自己拡大	社会関係	自己同一化、共存・共生、対話、エンパワーメント、共同行為
生命論の世界観、生きる意味	世界観	文化

注：「人間と自然の関係」の「共生・共存」については第3章4節を参照。

3. 国際開発と生活の質

　終章に述べた先の結論は、発展途上国の開発・発展においても、有効であると私は考えている。結論の中でも特に、＜開発と環境＞の一致において重要な「生活の質」と、地域の発展に必要な「コモンズ」について強調しておきたい。

　現在、工業先進国と発展途上国の所得格差はあまりにも大きい。モノとカネについて両者の格差は大きく、発展途上国の経済開発を促進する国際協力が、特に第二次大戦後から進められてきた。その途上国が目指す発展は、現在の先進国と同様のモノとカネを追求する社会の実現だろうか。開発の方向は途上国の人びとが、みずから決めることであり、途上国の「開発の権利」を否定することは、先進国の誰にもできない。また、途上国の人びとにとっても、物質的な充足は当然必要であり、特に人権に関わるような貧困レベルの生活の向上は急務である。

　しかし、途上国と先進国の格差は、「所得」の面と「生活の質」の面で大きく異なるだろう。つまり生活の質から見ると、両者の格差は所得に表れる格差よりも小さい、と私は思う。また、生活の質を開発の目標にすれば、両者の格差は今後、より縮まる可能性が高いだろう。なぜなら先ず、概して途上国の人びとの生活の質は、所得に表れるような低いものではない、からである。次に、先進国では「生活の質」を向上させるために、今後は過剰消費を抑制するべきであり、その結果地球上の不平等な資源利用も改善されると思うからである。これは、いずれもデータに裏づけられたものではないが、最初の理由は私の40カ国におよぶ途上国での経験、観察、印象に基づいており、後の理由は私の希望的な期待である。

　途上国と先進国の間に現存する制度や仕組みは経済格差の大きな原因である。仮に将来それらを解決できたとしても、モノとカネの追求を目標にし、所得を基準にする限り、世界の人びとが平等になることを予想するのは難しい。各国の資源の偏在を考えると、物質面で平等を実現する可能性は低いように思う。しかし生活の質を目標にするならば、世界の人びとは平等により近づけると思う。つまりモノとカネに拘ると世界の将来は暗いが、生活の質を目標にすれば世界の将来はより明るい。

従って国際開発の活動においては、もっと生活の質の向上に配慮する必要があるだろう。開発援助において、「人間開発」や「教育開発」が近年重視されるようになったことは、それと無縁ではない。生活の質には所得のような客観的なモノサシは無いが、国連開発計画が毎年発表する「人間開発指標」は、平均余命と教育のデータを加えて、所得以外の要素も考慮している。それでも「生活の質」を表現するにはまだ不十分である。もし自殺率のデータを加えれば、先進国の生活の質の指標は低くなるだろう。

　生活の質において人びとの関係性（人間関係）は大切な要素である。一概に言うことはできないが、途上国で人びとの結びつきは、一般的に先進国のそれよりも緊密である。それは人びとが助け合いを必要とするからであり、また人びとがそのような生き方を大切にするからであろう。人びとの関係性の豊かさをカウントできれば、途上国の人びとの「生活の質」の指標は高くなるだろう。

　コモンズあるいは人びとの共同性を促進することは、持続可能な開発や発展のためにも、生活の質を向上するためにも、社会の大切な方向性である。それは先進国でも、途上国でも同様である。近代化や個人主義の影響によって、人間関係の希薄化がより進んだ分だけ、持続的な社会の発展のためには、先進国は不利な状況にあるかもしれない。人びとの共同性を高めるために天然資源は必要ない。逆に、モノやカネが無いほど、人びとは知恵を出し、助け合わなければならない。**市民参加や共同のパワーは、人類に平等に与えられた資源である。**

4. 今後の課題

　最後に「コモンズ」をいかにして創り出すか課題を考えておこう。現代社会で多くのNPOが生まれているが、日本ではまだ人口のごく一部がNPOに参加しているに過ぎない。経済成長した日本社会では、働き盛りの人たちは誰もが忙しい。経済成長とはカネをたくさん使うことであり、それはカネが必要な社会であり、そのカネを稼ぐために人びとは忙しく働かなければならない。夫婦は共稼ぎで働き、そして学生でさえも、アルバイトに忙しい。だからNPOや地域の活動をする時間的な余裕のないのが、現代の人びとの現実である。

そのために、自発的共同行為やNPO活動の広がりは必ずしも楽観できない。そこで定年退職をした人びとや、子育てを終えた女性にあつい視線が向けられる。定年退職をした人たちのなかには、社会とのつながりを突然失って喪失感に苦しむ人も多い。そのような人びとがコモンズづくりの大きな部分を担えるのではないだろうか。

　また、自分の町に無関心な人が多い。隣近所と関わりを持ちたくない人も多い。そのような**現代社会で、いかに自発的共同行為としてのコモンズが広がり得るか、課題は多い。**市民レベルの＜持続可能な発展＞への努力はまだ始まったばかりである。必要は発明の母であり、コモンズはこれから必要に支えられて発展するだろう。NPOの組織ができなくても、つまりコモンズを制度化しなくても、自分の周りに関心を払うだけでも、コモンズ（あるいは助け合いの世界）は広がる。人間の知恵によって、この困難な時代を切り開く他ないが、＜持続可能な発展＞という人類の目標を、私たちホモサピエンスはきっと達成できるだろう。

　人類は環境問題に直面しており、その環境の変化に対して、それを解決するべく人間は「相互進化」することが求められている。その進化すべき方向は先に示した「人間の条件」に含まれていると思う。

あとがき

　本書を完成させるためにお世話になった方々に感謝いたします。大きなテーマに挑戦するためには、たくさんのことを学ばなければなりませんでした。本書の注に参考文献の著者名や引用を示しました。多くの分野の方々から学ばせて頂いたことに、感謝の意を表します。

　本書の作成に直接お世話になった方々に感謝いたします。本書の原稿を読んでコメントを下さった方々です。本書の内容が、これまでの私の専門以外に広範囲にわたったので、多くの方々から原稿に対するコメントを頂くよう努力しました。私の大学の同僚ですが、専門はすべて異なる、坂井秀吉教授、佐藤深雪教授、土井悠子助教授、寺内衛助教授の方々です。

　一般市民の方々にも本書を読んで欲しいので、私の中学・高校時代からの友人である八木秀樹氏と広本正敏氏、大学時代からの友人の増山剛氏、研究生としてお付き合いをした広島市役所環境局の若林俊也氏、などの方々からもコメントを頂きました。さらに、学生の方々にも本書を読んで欲しいので、ゼミ生の木村純子さんや深尾雅宣君にもコメントを頂きました。

　貴重な時間を割いて、本書を読んで下さったご好意に対して、深甚の謝意を表します。頂いたコメントは本書の改善のために活かすよう努力しましたが、本書の主旨や限られた時間のために、それが難しいこともありました。内容に関する責任は、すべて私にあることは言うまでもありません。

　これまで常に私を応援してくれた両親の中島正行・八重子、そして私が仕事に専念することを可能にしてくれて、かつ原稿も読んでくれた妻の敦子、娘の志保にも感謝します。

　本書の主旨にご賛同を頂き快く出版を引き受けて下さった、大学教育出版の佐藤守様に感謝いたします。

　最後に、私の人生の師匠に最大の感謝の意を表します。

　本書のご感想、ご意見、ご叱正などがありましたら、メール等でお寄せください。可能な限りご返事をいたします。

索　引

【あ】

青写真　166
アニミズム　45, 101, 234, 238, 239
網の目　112
安定性　167
生きがい　139, 174, 186
生き方　10, 19, 24, 55, 131, 185, 209, 222, 297, 303
生きる意味　174, 184, 186, 187, 272
育自　182
育成林業　76
意識　136
一物多価　295
一神教　154
一致　250、256
意味　139, 174
内なる自然　201, 207
運命共同体　243
エコツーリズム　254
エコマネー　295
エコロジーとエコノミー　257
エコロジカル　118
NPO（エヌピーオー）　271, 290
エンパワーメント　262, 279, 280, 299
大いなる他者　262, 297
大きな自我　190
大きな存在　191, 193, 297
オーナーシップ　183, 262
オーナー制度　291
オープンアクセス　277, 280

【か】

階級社会　107
開発　150, 250, 310
外発　133
開発か環境か　200, 253
開発か環境保護か　151
開発か自然か　3
開発至上主義　151
外発的　244, 261
開発と環境　19, 250, 252
開発と環境保護の一致　245
開発と環境保護の二者択一　248
開発も環境も　253
開放系　179
開放的　147
可逆　141, 162
格差　106
確実性　164
拡大造林　86
囲い込み　65, 73, 107, 115
過疎化　87
価値観　3, 10, 224, 248, 251
貨幣経済　128, 287
神々　233, 237
潅漑　281
環境形成作用　93
環境決定論　95
環境作用　93
環境至上主義　200
環境絶対主義　151
環境倫理　152
関係性　20, 26, 111, 121, 159, 187, 270, 272
関係性の場　159, 199
関係的価値　188, 214, 228
還元　159

還元主義　　135
慣習　　219
感性　　242
飢餓　　130
機械論　　24, 123, 135
機械論的思考　　137
機械論の世界観　　24, 134
気候の変化　　34
気候変化　　49
規制　　74
希薄化　　129, 133, 134
規範　　243, 270, 284, 300
共育　　182
境界　　145
共感　　191, 233, 241, 264, 271, 288, 294
狭義の共生　　213
教条主義　　151
共生　　1, 19, 24, 32, 54, 116, 209, 221, 251
行政　　288
共生の文化　　219
競争　　251
競争関係　　215
共存　　4, 108, 119, 184, 216
共通の価値観　　173
共同　　25, 268, 311
共同管理　　279, 281, 282, 285
共同行為　　264
共同体　　84, 130, 234, 284, 296, 300
漁業　　6, 282
キリスト教　　150
議論の土壌　　248
近代化　　79, 89, 106, 121, 126, 127, 236, 276, 287
近代的所有権　　80
グアテマラ　　278

組合　　279, 281, 284
経済　　9, 127
経済関係　　42, 128
ゲーム理論　　304
決定論　　135, 139, 180
言語　　145, 170
現場主義　　168
賢明に利用　　115
権利主体　　154
個　　154, 270
公　　268
合意形成　　166
公益性　　90
広義の共生　　212, 218
公共　　289
公共財　　91
交渉　　59, 101, 239
構造　　179
公的領域　　266
高度成長期　　86
効率　　174, 251
効率主義　　139
交流　　59, 235, 239, 243, 245, 291
国際開発　　310
国有　　81, 276, 279
互酬　　43, 239, 243, 266, 280
個人主義　　128, 129, 184, 303
言葉の囚われ人　　147, 170, 305
コミュニケーション　　235, 239, 244
コモン　　265, 266
コモンズ　　25, 114, 268, 273, 298
コモンズ創造　　273, 285

【さ】

差異　　145, 170

差異へのこだわり	147	自然保護	14, 154, 195, 250, 258
里親制度	291	自然保護の思想	152
里山	87, 224, 285	自然を排除	11
参加	166, 261	持続的な社会	267
参加型開発	183, 299	持続的な発展	26
ザンビア	282	自治	67, 293
山野官民有区分	81	実体	146
時間	141, 162, 163	支配	106, 226
資源利用	273	支配層	65, 118
自己	184	自発性	272
試行錯誤	138, 163	自発的共同行為	268, 274
自己拡大	189	市民	91
自己規制	22, 64, 76	市民参加	181, 260, 311
自己実現	187, 213, 222, 227, 240, 266	社会	115
自己組織化	132, 165, 179, 253, 298	社会関係	22, 38, 41, 54, 61, 69, 87, 91, 99, 103, 107, 109, 128, 132, 219, 226, 235, 243, 255, 256, 300
自己超越	189		
自己同一化	189, 204, 240, 245, 266, 291		
市場経済	129, 283	社会関係資本	300
システム論	160	社会関係の調整	115
自制	109, 111	社会構造	105
自然	15, 194	社会システム	157, 256
自然からの後退	88	社会組織	41
自然観	22, 31, 43, 101, 116, 196	社会秩序	68, 117
自然観の空洞化	89	社会的エネルギー	181
自然支配	56, 143, 154	社会的企業家	297
自然生態系	36	社会的規制	41, 100, 109
自然と交渉	58	社会的能力	301
自然の神々	47, 240	社会のエネルギー	299
自然の資源化	38, 97	社会の多様性	222
自然の所有権	80	社会変革	169
自然の多様性	221	自由の拡大	97
自然の排除	136	主体と客体	160, 182
自然破壊	12, 56, 99, 105	手段	177
自然は人間の一部	204	狩猟採集	33, 35
自然は私の一部	204, 242, 307	循環	45

使用権　　278
消費　　76
消費文化　　130
縄文時代　　33
食物連鎖　　211
食糧備蓄　　37
所得格差　　310
所有　　278
所有権　　80, 84, 276, 282
白神山地　　2
人権　　226, 254
人口　　67, 72
人工　　16, 195
人口圧力　　105
人工化　　36, 96, 127, 136
人口増加　　97, 99
人口密度　　39
ジンバブエ　　279
信頼　　300
森林　　33, 278
森林消失　　72
森林破壊　　64, 73
水源　　63
水源税　　91
スローフード　　257
スローライフ　　164, 257
生活　　250, 254
生活が目的　　247, 253
生活のある環境　　249
生活の質　　174, 186, 192, 208, 291, 310
生活のニーズ　　249, 250
精神性　　58, 272
生存競争　　8, 211, 215
生態学　　93, 213
生態系　　210, 282

生態系中心主義　　153, 228
静的構造　　163
制度　　41, 255
生命感覚　　90, 208, 237, 238, 241, 245
生命システム　　156, 270
生命的存在　　59, 101, 156, 233
生命論　　24, 123, 155, 184, 270, 298
生命論の世界観　　24, 155
世界観　　19, 44, 157
世界認識　　145
設計図　　137, 180
絶滅危惧種　　5
狭い自我　　185, 190, 241
ゼロサム　　108, 252
ゼロサムゲーム　　201
戦後復興　　85
全人的　　169, 171
センスオブワンダー　　242
全体　　140, 159
相互依存　　109, 113, 217
相互関係　　93, 95
相互規定　　161, 199
相互作用　　93, 182, 210
相互進化　　182, 209, 253, 299
相互扶助　　128, 287, 288
相互補完　　113
相補性　　200, 225, 228, 252
贈与　　43
贈与原理　　43, 46, 101
存在の目的　　184
存在論　　188
村落共同体　　68

【た】
大量消費　　104, 130

対話　　*171, 239*
高いレベルの共生　　*212, 217*
他者　　*108, 184, 193, 240, 289, 303*
他者に貢献　　*193, 214*
他者不在　　*184, 303*
タブー　　*219*
多目的　　*75, 77*
多様性　　*147, 166, 196, 213, 221*
多様性の促進　　*224*
多様な価値観　　*166, 249, 251, 261, 295*
単純化　　*146*
地域　　*288*
地域経済　　*295*
地域通貨　　*295*
地域文化　　*235*
地域力　　*289*
地産地消　　*257*
秩序　　*179*
抽象化　　*146, 170*
デイサービス　　*294*
定住化　　*37*
デカルト主義　　*23, 135, 143*
手つかず　　*4, 18*
道具　　*37*
統治　　*260*
動的プロセス　　*163*
動物の権利　　*153*
都市　　*11, 72, 127*
都市化　　*89, 137, 236*
土地制度　　*78*
土地無し農民　　*106*
トップダウン　　*262*
土俵　　*3, 173, 250*
留山　　*76*
渡来人　　*51*

貪欲　　*249*

【な】
内在的価値　　*188, 214, 228*
内発　　*133*
内発的　　*261*
内発的発展　　*181*
ナショナル・トラスト制度　　*291*
生業　　*126*
二元論　　*136, 142, 148, 170, 194, 250*
二者択一　　*3, 147, 151, 200*
二にして不二　　*207*
二分法　　*3, 145*
入会　　*67, 267*
入会制度　　*69, 73, 80, 111, 114*
入会地　　*68, 74, 273*
入山問題　　*3*
人間開発　　*311*
人間が原点　　*246*
人間か自然か　　*10, 200*
人間関係の希薄化　　*130, 286*
人間性　　*55, 97*
人間存在　　*184, 240*
人間中心主義　　*143, 152, 228*
人間と自然の関係　　*2, 4, 19, 24, 31*
人間と自然の共生　　*1, 25, 54, 228*
人間と自然の交流　　*25*
人間と自然の分断　　*129*
人間と自然を分断　　*259*
人間と森林の関係　　*63*
人間と人間の分断　　*129*
人間の自由　　*56*
人間の条件　　*307*
人間の必要　　*249, 294, 296*
人間は自然の一部　　*95, 143, 148, 204*

人間も自然も　　201, 249
認識　　144, 168
農業　　6
農耕文明　　31
農村開発　　280
農村貧困層　　113
農地　　72

【は】
パーソナル化　　130
配食サービス　　293
排他的利用　　69
発展途上国　　310
万物は流れる　　196
万物は流転　　141
人と自然の関係　　41, 55, 84, 255
人と自然の分断　　82
人と人の関係　　41, 255
百姓山　　74
評価の基準　　173
開かれた精神　　172
フィードバック　　165
フィールドワーク　　169
フェアトレード　　257
不可逆　　141, 162, 176
不確実性　　164
不可分　　115, 160, 194, 246
複雑性　　168
プラスサム　　108
プロセス　　115, 139, 176, 261
プロセス主義　　141, 176
文化　　99, 219, 245, 289
分割　　145
分節化　　170
紛争　　74, 77

分断　　80, 140, 154, 208, 258
変化　　162, 196
包括主義　　168
法制度　　244
ホーリズム　　206
捕獲圧力　　39
捕獲制限　　40
ポジティブサム　　252
ボトムアップ　　262
ホモサピエンス　　55, 98
ホモロクエンス　　146, 170, 203
ボランタリー　　272
本質的価値　　228
本当の自然　　16, 196

【ま】
見えない共生　　210, 218
見える共生　　210
道の里親　　292
明治　　80, 85
メキシコ　　281
目に見えない　　199, 235, 300
目に見える　　199
木材消費　　88
目的　　177
モノとカネ　　310
模範　　100

【や】
焼畑農業　　50
野生生物　　4, 279
弥生時代　　51
唯一の正解　　139, 179, 180
ゆらぎ　　179
要素還元主義　　206

要素還元論　　140, 159
欲望の拡大　　13

【ら】

利益　　113
利害関係　　42
利己主義　　185
理想的な自然　　196
流通　　76
利用権　　69, 75, 282

量子力学　　160
緑肥　　68
林業　　88
歴史的存在　　197

【わ】

ワークショップ　　292
我思う故に我あり　　172, 242
我感じる故に我あり　　172, 242

■著者略歴

中島　正博　（なかしま　まさひろ）

1950年　広島県尾道市生まれ
1974年　東京教育大学農学部卒業
1982年　イリノイ大学大学院博士課程修了（Ph. D.）
1982年まで　米国イリノイ州立水資源調査所研究助手
1994年まで　財団法人国際開発センター主任研究員
1994年から現在まで　広島市立大学国際学部教授
専攻は国際開発論・自然資源管理論・環境管理論

主な著書
『Water Allocation, Right, and Pricing』
　（共著、The World Bank、1993年）
『発展途上国の社会開発ハンドブック』
　（共著、ECFA開発研究所、1994年）
『アフリカの大地から　ビクトリア湖畔の開発協力』
　（大学教育出版、1995年）
『開発と環境　共生の原理を求めて』
　（渓水社、1996年）
他に多数の論文、調査報告書がある。

持続可能な発展のための人間の条件

2005 年 4 月 20 日　初版第 1 刷発行

■著　者——中島　正博
■発行者——佐藤　守
■発行所——株式会社 大学教育出版
　　　　　〒700-0953 岡山市西市 855-4
　　　　　電話 (086) 244-1268　FAX (086) 246-0294
■印刷所——互恵印刷㈱
■製本所——㈲笠松製本所
■装　丁——ティー・ボーンデザイン事務所

Ⓒ Masahiro NAKASHIMA 2005, Printed in Japan
検印省略　　落丁・乱丁本はお取り替えいたします。
無断で本書の一部または全部を複写・複製することを禁じます。
ISBN4-88730-616-4